纺织服装高等教育"十四五"部委级规划教材

扫码可下载本书
数字内容（辅助）

U0163323

◎ 王国和 主编
◎ 金子敏 谢光银 眭建华 副主编

FABRIC WEAVES AND STRUCTURES

织物组织与结构学

（3版）

东华大学出版社

·上海·

内容提要

本书内容包括织物组织、结构与设计三个部分。织物组织部分在介绍机织物组织及其上机图的基本概念的基础上,系统论述三原、变化、联合、重、双层及多层、起毛起绒、纱罗和三维等大类组织的构成原理、组织图与上机图的构作方法及其织物的外观效应;织物结构部分在介绍织物 Peirce 模型和几何结构参数的基础上,着重阐述紧密织物和方形织物的紧度、结构及其相对紧密度理论与应用;织物设计部分在介绍纺织品的设计思路、基本方法和设计过程的基础上,以棉、毛、丝、麻型织物为例具体论述纺织产品的设计。本书还通过二维码的方式,提供了 CAI 多媒体课件、织物组织模拟效果、上机实验录像、典型纺织品种及其实样图片和附录等素材与工具。

本书是纺织服装高等教育"十四五"部委级规划教材和纺织工程专业主干课程教材,适用于纺织类纺织工程、纺织材料与纺织品设计、服装设计与工程、轻化工程等专业的相关课程的教学,也可作为纺织与服装领域从事技术与设计工作人员的参考书。

图书在版编目(CIP)数据

织物组织与结构学/王国和主编. —3 版. —上海:东华大学出版社,2022.8
ISBN 978-7-5669-2096-6

Ⅰ.①织… Ⅱ.①王… Ⅲ.①织物组织②织物结构
Ⅳ.①TS105.1

中国版本图书馆 CIP 数据核字(2022)第 139690 号

责任编辑:张　静
封面设计:魏依东

出　　　版:东华大学出版社(上海市延安西路 1882 号　邮政编码:200051)
本 社 网 址:http://dhupress.dhu.edu.cn
天猫旗舰店:http://dhdx.tmall.com
营 销 中 心:021-62193056　62373056　62379558
印　　　刷:句容市排印厂
开　　　本:787 mm×1092 mm　1/16　印张　16.5
字　　　数:412 千字
版　　　次:2022 年 8 月第 3 版
印　　　次:2025 年 1 月第 2 次印刷
书　　　号:ISBN 978-7-5669-2096-6
定　　　价:59.00 元

3 版前言

本书为纺织服装高等教育"十四五"部委级规划教材,是在东华大学出版社出版的普通高等教育"十五"国家级规划教材《织物结构与设计学》(2004年)和"十一五"国家级规划教材《织物组织与结构学》(2010年)、"十三五"部委级规划教材《织物组织与结构学(2版)》(2018年)的基础上,由苏州大学、浙江理工大学、西安工程大学、江南大学、天津工业大学、武汉纺织大学、南通大学、大连工业大学、青岛大学、盐城工学院、广西科技大学等院校的专业教师参与修订编写而完成的。在修订过程中,对《织物组织与结构学》2018年版本中的错误、部分章节内容进行了纠正与完善,使其在文字与图形的表达上更加严谨,原先以光盘提供的辅助教学资料改为以二维码的方式呈现,体现时代性。

本书在内容上以系统的织物组织体系、外观形态、织物效应、设计的基本方法及应用等形式,集中、全面、系统地描述各类组织、结构的相关信息,体现了我国纺织行业的新发展、新技术、新成果,突出适用性、实用性和基础性,具有直观性、可自修性及与生产实践结合性的特点。

本书参与修订的编写人员包括:

主　　编:王国和

副主编:金子敏　谢光银　眭建华

编　委:刘　丽　李明华　武继松　曹海建　蒋　芳　裴晓园　潘如如　魏春艳(按姓氏笔画排列)

本书在修订、出版过程中得到了教育部高等学校纺织类专业教学指导委员会、全国纺织院校的专家与教授的大力支持,并得到了东华大学出版社的大力支持与帮助,在此表示衷心的感谢! 同时,本书中借鉴引用了其他学科著作和期刊上的资料,对这些资料的作者表示真诚的谢意!

由于编者水平有限,难免有错漏之处,恳请专家、读者批评指正。

王国和

2022 年 6 月

2 版前言

　　本书为纺织服装高等教育"十三五"部委级规划教材,是在东华大学出版社出版的普通高等教育"十五"国家级规划教材《织物结构与设计学》和"十一五"国家级规划教材《织物组织与结构学》的基础上,由苏州大学、浙江理工大学、西安工程大学、江南大学、天津工业大学、武汉纺织大学、南通大学、大连工业大学、青岛大学、盐城工学院、广西科技大学、绍兴文理学院等院校的专业教师共同参与修订编写而完成的。除了对《织物组织与结构学》2010 年版本中的错误进行纠正,使其在文字和图形的表达上更加严谨外,在织物组织部分增加了双层分割拉绒法双面经起绒组织,修订了第九章"三维组织"的名称及分类表征,同时结合教学过程中内容的连贯性,重点对织物结构部分的章节进行了调整:将原来的第十二章第一节调整为第十章第一节,第十章的其他内容顺次调整;原来的第十一、十二章合并为第十一章,原来的第十二章第二、三节顺次调整为第五、六节;第十三、十四章顺次调整为第十二、十三章。

　　经过修订,本书在内容上突出织物组织、结构、设计的系统性和前瞻性,强调课堂教学与学生自学相结合,覆盖面广,通过基本概念、外观形态、织物效果、设计的变化与应用等形式,更集中、全面、系统地描述各类组织的相关信息,体现了纺织行业的新发展、新技术和新成果;在编写上,仍采用纸质文稿与光盘资料结合的方式,突出适用性、实用性和基础性,具有直观性、可自修性及与生产实践的结合性等特点。

　　参与本次修订的编写人员包括:

　　主　　编:王国和

　　副主编:金子敏　谢光银　眭建华

　　编　委:王国和　　王鸿博　　刘　丽　　李明华　　武继松　　金子敏　　赵立环　　段亚峰

　　　　　　眭建华　　曹海建　　蒋　芳　　谢光银　　潘如如　　魏春艳(按姓氏笔画排列)

　　本书在修订、出版过程中得到了教育部高等学校纺织类专业教学指导委员会及全国纺织院校的专家与教授的大力支持,并得到了东华大学出版社的大力支持与帮助,在此表示衷心的感谢! 同时,本书中借鉴引用了其他学科著作和期刊上的资料,对这些资料的作者表示真诚的谢意!

　　由于编者水平有限,难免有错漏之处,恳请专家、读者批评指正。

王国和

2018 年 1 月

初版前言

  《织物组织与结构学》的前一版《织物结构与设计学》是 2004 年由东华大学出版社出版的普通高等教育"十五"国家级规划教材。经全国各纺织院校使用后,反映《织物结构与设计学》是一本质量较高的纺织工程专业基础平台课程的教材,编写上也有所突破、创新,内容上体现了先进性和实用性,为后续专业课程的学习提供了宽厚的基础。2008 年经出版社申报、专家评审、网上公示,《织物结构与设计学》被教育部补充遴选为普通高等教育"十一五"国家级规划教材。之后,组织了八个高等纺织院校中长期从事机织物组织结构与产品设计开发的教授级编写人员参编,除了对《织物结构与设计学》中的错误进行修改,使其在文字和图形的表达上更加严谨以外,修订版的主要变动体现在以下两个方面:

  一、进行了章节的调整,使服务于"织物组织学"课程的定位更为准确。删去了原书中"提花织物装造与纹织设计"和"织物组织 CAD 的数学模型与织物 CAD 逻辑"两章;将"织物设计概述"与"织物设计举例"两章精简为一章;组织部分增加了"三维组织"一章及"三原组织织物的外观效应变化""多层组织"两节;结构部分由原三章增补为四章,加入了机织物结构理论在织物规格设计中应用的内容;每章后除综合性的分析思考题外,还增加了实训题,以开拓学生思维,提高学习兴趣。修订版既保持原书的机织物组织、织物结构与织物设计的完整知识体系,体现了纺织工程以产品为中心、系统掌握纺织品织造技术的教育思想,较好地反映了各部分内容的内在联系与专业特点及实用性强的编写风格,又突出了本书的主体内容——织物组织与结构,拉开了与同类教材包括《织物结构与设计》《织物组织与纹织学》《机织物组织与设计(英文版)》的区别。因此,修订后书名改为《织物组织与结构学》,更为名符其实。

  二、为更好地满足教学需求,在参编各院校该课程多媒体课件的基础上,进行本教材的立体化建设,新编了电子/音像教材。借助计算机彩色、立体、动画可视的图形功能,展示织物组织结构的外观效应、形成原理、变化方法、上机工艺、各类典型纺织品的外观风格效果等内容,旨在为学生自主学习提供充分的空间,并提高教学质量。随书附带的光盘内容由 CAI 多媒体课件、织物效果模拟软件和图片、织物组织动画演示、棉麻毛丝典型品种、织物实样图片集、上机实验录像和附录等七个部分组成,为读者提供了实践性素材和工具。

  本书由顾平主编,并邀请王国和、金子敏、谢光银为副主编,共同商讨纸质教材的修改及光盘内容的策划和编写,全书最后由顾平修改、定稿。

参加本书编写的人员及章节分工如下：

纸质教材：

苏州大学　　　　　　顾　平——绪论，第五章，第九章，第十章，第十一章(11.1、11.2)，
　　　　　　　　　　　　　　第十二章，第十三章

　　　　　　　　　　王国和——第六章

　　　　　　　　　　眭建华——第八章

浙江理工大学　　　　金子敏——第二章，第七章(7.2、7.4)

西安工程大学　　　　谢光银——第四章(4.1、4.2、4.3)，第十一章(11.3、11.4)

青岛大学　　　　　　田　琳——第三章

江南大学　　　　　　王鸿博——第七章(7.1、7.3)

南通大学　　　　　　黄晓梅——第十四章

大连工业大学　　　　魏春燕——第四章(4.8、4.9、4.10)

武汉科技学院　　　　肖　军——第一章，第四章(4.4、4.5、4.6、4.7)

光盘教材：

苏州大学　　　　　　顾　平　王国和　眭建华　张长胜　顾建华

浙江理工大学　　　　金子敏

西安工程大学　　　　谢光银

青岛大学　　　　　　田　琳

南通大学　　　　　　黄晓梅

大连工业大学　　　　魏春燕

由于编者水平有限，难免有错漏之处，恳请专家、读者批评指正。意见可直接寄给主编、副主编，便于将来进行修改。

顾　平

2009 年 12 月

《织物结构与设计学》前言

《织物结构与设计学》是普通高等教育"十五"国家级规划教材之一。鉴于1999年后,纺织工程、丝绸工程、针织工程、纺织材料与纺织品设计四个专业合并为现在的纺织工程专业,实施通才教育的培养模式,学会组织了全国高等纺织院校中长期从事织物组织与产品设计、开发的专家、教授参编本书,除了传承原《织物结构与设计》《织物组织与纹织学》两本教材的主要内容,使织物组织的内容更为系统、翔实、涵盖机织、多臂和提花外,还精选了国外同类教材中的经典内容,增补了织物结构理论与应用,织物设计的基本内容和方法,以及行业中棉、毛、丝、麻、化纤等各大类织物设计的典型实例。本书中,织物组织、结构与设计构成一个完整的知识体系,成为纺织工程专业的专业平台课程,为学习后续相关的专业课程提供宽厚的基础。

本书由顾平主编。参加编写的人员及编写章节如下:

绪论,第四章4.5、4.7,第五章,第六章6.4,第九、十、十一、十五章——苏州大学顾平编写;第四章4.1、4.3、4.4、4.6、4.8、4.9,第六章6.1~6.3——苏州大学王国和编写;第八章,第十二章12.1~12.3——苏州大学眭建华编写;第七章7.2、7.4,第十二章12.4,第十三章13.3,第十四章14.3、14.4——浙江理工大学金子敏编写;第七章7.1,第十三章13.4、13.6——江南大学王鸿博编写;第三章3.1、3.3,第四章4.10,第七章7.3,第十三章13.1,第十四章14.1、14.2——青岛大学田琳编写;第一、二章——武汉科技学院肖军编写;第三章3.2——西安工程科技学院谢光银编写;第十三章13.2、13.5——南通工学院吴绥菊编写;第四章4.2——大连轻工业学院姜凤琴编写。初稿由吴汉金教授审阅。

本书在编写出版过程中得到了教育部、原纺织工业部教育司、全国纺织工程专业教育指导委员会、全国纺织院校的专家与教授的大力支持。本书能在较短时间内出版,得到了东华大学出版社的大力支持与帮助。在此,对他们表示衷心感谢!另外,对本书中借鉴引用其他学科著作和期刊中资料的作者也表示真诚的感谢!

由于作者水平有限,难免有遗漏和不成熟的地方,错误亦在所难免。热诚欢迎专家、读者批评指正。意见可直接寄给主编,以便于我们将来进行修改。

全国纺织教育学会

2004 年 5 月

目　　录

绪　　论

织物是纺织纤维集合体中的一个大类产品,是具有一定的长度和宽度且厚度相对于长度或宽度极其小的片状物体。

1. 织物分类和发展趋向

织物的种类繁多,不同的分类情况见表1。

表1　织物分类表

分类方法	主要类别
按成形方法分	机织物(二向、三向),针织物(经编、纬编、经编衬纬、纬编衬经),编织物,钩织物,结网织物,黏合织物,毡合织物,层合织物等
按原料分	棉织物,毛织物,丝织物,麻织物,化纤长丝织物,化纤短纤维织物,混纺织物,交织物,矿物纤维织物,金属纤维织物等
按用途分	服装用,服饰用,装饰用,产业用,复合材料增强用等
按结构分	二维织物,三维与多维立体织物等
按花纹分	平素织物,小花纹织物,提花织物等(提花织物是运用提花机开口装置织造,具有大型花纹效果的织物,又称为纹织物,它以某种组织为地组织,由另一种或数种不同组织形成花纹)
按染整加工分	白织物(生织物),色织物(熟织物),半色织物(半熟织物)等

随着时代发展和社会进步,以人为本的理念逐步普及和深入人心。人们崇尚自然,高度重视生态环境,假日旅游休闲渐成时尚,不同的群体逐步形成自己阶层所拥有的穿着方式和独特文化。为此,纺织品的发展方向应使纺织品具有舒适性(含触觉、视觉和生理等)、生态性(生产至使用过程中无毒、无害、可降解)、功能性(多样化、高附加值化)、健康卫生性(裨益皮肤、促进血液循环、解除缓解神经性病痛、防菌抗菌、消臭散香等)、安全性(阻燃、抗微波、抗紫外线、抗静电等)、休闲性(自由自在、多变、时尚)、艺术性(时代观赏)和文明性(体现文化、素质、修养、思想精神)等。

纵观国际市场,服装(含服饰)用织物未来的发展趋向:

(1)利用新纤维,特别是各种功能性超细纤维;采用多种纤维混纺、交织,并捻,复合,实现原料结构多样化和高档化。

(2)改变纱线形态结构,利用新形质纱线开发突出质感和表面效应的新织品;实现传统纱线与花式纱线的结合,天然纱与金属纱的结合,多股纱与链条纱的结合,长丝与膨松粗纱的结合;新形质纱线有混色纱、印经多彩纱、多色股纱和花式纱(如波纹纱、竹节纱、圈圈纱、包芯纱、包覆纱、毛茸纱、雪尼尔纱、强捻辫子纱)等。

(3)采用多层复合结构,如双面、双层、立体、凹凸等,使产品风格多样化。

(4)利用各项功能整理的有机组合,开发高档次、高附加值的产品。高级的棉、毛、丝、麻、化纤织物,应是方便/舒适一体化或保健/卫生一体化产品,既形态稳定又有超拒水、防污、易去污、抗静电、吸湿快干、透湿、阻燃等功能;既手感柔软、吸湿、抗菌防臭,又有蓄热、感温变色、芳香、抗紫外、远红外吸收等功能。

2. 本课程性质、地位和作用

"织物组织与结构学"课程系统地论述机织物成形时,纤维材料的交织方式、结构形态及其设计的原则与方法。它是纺织工程专业根据培养目标设置的一门专业平台课程,是为培养高级纺织工程技术人员必备的专业知识与技能服务的,并为进一步学习某一方向的精深专业知识打下宽厚的基础。

《织物组织与结构学》教材包含织物组织、织物结构和织物设计三个部分,其内容从适合某一原料类型的织物拓宽到棉、毛、丝、麻、化纤及交织、混纺各种原料类的织物,从服装用拓宽到装饰用、产业用织物。织物组织部分系统详实地讲述织物组织构成方式、原理及其与织物外观、功能间的关系。织物结构部分吸纳国外同类教材的适用和精深部分,讲述机织物几何结构的数学模型及其在织物设计中的应用。织物设计部分除讲述织物规格设计的全过程环节、思想方法及内容要素等基本知识外,通过精选棉、毛、丝、麻等典型产品设计实例,突出新纤维、新工艺、新技术在机织产品开发中的应用。整本教材力求体现理论与实践技术的紧密结合,并兼顾纺织企业产品工程、设计人员阅读的需求。

本教材与 20 世纪 80 年代初版、90 年代再版的《织物结构与设计》《织物组织与纹织学》同类教材相比较,除内容上的拓宽和更新外,撰写上的主要区别在于专业术语的定义更加准确且中英文对照;以图助文,简单明了,易于阅读理解;每章后有思考题和实训题,思考题供课堂学习讨论和复习,实训题为建议进行的课外活动内容,帮助读者加深对书中重点和难点的理解。另外,还列出了主要参考文献,便于查考,方便自学。

数字内容(辅助)

本书的数字内容(见二维码)由 CAI 多媒体课件、织物组织效果模拟、棉麻毛丝典型品种、织物实样图片集、上机实验录像和附录等六个部分组成,具体包括:书中各类组织的上机图及上机图绘作练习软件;单层组织的织物模拟效果图;棉、麻、毛、丝类典型品种的简介;大量的织物实样图片;织物上机实验全过程录像;以及织物设计的相关表格及实例。这些内容通过二维码的方式呈现,旨在帮助读者理论联系实际,建立织物的空间概念,提高学习兴趣和立体想象能力。

思考题

1. 从纤维原料、纱线结构、织物结构或后整理中选择一项,较详细地阐述该类纺织品未来的发展趋势。
2. 何谓功能性纺织品? 试举例说明。
3. 何谓色织物、半色织物? 它们与白织物在织造上有何区别?

实训题

1. 通过走访服装商店、上网查找或仔细观察人们日常的穿着与服饰用品,寻找机织物、针织物、非织造织物、编织物、钩织物、层合织物的实样,并识别其外观区别和性能差异。
2. 提花织物通常是指在专门的提花机上织造的具有大型花纹的织物,收集 3～5 个提花织物实样,分析其呈现花纹的原因。提花织物外观效果参见数字内容 1 和 4。

第一章 织物与织物组织的概念

1.1 织物的形成及其组织表示方法

1.1.1 织物的形成

传统的两向机织物(woven fabric)是由经、纬两个系统的纱线在织机上互相交织而成的。在织物内平行于织边的纵向纱线称为经纱(warp yarn),与织边垂直的横向纱线称为纬纱(weft or filling yarn)。

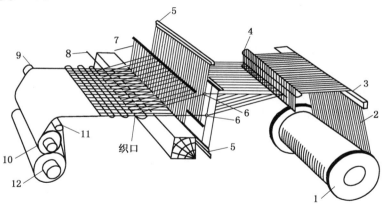

图1-1 机织物形成示意图

1—织(经)轴　2—经纱　3—后梁　4—停经片　5—综框　6—综眼
7—钢箔　8—纬纱　9—胸梁　10—卷取辊　11—导布辊　12—卷布辊

机织物的形成过程如图1-1所示,经纱2从织轴1上引出,绕过后梁3、停经片4,按一定规律逐根穿入综框5上的综眼6,再穿过钢箔7的箔齿与纬纱8交织,在织口处形成的织物经胸梁9、卷取辊10、导布辊11卷绕在卷布辊12上。

在形成织物时,综框由开口机构控制做上下交替运动,使一部分经纱提升、另一部分经纱不提升,形成梭口,纬纱由引纬机构控制引入梭口,通过打纬机构由钢箔将纬纱推向织口完成经纬纱交织。

1.1.2 织物组织的定义及其表示方法

织物内经纱和纬纱相互交错或彼此浮沉的规律称为织物组织(fabric weave)。当织物组织变化时,织物的外观及其性能也随之改变。经、纬纱交叉处称为组织点(intersection point),当经纱浮在纬纱之上时称经组织点或经浮点(warp over weft);当纬纱浮在经纱之上时称纬组织点或纬浮点（warp under weft or weft over warp）。

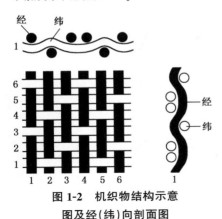

图 1-2　机织物结构示意
图及经（纬）向剖面图

当经组织点和纬组织点的浮沉规律达到重复时，称为一个组织循环（weave repeat unit）或一个完全组织。构成一个组织循环的经纱根数称经纱循环数，用 R_j 表示；构成一个组织循环的纬纱根数称纬纱循环数，用 R_w 表示。图 1-2 所示为机织物结构示意图及经（纬）向剖面图，图中，第 4、5、6 根经（纬）纱的浮沉规律是第 1、2、3 根经（纬）纱的重复，$R_j = R_w = 3$。经向剖面图是指织物沿经纱方向剖开并向右侧翻转 90° 得到的剖面，观察方向为从右向左；纬向剖面图是指织物沿纬纱方向剖开并向上翻转 90° 得到的剖面，观察方向为从下向上，图中所示为第 1 根经（纬）纱的经（纬）向剖面图。织物组织循环愈大，所织成的织物组织也越复杂。

织物组织可以用组织图（pattern draft or weave diagram）表示，一般用方格表示法。用来描绘织物组织的带有格子的纸称为意匠纸（point paper）或方格纸，其纵行表示经纱，次序为从左至右；横行表示纬纱，次序为自下而上。每根经纱与纬纱相交的小方格表示组织点。在方格内绘有符号者表示经组织点，常用的符号有■、⊠、⊡、⊙等，方格内不绘符号者表示纬组织点。

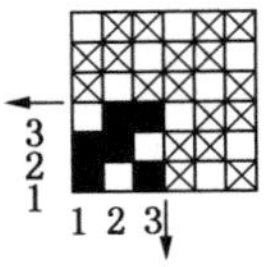

图 1-3 为图 1-2 对应的组织图，图中用箭头标出织物组织的一个组织循环。在描绘组织图时，一般只需画出一个组织循环，并以第 1 根经纱和第 1 根纬纱的相交处作为组织循环的起始点。

图 1-3　组织图
的方格表示法

1.2　织物上机图

织物上机图（looming draft）是表示织物上机织造工艺条件的图解，用于指导织物的上机装造工作。上机图主要包括组织图、穿筘图（denting plan）、穿综图（draft plan）及纹板图（lifting plan）等四个部分。

1.2.1　上机图的组成

上机图中各组成部分排列的位置，随各个工厂的习惯不同而有所差异，上机图的布置一般有两种形式。

第一种形式：组织图在下方，穿综图在上方，穿筘图在它们中间，而纹板图通过关系图转换在组织图的右侧，如图 1-4（a）所示。

第二种形式：组织图在下方，穿综图在上方，穿筘图在它们中间，而纹板图随左、右手织机的不同而分别放在穿综图的右侧或左侧，如图 1-4（b）所示。

工厂生产时推荐采用第一种形式，五幅图有时不必全画，例如关系图省略，穿综图、穿筘图亦可用文字说明。

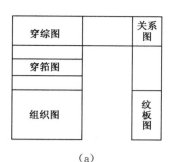

(a)

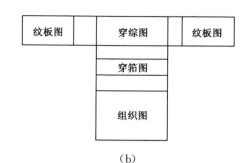

(b)

图 1-4　上机图的组成及布置

1.2.2　穿综图

穿综图是表示组织图中各根经纱穿入各页综片顺序的图解,位于组织图的上方。每一横行表示一页综片(或一片综框),顺序为由下向上(对应织机上由机前向机后方向)排列;每一纵行表示与组织图对应的一根经纱。欲表示某一根经纱穿入某页(片)综框上,则在代表该根经纱的纵行与代表该页(片)综框的横行相交的小方格上画一符号。

穿综的原则是:浮沉交织规律相同的经纱一般穿入同一页综片中,也可穿入不同综片中,而不同交织规律的经纱必须分穿在不同综片内。穿综图至少画一个穿综循环。

穿综方法根据织物的组织、原料、密度以及有利于织造顺利和操作方便等原则决定。穿综的方法很多,但常用的有以下几种。

1. 顺穿法

顺穿法(straight draft)是把一个组织循环中的各根经纱逐一地顺次穿在每一页综片上,所需综片数(Z)等于一个组织循环的经纱数。若穿综循环经纱数用 r 表示,则 $Z=r=R_j$ 或 R_j 的倍数。图 1-5 为不同组织的顺穿法穿综图。

顺穿法的优点是操作方便,便于记忆,不易穿错,但缺点是当经纱循环数很大或经纱密度过大而经纱循环数较小时,势必会使用过多的综片或增加经纱与综丝间的摩擦,给上机、织造带来困难。为此,顺穿法适用于经纱循环数少的组织和经密较小的织物。

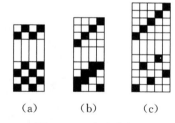

(a)　　(b)　　(c)

图 1-5　顺穿法穿综图

2. 飞穿法

当组织经纱循环数较少或经纱密度较大时,若采用顺穿法,综片中的综丝密度很大,从而加大了经纱与综丝的摩擦,引起断头增加或开口不清,造成织疵而影响织物的质量。为了减少摩擦则必须相应减少综丝密度,生产中常使用复列式综框(一片综框上有 2~4 列综丝)或成倍增加单列式综框的页数,以保证织造顺利进行。

飞穿法(skipped draft)是把所用综片划分为若干组,分成的组数等于经纱循环数或其倍数。穿综的次序是先穿各组中的第 1 页(列)综,然后穿各组中的第 2 页(列)综,其余依次类推,此时 $R_j < Z=r$。图 1-6 为密度较大的平纹组织使用两页复列式综框时飞穿法的穿综图。

第Ⅱ组 {4 3}
第Ⅰ组 {2 1}

图 1-6　飞穿法穿综图

3. 照图穿法

当织物组织循环较大而经纱运动规律较少时,可以将运动规律相同的经纱,穿入同一页综片。这种穿综方法是按照组织图的经纱运动规律进行的,故称为照图穿法(broken draft)。照图穿法可以减少综片的使用数,因此又称为省综穿法,此时 $r = R_j > Z$,如图 1-7 所示,(a)和(b)均为 $R_j = r = 8$,$Z = 4$。此穿法在绉组织、小花纹组织等织物中广泛应用。

照图穿法中,当组织图左右对称时,其穿综图也左右对称,这种穿综方法又称为山形穿法(pointed draft),如图 1-7(b)。

采用照图穿法虽然可减少综片数,但也有不足之处。照图穿法因各片综上的综丝数不同,使每片综的负荷不等,且穿综和织造时处理断头比较复杂,不易记忆。

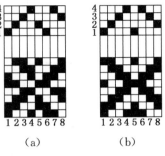

图 1-7　照图穿法穿综图

4. 间断穿法

间断穿法(grouped draft)如图 1-8 所示,其穿综顺序按区段进行,适用于由两种或两种以上组织左右并合的纵条或格子花纹。穿综时,根据纵条格的特点,将第一种组织按其经纱运动规律穿若干个循环后,再根据另一组织的经纱运动规律进行穿综,直到一个花纹循环穿完为止。

5. 分区穿法

分区穿法(divided draft)是指把综片分成前后若干区,经纱相间地穿入各区综片内。织物中往往包含若干不同组织或不同原料的经纱,彼此之间相间排列,不同组织或不同原料的经纱分别穿入各区综片内。分区数等于织物中不同组织的数目,每一区中的综片数根据穿入该区的组织循环和穿综方法确定。

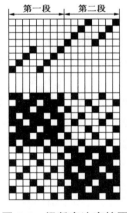

图 1-8　间断穿法穿综图

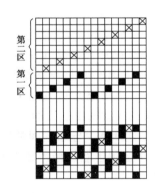

图 1-9　分区穿法穿综图

如图 1-9 所示,织物中包含两个不同组织,按1:1相间排列,用符号■和⊠分别代表一种组织的经浮点,穿综时综片分为前后两区,第一区为 4 片综顺穿,第二区是 8 片顺穿,共采用 12 片综。

在实际生产中,有些工厂往往不用上述的方格法来描绘穿综图,而是用文字加数字来表示。如图 1-7(b)可写成:用 4 片综,穿法:1、2、3、4、1、4、3、2。图 1-8 可写成:用 8 片综,穿法:(1、2、3、4)×2 次,(5、6、7、8)×2 次。

1.2.3　穿筘图

穿筘图位于组织图与穿综图之间,用意匠纸上的两个横行表示相邻两筘齿,以横向方格连续涂绘符号表示穿入同一筘齿中的经纱根数；而穿入相邻筘齿中的经纱，则在穿筘图中的另一横行内连续涂绘符号。除用此方格表示外，也可以采用文字说明、加括号、加下划横线以及其他方法。如图1-10所示穿筘图中，(a)表示每筘齿内穿两根经纱；(b)表示花式穿筘，筘穿入数为2、2、3、3；(c)表示空筘穿法，穿一齿空一齿，筘穿入数为3、0、3、0。

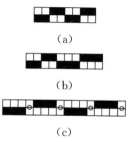

图1-10 穿筘图画法

穿筘图中每筘齿穿入数的多少应根据织物组织、经纱原料的性能和线密度、经纱密度及织物组织对坯织物的要求而定，以不影响生产和织物的外观为原则。一般筘穿入数应尽可能等于其组织循环经纱数或是组织循环经纱数的约数或倍数；经密大的织物，穿入数可取大些；色织物和直接销售的坯织物，穿入数宜小些；需经后处理的织物，穿入数可大些。

1.2.4 纹板图

纹板图又称提综图，是控制综框运动规律的图解，对多臂开口机构来说是植纹钉的依据，对踏盘开口装置是设计踏盘外形的依据。

1. 纹板图位于组织图的右侧

此种方法绘图方便、校对简捷，所以工厂(尤其是色织厂)一般采用此法。

如图1-11所示，纹板图的每一纵行代表对应的一页(片)综框，所以其纵行数应等于穿综图中的横行数，顺序为自左向右；每一横行代表一次开口，其横行数等于组织图中的横行数，顺序为自下而上。纹板图的画法是：根据组织图中经纱穿入综片的次序，依次按该经纱组织点的交错规律填绘纹板图对应的纵行。

图1-11(a)所示穿综图为顺穿法，描绘的纹板图与组织图完全一致。由此可见，采用此种上机图配置法，当穿综图为顺穿时，其纹板图与组织图相同，既便于绘图又便于检查核对，有时可省略不画。

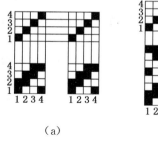
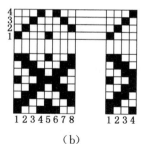

(a)　　　　　　　　(b)

图1-11 纹板图的画法

图1-11(b)所示穿综图为照图穿法，Z＝4，故纹板图的纵行为4行。从穿综图上看，经纱1、2、3、4是顺穿，经纱5、6、7、8分别重复经纱1、4、3、2的浮沉规律，所以将组织图中经纱1、2、3、4的浮沉规律依次填入纹板图中的1、2、3、4纵行，即为这种组织的纹板图。

在复动式多臂织机上，一块纹板上有两排纹钉孔眼，每排各有16个孔眼，每排孔眼所钉植的纹钉控制一次经纱开口，织入一根纬纱。图1-12所示为右手织机左龙头纹板的纹钉植法，从下向上数，第1块纹板的第1排孔眼为纹板图中第1根纬纱浮沉规律钉植纹钉之处，第1块纹板的第2排孔眼为纹板图中第2根纬纱浮沉规律钉植纹钉之处，第2块纹板则是第3、4根纬纱钉植纹钉之处，依次类推。

图1-12为图1-11(a)所示上机图在右手织机左龙头(即多臂机龙头在织机左侧)上的纹板钉植法。当织第1纬时，纹板图中第1、4综框提起，所以在第1块纹板的第1排孔眼上，从左

向右数第1、4孔眼处应植纹钉,以符号●表示;而第1纬浮于第2、3经纱之上的是纬组织点,则纹板上第1排第2、3孔眼处不植纹钉,以符号○表示。

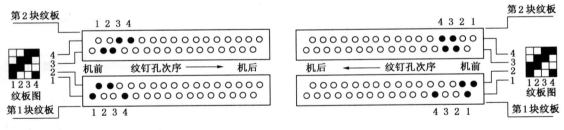

图1-12　右手织机纹钉植法　　　　　　图1-13　左手织机纹钉植法

在钉植纹钉时,主要考虑减少经纱开口张力及方便操作,应尽量使用机前部分的孔眼。

对于左手织机右龙头(即多臂龙头在织机右侧),由于龙头在织机上的位置不同,花筒的回转方向也与右手织机不同。因而钉植纹钉的起始方向应与右手织机相反。图1-13为左手织机右龙头纹板钉植法。

2. 纹板图位于穿综图的左(右)侧

纹板图因织机有左、右手之分而分别位于穿综图的右、左侧位置,并和花筒位置相一致。因此左手织机纹板图在穿综图的右侧,右手织机纹板图在穿综图的左侧,如图1-14(b)所示。纹板图中每横行代表一页(列)综,因此纹板图中的横行数和穿综图的横行数相等;每纵行表示织入相应一根纬纱的纹钉孔,其顺序自内向外。纹板图的绘法是:组织图中各根经纱,对应其所穿入的综片数,左手织机按顺时针方向,右手织机按逆时针方向转90°后,将其组织点浮沉规律填入纹板图的横行各方格内,经纱提起植纹钉,以■或⊠等符号表示;经纱下沉不植纹钉,以空格表示。

图1-14表示右、左手复动式多臂机纹钉植法,(a)为右手织机纹钉植法,(c)为左手织机纹钉植法,符号●表示植纹钉处。

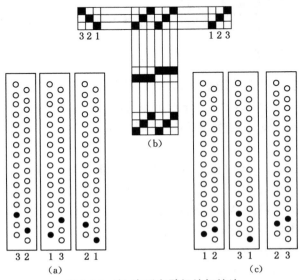

图1-14　左、右手多臂机纹钉植法

1.2.5　组织图、穿综图、纹板图三者关系

组织图、穿综图和纹板图三者之间有着不可分割的关系。已知其中两图可求得第三图，或者在三图中，保持其中一个图不变，改变另一个图，即可得到新的第三图，如保持穿综图不变，改变纹板图，可以得到新的组织图。正确运用三个图之间的关系，在机织物设计与实际生产中都具有重要意义。

1. 已知组织图和穿综图作纹板图

方法有两种，叙述如下。

（1）按纬纱顺序作纹板图。如图 1-15 所示，投入第 1 根纬纱时，第 1、4 根经纱应提起，而这两根经纱分别穿在第 1、4 两片综上，即在纹板图的第 1 块纹板与代表第 1、4 综框的列（或行）相交的方格中涂绘符号。同理，可填绘第 2、第 3 块纹板等等，直至填绘完毕。不论纹板图在何种位置，均可按此方法填绘。图 1-15（a）为纹板图在组织图的右侧，（b）为纹板图在穿综图的右侧。

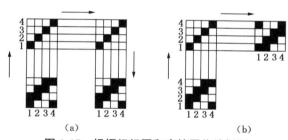

图 1-15　根据组织图和穿综图作纹板图

（2）按经纱顺序作纹板图。如图 1-15 所示，第 1 根经纱穿入第 1 片综内，因该经纱浮于第 1、2 两根纬纱上，即在投入第 1 和第 2 两根纬纱时，第 1 片综框须提起，故在纹板图上代表第 1 片综框的列（或行）与第 1、2 块纹板相交的方格中涂绘符号。同理，可依次填绘代表其他综框的列（或行），直至完成纹板图。

2. 已知纹板图和穿综图作组织图

在织机上，实际上是由穿综图与纹板图制织出所需要的组织，有些织物也可以按这种方法来设计组织。

求作组织图时，可循着纹板图→穿综图→组织图的顺序进行，具体的方法有按纬纱顺序和按经纱顺序两种。

（1）按纬纱顺序作组织图。也就是按纹板顺序求作组织图。如图 1-16（a）、（b）所示，在第 1 块纹板上，相应于第 1、4 片综框的方格上填有符号，即织第 1 纬时第 1、4 片综框提起，在穿综图上可以看到这两片综框上穿的是第 1、4 根经纱，所以在组织图中第 1 根纬纱上应涂绘 1、4 两个经组织点。同理，在第 2 块纹板上，相应于第 1、3 片综框的方格上填有符号，即织第 2 纬时第 1、3 片综框提起，在穿综图上可以看到这两片综框上穿的是第 1、2 根经纱，所以在组织图中第 2 根纬纱上应涂绘 1、2 两个经组织点。依次类推，直到画出整个组织图。

（2）按经纱顺序作组织。也就是按综框顺序求作组织图。如图 1-16 所示，在纹板图中相当于第 1 片综框的列（或行）上，与第 1、2 纬相交的方格中绘有符号，表明在投入第 1、2 纬时第 1 片综相应提起，而由穿综图可以看出，第 1 片综上穿的是第 1 根经纱，所以在组织图的第 1

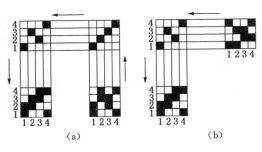

图 1-16　根据纹板图和穿综图作组织图

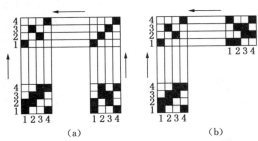

图 1-17　根据纹板图和组织图作穿综图

根经纱上须涂绘 1、2 两个组织点。同理，在纹板图中相当于第 2 片综的列（或行）上，与第 3、4 纬相交的方格中绘有符号，表明在投入第 3、4 纬时第 2 片综相应提起，而由穿综图可以看出，第 2 片综上穿的是第 3 根经纱，所以在组织图的第 3 根经纱上须涂绘 3、4 两个组织点。依次类推，直到画出整个组织图。

3. 已知纹板图和组织图绘作穿综图

如图 1-17 所示，这种方法通过观察组织图中各根经纱的经、纬浮点，并与纹板图中绘出的各片综框的升降次序进行对照，得到穿综图。组织图中第 1 根经纱有两个经组织点，浮于第 1、2 纬纱上，然后在纹板图中寻找投第 1、2 纬时哪一片综被提起，从纹板图中看出是第 1 片综被提起，因此第 1 根经纱应穿入第 1 片综内。同理，组织图中第 2 根经纱有浮于第 2、3 纬纱上的两个经组织点，从纹板图中看出是第 3 片综被提起，因此第 2 根经纱应穿入第 3 片综内。其余各根经纱按同样方法进行，即可绘出穿综图。

数字内容 1 提供了织物组织上机图绘制软件，数字内容 5 给出了上机实验录像。

思考题

1-1　试分别说明织物与织物组织的概念。

1-2　试选用一上机图，分别说明下列名词：（1）经纱循环数 R_j；（2）纬纱循环数 R_w；（3）穿综循环数 r。

1-3　上机图的构成中，各个组成部分的作用是什么？

1-4　主要的穿综方法有几种？分别适用于哪些组织？各有什么特点？

1-5　什么是复列式综框？为什么要采用复列式综框？

1-6　穿筘图中的筘齿穿入数一般与什么有关？怎样确定筘穿入数？

1-7　纹板图的作用是什么？在踏盘式织机上由什么构件来实现纹板图的作用？在多臂机上由什么构件来实现纹板图的作用？

1-8　高支府绸织物的组织如图 1-6 所示，试作其织造上机图，用综数分别为：

（1）4 片　　　　（2）6 片　　　　（3）8 片

1-9　$\dfrac{2}{2}$↗斜纹组织的纹板图如图 1.1 所示，求作相应的上机图，并说明它们采用何种穿综方法。

1-10　已知组织图如图 1.2，试完成其上机图，并简要说明采用这种穿综方法的原因。

1-11　你认为图 1.3 所示的上机图中的穿综是否合理？能否采用更简单的穿综方法？

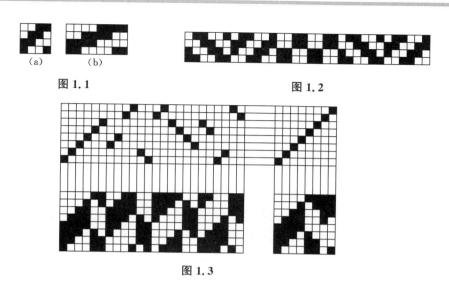

（a）　（b）

图 1.1　　　　　　　　　　　　　　　　　　图 1.2

图 1.3

实训题

1-1　调查了解平纹织物上机时复列式综框的使用情况，并说明综丝密度的一般使用范围。

1-2　电子多臂机是如何控制综框升降的？请举例说明。

1-3　在设计织物的穿筘数时，有时会有穿入数不等的情况，一般发生在何种情况下？此时织物外观有什么变化？在计算筘号时应如何处理？请举例说明。

1-4　应用数字内容 1 中的上机图软件，练习组织图、穿综图和纹板图的构作方法。

1-5　全程观看数字内容 5 中的上机实验录像，熟悉织物组织上机实验的步骤和方法。

第二章　三原组织

织物组织是织物的一项技术条件,也是织物规格的一项重要内容。原组织是各种组织的基础,它包括平纹、斜纹和缎纹三种组织,通常又称为三原组织(three-elementary weave)。

原组织在一个组织循环内,每一根经纱或纬纱上只具有一个经组织点,而其余的都是纬组织点;或者只具有一个纬组织点,而其余的都是经组织点。如果经组织点占优势,称为经面组织;纬组织点占优势,称为纬面组织;经、纬组织点相等,则称为同面组织。

在研究织物组织的构成和织物组织的特点时,常用飞数来表示织物组织中相应组织点的位置关系,它是织物组织的一个重要参数,以符号 S 表示。飞数除特别指明的以外,都是观察同一系统相邻两根纱线上相应经(纬)组织点间相距的组织点数。沿经纱方向计算相邻两根经纱上相应两个组织点间相距的组织点数是经向飞数,以 S_j 表示;沿纬纱方向计算相邻两根纬纱上相应组织点间相距的组织点数是纬向飞数,以 S_w 表示。

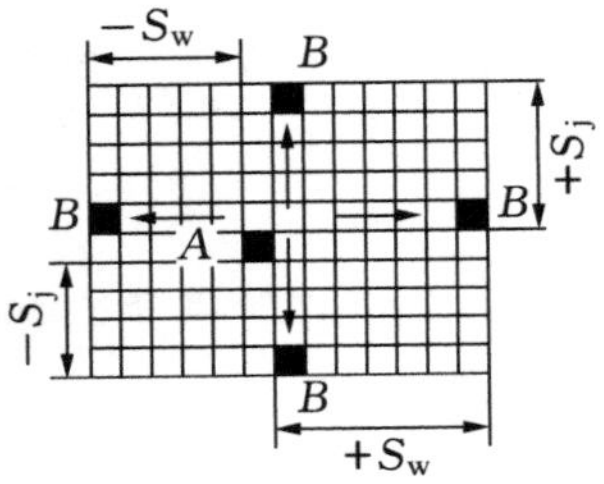

图 2-1　飞数方向图解

飞数除大小不同和其数值是常数或变数之外,还与起数的方向有关。图 2-1 所示为任意一个组织点 B 对组织点 A 的飞数起数方向。理论上,可将飞数看作一个向量。对于经纱方向来说,飞数以向上数为正,记符号($+S_j$);向下数为负,记符号($-S_j$)。对于纬纱方向来说,飞数以向右数为正,记符号($+S_w$);向左数为负,记符号($-S_w$)。

在织物组织中,凡某根经纱上有连续的经组织点,则该经纱必连续浮于几根纬纱之上。凡某根纬纱上有连续的纬组织点,则该纬纱必连续浮于几根经纱之上。这种一个系统纱线连续浮在另一系统纱线上的组织点长度,称为织物组织的浮长。浮长的长短用组织点数表示。

2.1　平纹组织

2.1.1　平纹组织的特征及表示方法

平纹组织(plain weave)是最简单的组织,其组织参数为:$R_j = R_w = 2$, $S_j = S_w = \pm 1$。

图 2-2 为平纹组织图,其中(a)为平纹织物交织示意图,(b)为第 1 根纬纱的纬向剖面图,(c)为第 1 根经纱的经向剖面图,(d)与(e)为组织图。图中箭头所包括的部分表示一个组织循环,1 和 2 表示经纱、纬纱的排列顺序。

平纹组织在一个组织循环内有两个经组织点和两个纬组织点,无正反面区别,属同面组织。平纹组织可用分式符号 $\dfrac{1}{1}$ 表示,其中分子表示经组织点,分母表示纬组织点,读作一上一下平纹。

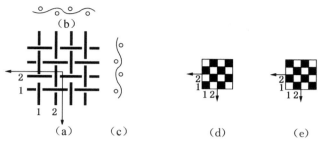

图 2-2　平纹组织图

2.1.2　平纹组织的作图步骤

绘平纹组织时,以第 1 根经纱和第 1 根纬纱相交的方格作为起始点。单起平纹是指起始点为经组织点的平纹,即单数纵行与单数横行、双数纵行与双数横行相交处均为经组织点,如图 2-2(d)所示;若起始点为纬组织点,则为双起平纹,如图 2-2(e)所示。一般以经组织点作为起始点来绘平纹组织图,当平纹组织与其他组织配合时需要注意考虑组织点的起始位置。

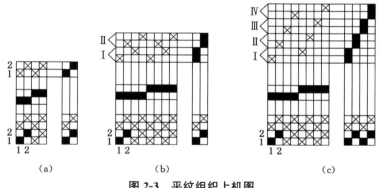

图 2-3　平纹组织上机图

织造经密较小的平纹织物时,可采用两片综顺穿法,如图 2-3(a)所示;织造中等密度的平纹织物,如市布时,可采用两片双列式综框飞穿法,如图 2-3(b)所示;织经密很大的平纹织物,如棉细布和棉府绸时,可采用两片四列式综框或四片双列式综框,并采用双踏盘织机织造,图 2-3(c)所示为四片双列式综框飞穿。

2.1.3　平纹组织的应用

平纹组织中,由于经纱和纬纱之间每次开口都进行交错,使纱线屈曲增多,经、纬纱的交织也最紧密。所以,在同样条件下平纹织物手感较硬,质地坚牢,在织物中应用也最为广泛。如棉织物中的细布、平布、粗布、府绸、帆布等,毛织物中的凡立丁、派立司、法兰绒、花呢等,丝织物中的乔其纱、双绉、电力纺等,麻织物中的夏布、麻布和化纤织物中的黏纤平布、涤棉细纺等,均为平纹组织的织物。

从平纹组织点配置情况看,经纱和纬纱似乎应一样显露在织物表面。但制织时如配以不同的原料、线密度、经纬密度、捻度、捻向,即变化织物结构的某些参数,或采用不同的上机条件,都可使平纹织物获得各种不同的外观效应、机械力学性能和服用性能。

如采用不同线密度的经、纬纱织造,在平纹织物中便产生纵向或横向的条纹效应。当经纱细而纬纱粗时,则织物外观呈横条;如用线密度小的经纱与粗细不同的两种纬纱相间排列,则横条纹的效应更加明显;若经、纬纱线分别采用粗细不同的纱线,并按一定规律间隔排列,则织物表面可呈现条子或格子模纹。

平纹组织若配以不同的经、纬密度,则织物外观的细腻程度、手感柔软、厚薄程度等都会发生变化。密度增大使织物变得厚实挺括;密度小则织物轻薄松软。若织物经、纬纱线密度相近(或相等),经、纬密度相差较大时,织物表面会产生横向或纵向条纹,如经密大于纬密的府绸织物就显横向条纹。

改变每筘齿中穿入根数使经纱密度产生变化,则可织出稀密纵条织物。采用此法可改善织物的透气性。

纱线的捻度、捻向对平纹组织的结构影响也很大。常采用捻向不同的强捻经、纬纱并按两根 Z 捻、两根 S 捻相间排列织成平纹织物,经过练漂染整加工后,织物表面形成了细密皱纹,乔其纱便属这类织物。当成组排列不同捻向的经纬纱线时,可制成隐条、隐格的平纹织物。

此外,在织机上利用上机张力的不同,亦可得到不同的外观效应,如采用两个送经量不同的织轴进行织造的泡泡纱织物。

在平纹织物中还可以应用各种花式(色)线,采用各种配置可织成绚丽多彩的平纹色条、色格织物,这在服饰用织物中应用普遍。

总之,平纹织物可以借助织物结构参数或织造工艺的变化而获得各种不同的外观效应。

2.2　斜纹组织

2.2.1　斜纹组织的特征及表示方法

斜纹组织(twill weave)由连续的经组织点或纬组织点构成的浮长线倾斜排列,使织物表面呈现出一条条斜向的纹路。斜纹组织的参数为:$R_j = R_w \geqslant 3$, $S_j = S_w = 1$ 或 -1。

斜纹组织常用分式符号表示,其分子表示一个组织循环内每根纱线上的经组织点数,分母表示纬组织点数,分子与分母之和等于组织循环数 R。在原组织的斜纹分式中,分子或分母必有一个等于1。分子大于分母时,组织图中经组织点占多数,为经面斜纹,如图 2-4 中(a)、(c)、(d)所示;而分子小于分母时,组织图中纬组织点占多数,为纬面斜纹,如图 2-4(b)所示。

通常在表示斜纹组织的分式旁边加上一个箭头,用于表示斜纹的方向。如图 2-4 中,(a)以 $\frac{2}{1}\nearrow$ 表示,读作二上一下右斜纹;(b)以 $\frac{1}{2}\nwarrow$ 表示,读作一上二下左

(a)　　　(b)　　　(c)　　(d)

图 2-4　斜纹组织图

斜纹；(c)以$\frac{3}{1}$↗表示，读作三上一下右斜纹；(d)以$\frac{3}{1}$↖表示，读作三上一下左斜纹。当S_j为正号时是右斜纹，当S_j为负号时是左斜纹。

2.2.2　斜纹组织的作图步骤

斜纹组织图的绘作方法比较简单，按照表示斜纹组织的分式，求出组织循环数R，圈定一个组织循环，然后在第1根经纱上填绘经组织点，再按飞数逐根填绘。按照斜纹方向，以第1根经纱的组织点为依据，如果为右斜纹则向上移一格($S_j=+1$)填绘下一根经纱的组织点；如果为左斜纹则向下移一格($S_j=-1$)填绘下一根经纱的组织点；以下各根经纱的绘法依次类推，直至达到组织循环为止。

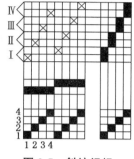

图 2-5　斜纹组织的上机图

制织斜纹织物时，可采用顺穿法，所用综片数等于其组织循环经纱数。当织物的经密较大时，为了降低综丝密度以减少经纱受到的摩擦，多数采用复列式综片，用飞穿法穿综，每一筘齿中穿入经纱3～4根。

在织机上制织原组织斜纹织物时，有正织和反织之分，一般经面组织要求反织。当采用反织即正面向下的织造方法时，必须注意斜纹的方向，如用反织法织$\frac{3}{1}$↖斜纹纱卡其时，应按$\frac{1}{3}$↗斜纹上机，其上机图如图2-5所示。

2.2.3　斜纹组织的应用

斜纹组织由于其组织循环数较平纹大，而组织中每根经纱或纬纱只有一个交织点，因此在其他条件相同的情况下，斜纹织物的坚牢度不如平纹织物，但手感比较柔软。斜纹织物的经纬交织数比平纹组织少，在纱线线密度相同的情况下，不交叉的地方，纱线容易靠拢，因此，斜纹织物的纱线致密性较平纹织物大；在经、纬纱线密度、密度相同的条件下，其耐磨性、坚牢度不及平纹织物，但是，若加大经纬密度则可提高斜纹织物的坚牢度。

采用斜纹组织的织物较多，如棉织物中的单面纱卡其为$\frac{3}{1}$↖斜纹，单面线卡其为$\frac{3}{1}$↗斜纹；毛织物中的单面华达呢为$\frac{3}{1}$↗斜纹或$\frac{2}{1}$↗斜纹；丝织物中的美丽绸为$\frac{3}{1}$↗斜纹。

斜纹织物表面的斜纹倾斜角度随经纱与纬纱密度的比值而变化，当经、纬纱密度相同时，右斜纹倾斜角为45°；当经纱密度大于纬纱密度时，右斜纹倾斜角将大于45°，反之则小于45°。

经、纬纱捻向与斜纹组织的合理搭配，可改善织物表面效应。为保证斜纹的纹路清晰，应使斜纹方向与构成织物支持面纱线的捻向相垂直。例如，对于经面右斜纹，其经纱宜采用S捻；而对于经面左斜纹，其经纱宜采用Z捻；对于纬面右斜纹，其纬纱宜采用Z捻；而对于纬面左斜纹，其纬纱宜采用S捻。这样配置所得的斜线纹路较清晰，反之则斜线纹路模糊。

2.3 缎纹组织

2.3.1 缎纹组织的特征及表示方法

缎纹组织(satin or sateen weave)是原组织中最为复杂的一种组织,其特点在于每根经纱或纬纱在织物中形成一些单独的、互不连续的经或纬组织点,且分布均匀并为其两旁的另一系统纱线的浮长所遮盖,在织物表面呈现经(或纬)浮长线,因此布面平滑匀整、富有光泽、质地柔软。缎纹组织的参数:$R \geq 5$(6 除外),$1 < S < R - 1$,且 R 与 S 互为质数。

为什么 $1 < S < R - 1$ 呢? 因为当 $S = 1$ 或 $S = R - 1$ 时,绘作的组织图为斜纹组织;其次,为什么要求 R 与 S 互为质数? 因为当 S 与 R 之间有公约数时,则会发生在一个组织循环内一些纱线上有几个交织点、而另一些纱线上完全没有交织点的状况(图 2-6),因此不能形成织物。为什么 $R \neq 6$ 呢? 因为若 $R = 6$,则找不到合适的飞数构作原组织缎纹(正则缎纹)。

图 2-6 不能构成组织的图解

(a)　　(b)　　(c)　　(d)

图 2-7 缎纹组织图

缎纹组织与斜纹组织一样,也有经面缎纹与纬面缎纹之分。缎纹组织也可用分式符号表示,分子表示组织循环数 R,分母表示飞数 S,一般约定为:若为经面缎纹组织,S 则为经向飞数;若为纬面缎纹组织,S 则为纬向飞数。图 2-7 中,(a)为 $\frac{5}{3}$ 经面缎纹,读作五枚三飞经面缎纹,其 $R = 5$,$S_j = 3$;(b)为 $\frac{5}{2}$ 纬面缎纹,读作五枚二飞纬面缎纹,其 $R = 5$,$S_w = 2$。

2.3.2 缎纹组织的作图步骤

绘作缎纹组织图时,以方格纸上圈定 $R_j = R_w = R$ 大方格的左下角为起点。如果按经向飞数绘图,以第 1 根经纱起始向右移一根经纱(一纵行)并向上数 S_j 个小方格,就得到第二个单独组织点,然后再向右移一根经纱并向上数 S_j 个小方格找到第三个单独组织点,依此类推,直至达到一个组织循环为止。图 2-7(c)所示的 $\frac{8}{3}$ 经面缎纹是按 $S_j = 3$ 绘制的。如果按纬向飞数绘图,以第 1 根纬纱起始点向上移一根纬纱(一横行)并向右数 S_w 个小方格,就得到第二个单独组织点,然后再向上移一根纬纱并向右数 S_w 个小方格找到第三个单独组织点,依此类推,直至达到一个组织循环为止。图 2-7(d)为 $\frac{8}{5}$ 纬面缎纹,是按 $S_w = 5$ 绘制的。

缎纹组织上机时常采用顺穿法或飞穿法,每一筘齿穿入 2~5 根。在织机上制织缎纹织物时,有正织与反织之分,一般来说,正织有利于发现织疵,提高产品质量,但是经面缎纹多采用反织,以减少织机提升负荷。

2.3.3 缎纹组织的应用

缎纹组织由于交织点相距较远,单独组织点为两侧浮长线所覆盖,浮长线长而且多,因此织物正反面有明显差别。正面不易看出交织点,平滑匀整。织物的质地柔软,富有光泽,悬垂性较好,但耐磨性较差,易擦伤起毛。缎纹的组织循环数越大,织物表面纱线浮长越长,光泽越好,手感越柔软,但坚牢度越差。

缎纹组织除用于衣料外还常用于被面、装饰品等。缎纹组织的棉织物有直贡缎、横贡缎;毛织物有贡呢等。缎纹在丝织物中应用最多,有素缎、各种地组织起缎花、经缎地上起纬花或纬缎地上起经花等织物,如绉缎、软缎、织锦缎等。缎纹还常与其他组织配合制织缎条府绸、缎条花呢、缎条手帕、床单等。

为了突出经面缎纹的效应,经纱密度应比纬纱密度大,在一般情况下,经、纬密度之比为3比2;同样,为了突出纬面缎纹的效应,经、纬密度之比为3比5。为了保证缎纹织物光亮柔软,常采用无捻或捻度较小的纱线。经面缎纹的经纱,只要能承受织造时所受机械力的作用,应力求降低其捻度。适当降低纬面缎纹的纬纱捻度,以防止过多地影响织造的顺利进行。纱线的捻向也对织物外观效应有一定影响。经面缎纹的经纱或纬面缎纹的纬纱,其捻向若与缎纹组织点的纹路方向一致,则织物表面光泽明亮,如横贡缎;反之,则缎纹表面呈现的纹路、光泽有所削弱,如直贡呢等。

缎纹组织的飞数对缎纹织物外观有一定影响。以13枚纬面缎纹为例,飞数从2至11的纬面缎纹组织见图2-8,连接邻近4个组织点,以呈正方形分布为最佳(飞数为5、8),呈菱形分布次之(飞数为4、9、3、10),呈扁平或狭长的平行四边形为最差(飞数为6、7、2、11)。

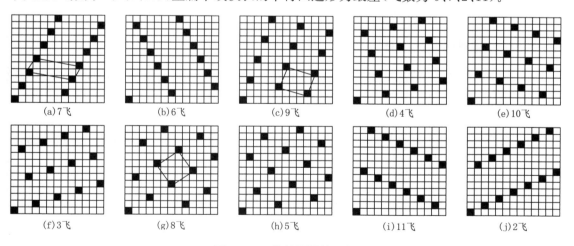

(a)7飞　(b)6飞　(c)9飞　(d)4飞　(e)10飞

(f)3飞　(g)8飞　(h)5飞　(i)11飞　(j)2飞

图2-8　13枚纬面缎纹组织图

2.4　原组织的特性与比较

凡同时具有以下条件的织物组织,均归属为原(基元)组织。换言之,原组织的基本特征包括:
(1) 组织点飞数是常数,即 $S=$ 常数。

（2）每根经纱或纬纱上，只有一个经（纬）组织点，其他均为纬（经）组织点。

（3）组织循环经纱数等于组织循环纬纱数，即 $R_j = R_w = R$。

平纹、斜纹、缎纹三种原组织，除具有上述共同特性外，由于它们之间存在着组织结构的差异，即 R 与 S 不同，这就产生了各自不同的特性。

2.4.1 织物表面特征的差异

在原组织的一个组织循环内，总共有 R^2 个组织点，如果经（或纬）组织点为 R 个，则纬（或经）组织点应有 $R^2 - R$ 个；每根纱线上有经（或纬）组织点为 1 个，则纬（或经）组织点有 $R-1$ 个。原组织正反面差异可以用 $R-1$ 的大小来比较。

1. 平纹组织

$R=2$，$R-1=1$。也就是说，平纹组织是以一个经组织点与一个纬组织点间隔排列的，经组织点数等于纬组织点数，故无正反面的差异，而且织物表面光泽较暗。

2. 斜纹组织

以 3 枚斜纹为例，$R=3$，则 $R-1=2$。也就是说，在织物的一面，一个组织循环内的一根纱线上，有一个经组织点和两个纬组织点；则在织物的另一面必为一个纬组织点和两个经组织点。并且，由于斜纹组织的飞数为 $S=1$ 或 $S=-1$，使组织点排列成连续的斜向纹路，织物的一面呈右斜纹，则另一面呈左斜纹。因此，织物有正反面的差异。由于斜纹组织点有浮长出现，使斜纹织物表面的光泽较亮。

3. 缎纹组织

以 5 枚缎纹为例，$R=5$，则 $R-1=4$，可见其正反面的差异更显著。由于缎纹组织的单独组织点分布均匀，且为两旁的浮长所覆盖，因此，缎纹织物表面的光泽最好。

2.4.2 织物相对强度的差异

在经纬原料、经纬纱的线密度、织物经纬密度和工艺条件相同的情况下，织造三种原组织时，由于组织结构的不同，其织物的强力也就不同。

1. 平纹组织

因其组织结构为一上一下交织，当织物承受摩擦、弯曲等外力时，一般有经、纬两系统的纱线同时承受，因此其强力较好，手感结实。

2. 斜纹组织

因其组织结构出现了经、纬浮长的差异，故在承受外力作用时，某一系统的纱线所承受的外力较另一系统为大，故强力较差，手感较柔软。

3. 缎纹组织

这种组织较平纹组织、斜纹组织出现更大的经浮长或纬浮长，在织物的一面几乎全为一系统的纱线所覆盖，受到外力作用时，几乎全为某一系统所承担。因此，强力最差，但手感最柔软。

2.4.3 织物平均浮长的差异

织物组织的平均浮长是指组织循环数与一根纱线在组织循环内交叉次数的比值。经、纬纱交织时，纱线由浮到沉或由沉到浮，形成一个交叉。交叉次数用 t 表示，在一个组织循环内，某根经纱的交叉次数用 t_j 表示；某根纬纱的交叉次数用 t_w 表示。因此，平均浮长可以用下式

表示,即:

$$F_j = \frac{R_w}{t_j}, \quad F_w = \frac{R_j}{t_w}$$

式中:F_j、F_w——经、纬纱的平均浮长;

　　　t_j、t_w——经、纬纱的交叉次数。

对经、纬同线密度同密度的织物,可以用平均浮长的长短来比较不同组织的松紧程度。对原组织来说,由于 $t_j = t_w = 2$,因此 F 与 R 成正比。即组织循环数愈大,F 愈大,则织物愈松软。经、纬同线密度同密度的织物,缎纹织物最松软,斜纹织物次之,平纹织物最硬挺。

2.4.4　织物紧密性的差异

在制织三原组织的织物时,假定经、纬纱的原料、线密度、密度及工艺均相同,若经、纬纱交织规律不同,会使各织物的紧密度有所差异。在单位长度内,平纹交织次数最多,斜纹次之,缎纹最少。换句话说,假定经纬原料、纱线线密度及工艺条件均相同,欲获得相同的紧密度,必须配以三种不同的经、纬密度。图 2-9 为经、纬等支持面(由经、纬纱共同构成织物的支持面)织物的纬向剖面图,可以看出,在可以排列 10 根经纱的位置内,平纹组织可织入经纱 5 根,$\frac{1}{2}$ 斜纹可织入经纱 6 根,而 5 枚缎纹组织可织入经纱 8 根。缎纹的可密性最大,斜纹次之,平纹最小。

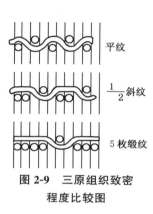

图 2-9　三原组织致密程度比较图

2.5　三原组织织物的外观效应变化

纱线原料配合、色彩、线密度、捻度、纱线结构、经纬密度、织造上机工艺、后整理等因素,对三原组织外观均会产生一定的影响。

图 2-10(a)为高收缩纱线和普通纱线作为纬纱且平列配置的织物效果图。其中,平整部分为 53 根高收缩纱线,组织为 5 枚纬面缎纹;起绉部分为 14 根普通纱线,组织为平纹。织物下机经后整理后,高收缩纱收缩,因此普通纱线起凹凸不平效果。

经纬纱线采用不同色彩排列能产生条格外观。如图 2-10(b)所示,组织为 $\frac{2}{1}$ 右斜纹,经纱和纬纱均采用 8 根黑色、8 根白色排列,织物外观呈现黑白灰 3 色方格图案效果。

图 2-10(c)所示为强捻纬纱对织物外观的影响,其组织为平纹和平纹变化。由于纬纱为强捻纱,捻度为 28 捻/cm,纬纱捻向排列为 2Z2S,经后整理后由于织物中纬纱退捻扭矩的作用,致使纬纱变得弯弯曲曲,因此有特殊的绉效应。

经纬纱密度的变化,可使织物具有稀密不同的条子或格子效果,薄的地方比较透明。如图 2-10(d)所示,经密有 96 根/cm 和 48 根/cm 两种,纬密有 40 根/cm 和 35 根/cm 两种。经密与纬密都较大的区域其组织为 $\frac{4}{1}$ 左斜纹,经密大而纬密小的区域其组织为 $\frac{2}{2}$ 纬重平;经密小而纬密大以及经密与纬密均较小的区域其组织为平纹。织物呈现厚、中、薄三种变化。

图 2-10(e)显示弹性纱线对织物外观产生的影响,其组织为平纹。纬纱有两组,一组为氨纶,一组为涤纶长丝。织物中平整部分由氨纶和涤纶长丝共同与经纱交织成平纹,凸起部分由氨纶背衬为纬浮长,而涤纶长丝独自与经纱交织成平纹。

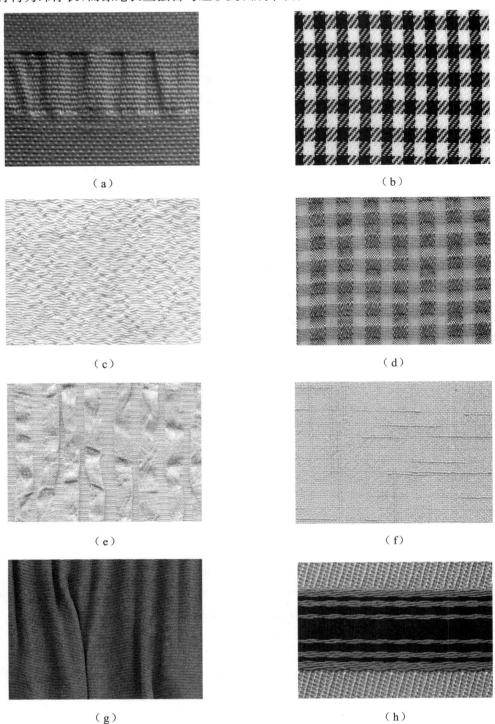

（a）　　　　　　　　　　　　　（b）

（c）　　　　　　　　　　　　　（d）

（e）　　　　　　　　　　　　　（f）

（g）　　　　　　　　　　　　　（h）

图 2-10　三原组织织物外观效应的变化

图 2-10(f)表示花式纱线对织物外观产生的影响。由于经、纬纱均采用大肚纱,织物表面呈现粗细不均匀的纵横向条纹。

图 2-10(g)展示后整理加工对织物外观产生的一定影响,其织物组织为平纹。织物后整理采用了轧花处理,织物表面呈现明显的不规则条纹。

图 2-10(h)为组织和纬密同时变化对织物外观的影响。采用 24 枚纬面缎纹和变化斜纹组织沿纵向平行配置而形成横条效果。24 枚纬面缎纹处,纬密为 90 根/cm,织物表面平整光亮;变化斜纹处纬密为 40 根/cm,织物表面斜向条纹精细、光泽暗淡,与缎纹处形成对比。由于两处的纬密不为倍数关系,须采用纬密可变织机制织。

本章部分组织图的织物效果模拟参见数字内容 2,组织在棉、麻、毛、丝产品中的应用参见数字内容 1 和 3。

思考题

2-1 什么是三原组织? 构成三原组织的条件是什么?

2-2 写出下列各织物组织的分式表示法:府绸、平布、塔夫绸、单面华达呢、单面纱卡、横贡缎、直贡呢、美丽绸、电力纺、双绉、乔其。

2-3 举例说明由平纹组织构成的棉、毛、丝、麻织物以及影响平纹织物外观效应的因素。

2-4 在设计斜纹组织织物时,怎样确定斜纹的方向和纱线捻向使斜纹纹路清晰?

2-5 构成合理的棉横贡缎的组织是什么? 为什么?

2-6 求解 5 枚、8 枚、12 枚、16 枚缎纹组织的正确飞数。

2-7 绘图说明斜纹组织、缎纹组织正反面组织间的关系。

2-8 试比较平纹、3 枚斜纹和 5 枚缎纹组织的平均浮长,并由平均浮长大小不同说明三原组织的松紧差异。

2-9 比较三原组织的特性差异。

实训题

2-1 分析三原组织织物,比较三原组织织物的特点及其形成原因。

2-2 通过市场调研或参阅数字内容,记录采用三原组织的织物品种(含棉、麻、毛、丝、化纤)有哪些。从中选取若干不同风格的品种,参看数字内容 6 中的附录 2,进行三原组织织物的原料、纱线、组织和密度的分析;通过织物分析,进一步理解影响三原组织外观效果的因素。

第三章　变化组织

变化组织（derivative weave）是在原组织的基础上，变化组织点的浮长、飞数、排列斜纹线的方向及纱线循环数等诸因素中的一个或多个而产生的各种组织。变化组织仍保持原组织的一些基本特征，可分为平纹变化组织、斜纹变化组织和缎纹变化组织。

3.1　平纹变化组织

平纹变化组织（plain derivative weave）是在平纹的基础上，通过沿经（或纬）纱方向延长组织点或在经、纬两个方向同时延长组织点的方法变化而来的。平纹变化组织根据延长组织点的方式分为重平和方平。

3.1.1　重平组织

重平组织（rib weave）是以平纹组织为基础，沿着经（或纬）纱一个方向延长组织点形成的，可分为经重平和纬重平两种。

1. 经重平组织

在平纹基础上，沿着经纱方向延长组织点形成的组织称为经重平组织（warp rib weave）。经重平组织用经纱的交织规律表示，如图 3-1 所示，（a）是在平纹的基础上沿经纱方向向上、向下各延长一个组织点的组织图及其经向剖面图，称为"二上二下经重平"，记作"$\frac{2}{2}$经重平"；（b）是在平纹的基础上沿经纱方向向上、向下各延长两个组织点的组织图，称为"三上三下经重平"，记作"$\frac{3}{3}$经重平"。

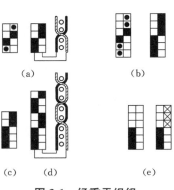

图 3-1　经重平组织

经重平组织的经纱循环数等于基础组织平纹的经纱循环数，即 $R_j=2$；纬纱循环数等于组织分式中的分子与分母之和，即 $R_w=$ 分子＋分母。

经重平组织的绘图方法，首先确定 R_j、R_w，然后在第一根经纱上按分式画出组织点，第二根经纱的组织点与第一根相反即可，如图 3-1（e）。

经重平的上机与平纹相同，如图 3-2，穿综采用飞穿或顺穿，筘穿入数一般为 2～4。

在经重平组织中，如向上、向下延长的组织点个数不同，即为变化经重平组织。图 3-1 中，（c）为 $\frac{3}{2}$ 变化经重平组织图，

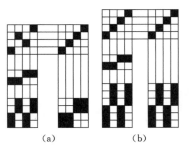

图 3-2　经重平上机图

(d)为 $\frac{3\ 2}{2\ 1}$ 变化经重平组织图及其经向剖面图。

经重平织物的表面,呈现横条纹外观。若采用较细的经纱、较大的经密和较粗的纬纱、较小的纬密,横条纹会更加突出。

经重平组织除用于服用和装饰织物外,也常用作织物的布边组织以及毛巾组织的基础组织。

2. 纬重平组织

在平纹基础上,沿着纬纱方向延长组织点形成的组织称为纬重平组织(weft rib weave)。纬重平组织用纬纱的交织规律表示。在平纹的基础上沿纬纱方向向左、向右各延长一个组织点,称作"二上二下纬重平",记作" $\frac{2}{2}$ 纬重平",图3-3(a)为其组织图及纬向剖面图。图3-3(b)所示为 $\frac{3}{3}$ 纬重平组织。如向左、向右延长的组织点数不同,则形成变化纬重平。图3-4(b)所示为 $\frac{2}{1}$ 变化纬重平上机图,图3-3(d)所示为 $\frac{3\ 2}{2\ 1}$ 变化纬重平的组织图和纬向剖面图。

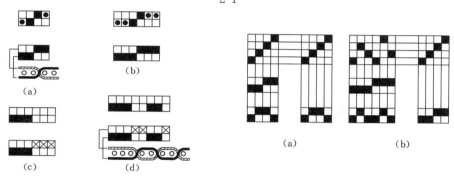

图3-3 纬重平组织   图3-4 纬重平上机图

纬重平组织的纬纱循环数等于基础组织平纹的纬纱循环数,即 $R_w=2$;经纱循环数等于组织分式中的分子与分母之和,即 $R_j=$分子+分母。

纬重平组织的绘图方法与经重平相似,因组织分式表示纬纱的交织规律,必须按纬纱画图,如图3-3(c)、(d)所示。

纬重平在上机时,穿综多采用复列式综框,可顺穿或照图穿,筘穿入数一般为2~4。为保证织物中经纱相互平行,布面平整,应尽量使相同运动规律的经纱穿入不同的筘齿,如图3-4(a)、(b)所示。

纬重平织物表面呈现纵条纹效果。纬重平组织既可用于服用和装饰织物,也可用作织物的布边组织。

3.1.2 方平组织

方平组织(basket or hopsack weave)是以平纹为基础,在经、纬两个方向延长组织点而成,如图3-5(a)、(b)所示。方平组织也可用组织分式表示。图3-5中,(a)为 $\frac{2}{2}$ 方平,(b)为 $\frac{3}{3}$ 方平。方平组织的循环纱线数, $R_j=R_w=$分子+分母。

若组织点延长个数不等或同时将几组交织组合,则得到变化方平组织。图3-5中,(c)为

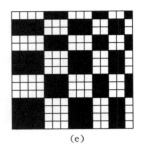

图 3-5　方平组织图

$\frac{3}{2}$ 变化方平,(d)为 $\frac{1\ 2\ 1}{2\ 1\ 1}$ 变化方平,(e)为 $\frac{4\ 3\ 2}{3\ 2\ 1}$ 变化方平。

变化方平组织的循环经、纬纱数有时不一定相等,即 $R_j \neq R_w$。在这种情况下,须用两个分式分别表示经、纬纱的交织规律,此时组织循环经纱数为纬纱交织规律的组织点之和,即 $R_j=$ 纬纱分式的分子＋分母;组织循环纬纱数为经纱交织规律的组织点之和,即 $R_w=$ 经纱分式的分子＋分母。

以图 3-6 为例,其经纱的交织规律为 $\frac{2\ 1\ 1\ 2}{1\ 2\ 2\ 1}$,纬纱的交织规律为 $\frac{3\ 1\ 2\ 1}{2\ 2\ 1\ 2}$。绘作该变化方平组织的步骤如下:①计算 R_j、R_w,$R_j=3+2+1+2+2+1+1+2=14$,$R_w=2+1+1+2+1+2+2+1=12$,画出组织图的范围;②按经、纬纱的交织规律分别画出第 1 根经纱、第 1 根纬纱,如图 3-6(a);③从第 1 根纬纱上看,凡是与第 1 根经纱具有相同起点的经纱,都按第 1 根经纱的组织点绘制,如图 3-6(b);④凡是与第 1 根经纱起点相反的经纱,都按与第 1 根经纱组织点相反的组织点绘制,如图 3-6(c)。

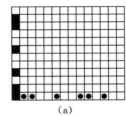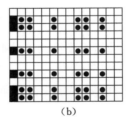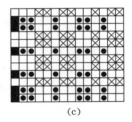

图 3-6　方平组织图作图方法

方平组织的穿综常采用两页复列式综框飞穿或照图穿法,每筘穿入数为 2～4。

方平织物表面平整,光泽较好,除用于各种衣料外,还可用于桌布、餐巾、银幕及装饰织物等。其中,$\frac{2}{2}$ 方平组织常用作织物的布边。变化方平组织织物具有宽窄不等的纵横向条纹,有仿麻织物风格。

图 3-7 为复杂变化方平组织,其织物具有仿麻效应。因麻织物的纱线条干不均匀,这类组织不要求有很强的规律性。在进行这类组织的设计时,因组织循环纱线数较大,不能按前面所述的方法绘制方平组织,而应根据织物的具体要求及上机条件来定。

3.1.3　花式平纹变化组织

在平纹变化组织中,除了重平和方平外,还有麦粒组织及鸟眼组织等。

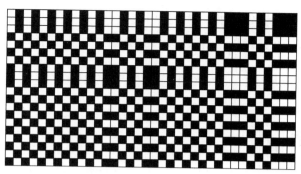

图 3-7　仿麻织物的变化方平组织

1. 麦粒组织

在一个组织循环的范围内，沿对角线作方平或变化方平组织，再在另一对角处作单行或多行方向相反的斜纹线而构成的组织称为麦粒组织（oatmeal weave），如图 3-8 所示。

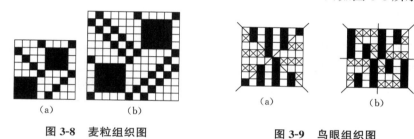

（a）　　　　　　（b）　　　　　　　　　（a）　　　　　　（b）

图 3-8　麦粒组织图　　　　　　　图 3-9　鸟眼组织图

2. 鸟眼组织

鸟眼组织（bird's-eye weave or oblique rib weave）又称为分区重平组织。它是将一个完全组织分成若干个区域，在各区中分别填入经重平和纬重平而获得的。如图 3-9 所示，（a）将一个完全组织分成四个区域，（b）将一个完全组织分成八个区域，再在各区内交替作经重平和纬重平即可。鸟眼组织织物具有似鸟眼状的特殊外观效应，布面美观别致。

平纹变化组织广泛应用于各种织物中。如 T/R（涤/黏）色织中长花呢采用 $\frac{2}{2}$ 经重平组织，织物厚实紧密，具有毛织物风格，适合制作女士服装；纯棉麻纱采用 $\frac{2}{1}$ 变化纬重平组织，织物表面由宽窄不等的横条纹构成，轻薄透气，麻感强，可作春夏季儿童服装面料；纯棉细帆布、牛津布采用 $\frac{2}{2}$ 方平组织，紧密、厚实、耐磨，是男衬衫的理想面料；全毛板司呢采用 $\frac{2}{2}$ 方平组织，织物平整紧密，适合作男女服装。

3.2　斜纹变化组织

3.2.1　加强斜纹

加强斜纹组织（double twill）是在斜纹组织中的单个组织点旁沿经向或纬向延长而形成

多个连续的组织点,使组织中没有单个组织点的斜纹组织。加强斜纹 $R \geqslant 4$,$|S|=1$。

加强斜纹用分式表示,其意义与斜纹组织相同,图 3-10 是最简单的 $\frac{2}{2}\nearrow$ 加强斜纹的上机图,$\frac{2}{2}\nearrow$ 斜纹组织广泛应用于棉、毛、丝、麻等织物中。图 3-11 所示为常见的加强斜纹组织图例。

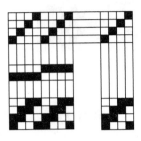

图 3-10　$\frac{2}{2}\nearrow$ 加强斜纹上机图

图 3-11　加强斜纹组织图例

由图可见:有的组织经组织点多,称为经面加强斜纹;有的组织纬组织点多,称为纬面加强斜纹;当经纬组织点数相等时,称为双面加强斜纹。

加强斜纹组织上机条件与原组织斜纹组织基本相同,穿综一般采用顺穿或飞穿。

3.2.2　复合斜纹

复合斜纹组织(compound twill)在一个完全组织内具有多条不同宽度或不同间距的斜纹线。复合斜纹 $R \geqslant 5$,$R_j = R_w$。复合斜纹也用分式表示,但复合斜纹的分式为多分子多分母的复合分式,表示为:$\frac{a\ c}{b\ d}\nearrow$。其中:a、b、c、d 为正整数,分别表示经、纬组织点数,读成 a 上 b 下 c 上 d 下右斜纹。有几对分子分母,组织中便有几条斜纹线。

图 3-12 是 $\frac{2\ 1}{1\ 1}\nearrow$ 复合斜纹组织的上机图。图 3-13 中,(a)为 $\frac{3\ 2}{2\ 3}\nearrow$ 双面复合右斜纹组织图,(b)为 $\frac{3\ 2}{1\ 2}\nwarrow$ 经面复合左斜纹组织图,(c)为 $\frac{2\ 1}{3\ 2}\nearrow$ 纬面复合右斜纹组织图,三图均由两条斜纹线构成;(d)为 $\frac{3\ 3\ 1}{1\ 2\ 2}\nearrow$ 经面复合右斜纹组织图,有三条斜纹线;(e)为 $\frac{2\ 2\ 1\ 1}{1\ 1\ 2\ 2}\nearrow$ 双面复合右斜纹组织图,有四条斜纹线;(f)为 $\frac{1\ 2\ 1}{4\ 2\ 2}\nwarrow$ 纬面复合左斜纹组织图,有三条斜纹线。复合斜纹组织的上机条件与斜纹组织相同,用顺穿法。

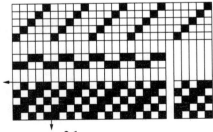

图 3-12　$\frac{2\ 1}{1\ 1}\nearrow$ 复合斜纹组织上机图

3.2.3　角度斜纹

对于斜纹组织,其斜纹线的角度可用下式表示:

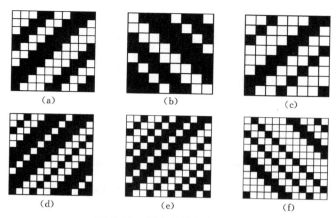

图3-13 复合斜纹组织图例

$$\tan\alpha = \frac{P_j}{P_w} \times \frac{S_j}{S_w}$$

式中：P_j、P_w——经、纬纱密度。

若经、纬向飞数均为1或−1时，当经、纬密度发生变化，斜纹角度即发生变化。若 $P_j = P_w$，则 $\alpha = \pm 45°$；$P_j > P_w$ 时，$\alpha > 45°$；$P_j < P_w$ 时，$\alpha < 45°$，如图3-14(a)、(b)、(c)所示。

改变斜纹组织的飞数，也可使斜纹线角度产生变化，称为角度斜纹（elongated twill）。当保持一个方向的飞数不变，而另一方向飞数的绝对值 >1 时，如 $S_w = 1$，S_j 为2或3时，$\alpha > 45°$，这种斜纹称为急斜纹（steep twill），如图3-14(d)中B、C所示；同理，当 $S_j = 1$，S_w 为2或3时，$\alpha < 45°$，这种斜纹称为缓斜纹（flat twill），如图3-14(d)中D、E所示。

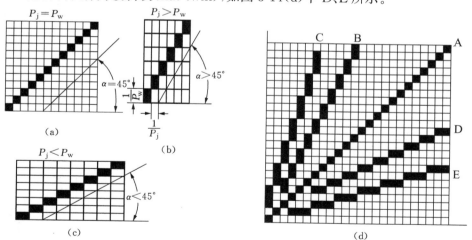

图3-14 密度、飞数与斜纹线倾斜角度的关系

角度斜纹的作图方法与步骤如下：

（1）选择基础组织。基础组织可以是斜纹、加强斜纹、复合斜纹等组织，以复合斜纹组织的应用为最广。

（2）确定飞数。一般应使飞数的绝对值小于或等于基础组织中最大浮长的组织点数，这样，才能较好地体现斜纹的连续趋势和角度。急斜纹 $|S_j| > 1$；缓斜纹 $|S_w| > 1$。

（3）计算角度斜纹的经、纬纱循环数。

急斜纹组织：

$$R_\text{j}=\cfrac{\text{基础组织的经纱循环数}}{\text{基础组织的经纱循环数与}|S_\text{j}|\text{的最大公约数}}$$

$$R_\text{w}=\text{基础组织的纬纱循环数}$$

缓斜纹组织：

$$R_\text{j}=\text{基础组织的经纱循环数}$$

$$R_\text{w}=\cfrac{\text{基础组织的纬纱循环数}}{\text{基础组织的纬纱循环数与}|S_\text{w}|\text{的最大公约数}}$$

（4）在意匠纸上确定组织循环的范围。急斜纹先按基础组织的规律从左边第 1 纵格起作图，然后按 S_j 依次作完其他纵格；缓斜纹先按基础组织的规律从下方第 1 横格起作图，然后按 S_w 的飞数依次作完其他横格。

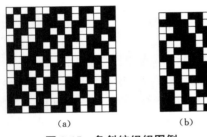

图 3-15　急斜纹组织图例

图 3-15 中，(a)是以 $\dfrac{4\ 3\ 2}{3\ 2\ 1}$↗斜纹为基础并按 $S_\text{j}=2$ 绘作的急斜纹组织图，$R_\text{j}=R_\text{w}=15$；(b)是以 $\dfrac{5\ 3\ 1}{2\ 2\ 1}$↖斜纹为基础并按 $S_\text{j}=-2$ 绘作的急斜纹组织图，$R_\text{j}=7$，$R_\text{w}=14$。

图 3-16 中，(a)是以 $\dfrac{5\ 1\ 1\ 1}{3\ 1\ 1\ 3}$↗斜纹为基础并按 $S_\text{w}=2$ 绘作的缓斜纹组织图，$R_\text{j}=16$，$R_\text{w}=8$；(b)是以 $\dfrac{5\ 1\ 1}{1\ 2\ 1}$↖斜纹为基础并按 $S_\text{w}=-3$ 绘作的缓斜纹组织

图，$R_\text{j}=R_\text{w}=11$；(c)是以 $\dfrac{5\ 2}{4\ 1}$↖斜纹为基础并按 $S_\text{w}=-3$ 绘作的缓斜纹组织图，$R_\text{j}=12$，R_w

$=4$。图 3-17 是丝织物素文尚葛的上机图，是以 $\dfrac{1\ 1\ 1}{1\ 1\ 4}$↗斜纹为基础组织并按 $S_\text{j}=6$ 绘作构成的急斜纹组织，其 $R_\text{j}=3$，$R_\text{w}=9$。因经密大，故穿综时可采用 6 片综或 9 片综顺穿，本例采用 6 片双列式综飞穿。由于 S_j 较大，织物正面形成横条纹。

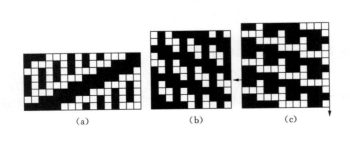

图 3-16　缓斜纹组织图例

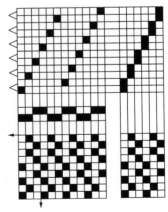

图 3-17　丝织物素文尚葛的上机图

3.2.4 曲线斜纹

斜纹组织的飞数不断改变,使斜纹线的倾斜角度相应变化,从而呈现曲线外观效应,称为曲线斜纹(curved twill)。根据波峰朝向,可分为经曲线斜纹和纬曲线斜纹两种。曲线斜纹组织的作图步骤如下:

(1) 选择基础斜纹组织。可以是原组织斜纹、加强斜纹、复合斜纹等飞数不变的斜纹组织,一般用复合斜纹为多。

(2) 描绘曲线形状,并移植到方格纸上。曲线在方格纸上的范围即是曲线斜纹一个完全组织的经、纬纱循环数。

(3) 修正曲线。应使方格纸上曲线圆滑规整,并满足组织的循环规律,保证组织连续。

(4) 确定飞数。根据曲线轮廓和组织循环,经曲线斜纹需确定各根经纱的飞数 S_j;纬曲线斜纹需确定各根纬纱的飞数 S_w。为保证组织连续,曲线斜纹中的飞数应小于基础组织中最大浮长的连续组织点个数。一般,当 $\sum S = 0$ 或为基础组织循环的整数倍时,新循环开始。

(5) 计算曲线斜纹的组织循环数。经(或纬)曲线斜纹的经(或纬)纱循环数等于飞数的个数;纬(或经)纱循环数等于基础组织的纬(或经)纱循环数。因此,曲线放大到意匠纸上的范围应与此吻合,才能保证组织的完整和连续。

(6) 按基础组织及每根纱线的飞数,从左到右或从下到上依次绘完整个组织。

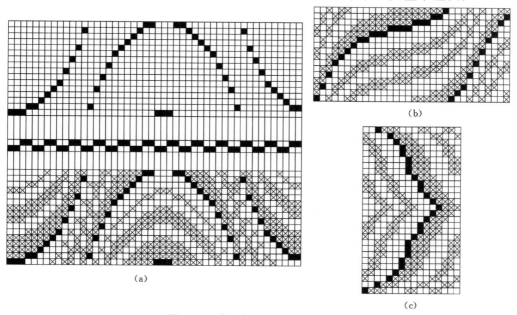

图 3-18 曲线斜纹组织及上机图例

图 3-18 中,(a)是以 $\dfrac{5\ 3\ 1}{2\ 2\ 3}\nearrow$ 斜纹为基础组织构作的经曲线斜纹组织的上机图,S_j=0、0、1、0、1、1、1、1、2、2、2、3、3、3、2、2、2、1、1、1、1、1、0、1、0、0、−1、0、−1、−1、−1、−1、−1、−2、−2、−2、−2、−3、−3、−3、−2、−2、−2、−1、−1、−1、−1、0、−1,$\sum S_j$=0,新循环开始,R_j=48,R_w=16,上机综框数等于基础组织经纱循环数,采用照图穿法;(b)是以 $\dfrac{4\ 2\ 2}{3\ 2\ 3}\nearrow$ 斜纹为基

础组织构作的经曲线斜纹组织图，S_j＝2、2、2、1、1、1、1、0、1、0、0、1、0、0、0、1、0、0、1、0、1、1、1、1、2、2、2、2、1、2、1、2，$\sum S_j$＝基础组织经纱循环数的整数倍，R_j＝32，R_w＝16；(c)是以$\frac{4\ 2\ 2}{3\ 2\ 3}$↗斜纹为基础组织构作的纬曲线斜纹组织图，S_w＝2、2、1、1、0、1、0、0、1、1、0、1、1、1、－1、－1、－1、0、－1、－1、0、0、－1、0、－1、－1、－2、－2，$\sum S_w$＝0，R_j＝16，R_w＝28。

3.2.5 山形、锯齿形、菱形斜纹

1. 山形斜纹

山形斜纹(Waved twills)是以斜纹组织为基础组织，在一定的位置改变原来组织的经向飞数或纬向飞数的正负号，使斜纹线的斜向相反，形成类似于山峰形状的组织，称为山形斜纹。当山峰方向与经纱方向相同时，称为经山形斜纹；当山峰方向与纬纱方向相同时，称为纬山形斜纹。山形斜纹组织的构作步骤和方法如下：

(1) 确定山形斜纹的基础组织　基础组织可以是任何种类的斜纹组织，一般选用正反面经纬效应相接近的双面组织。

(2) 确定在第几根纱线后改变斜纹方向　即确定山峰位置K，K代表在第K根纱后改变斜纹方向，经山形斜纹为第K_j根经纱；纬山形斜纹为第K_w根纬纱。K值决定了山峰间的跨度大小。

(3) 计算山形斜纹的经、纬纱循环数　经山形斜纹的经纱循环数R_j＝$2K_j$－2，纬纱循环数等于基础组织的纬纱循环数；纬山形斜纹的经纱循环数等于基础组织的经纱循环数，纬纱循环数R_w＝$2K_w$－2。

(4) 在意匠纸上画出组织循环的范围　根据基础组织，经山形斜纹从左边第1根经纱依次绘作至第K_j根经纱，然后以K_j为对称轴，转变方向，按对称顺序填完整个组织循环。纬山形斜纹从下边第1根纬纱依次绘作至第K_w根纬纱，再以K_w为对称轴，转变方向，按对称顺序填完整个组织循环。

山形斜纹组织上机时，经山形斜纹用山形穿法，纬山形斜纹用顺穿法，综片数等于基础组织循环经纱数。

图3-19中，(a)为以$\frac{3\ 1}{2\ 2}$↗斜纹为基础组织及K_j＝10的经山形斜纹组织的上机图；(b)为以$\frac{1\ 3}{1\ 3}$↗斜纹为基础组织及K_w＝8的纬山形斜纹组织的上机图。

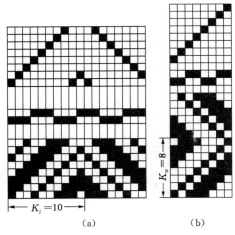

(a)　　　　　(b)

图3-19　山形斜纹组织上机图

2. 锯齿形斜纹

由两个或两个以上相同的山形斜纹组织，将其山峰等距离上移或下移(右移或左移)而形成的组织，因其外形似锯齿而称为锯齿形斜纹(zigzag twill)。

锯齿形斜纹的山峰朝向经纱方向的称为经锯齿斜纹；山峰朝向纬纱方向的称为纬锯齿斜纹。锯齿形斜纹山峰的位差以两山峰间隔的纱线根数表示，称为锯齿飞数S'。锯齿形斜纹的作图步骤结合图3-20进行说明，图中(a)为经锯齿斜纹，(b)为纬锯齿斜纹。

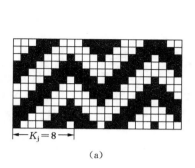 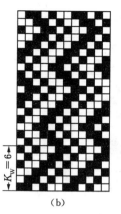

图 3-20　锯齿形斜纹组织图

（1）选择基础组织。图（a）的基础组织为 $\frac{3}{3}$ ↗斜纹，图（b）的基础组织为 $\frac{2\ \ 1}{1\ \ 2}$ ↗斜纹，基础组织的 $R'=6$。

（2）选定山峰位置 K。K 值决定锯齿跨度，图（a）的 $K_j=8$，图（b）的 $K_w=6$。

（3）选定锯齿飞数 S'。S' 应满足：$1\leqslant S'\leqslant K-2$，以保证锯齿产生位差而且组织连续。图（a）的 $S'_j=3$，图（b）的 $S'_w=2$。

（4）计算锯齿形斜纹组织循环的经、纬纱数 R_j、R_w。锯齿方向的纱线循环数 $R=[(2K-2)-S']\times R'\div S'$，$R'\div S'$ 表示一个完全组织循环中的锯齿个数，当 $R'\div S'$ 不能为整数时，则用 R' 与 S' 的最小公倍数除以 S' 来获得锯齿个数。非锯齿方向的纱线循环数 $R=R'$，即为基础组织的纱线循环数。图（a）的 $R_j=[(2\times8-2)-3]\times6\div3=22$，$R_w=6$；图（b）的 $R_j=6$，$R_w=[(2\times6-2)-2]\times6\div2=24$。

（5）在意匠纸上画出组织循环范围。经锯齿斜纹先绘作左边第 1 个锯齿，绘法同经山形斜纹，再绘第 2 个锯齿，应使第 2 个锯齿的第 1 根经纱的组织起点比第 1 个锯齿的第 1 根经纱的组织起点高 S'_j 根纬纱，以此类推，作完整个循环。同理，可得纬锯齿形斜纹的绘作方法。经锯齿形斜纹上机穿综采用照图穿法，纬锯齿斜纹穿综采用顺穿法。

3. 菱形斜纹

将经山形斜纹与纬山形斜纹联合起来构成具有菱形图案外观的组织，称为菱形斜纹（diamond twills）。菱形斜纹组织的作图步骤与方法如下：

（1）选择基础组织。可以是任何飞数不变的规则斜纹组织。

（2）选定斜纹线转变方向的 K_j、K_w。K_j 和 K_w 是作图时斜纹改变方向的对称轴，可以相等也可不相等。

（3）计算菱形斜纹的经、纬纱循环数。$R_j=2K_j-2$，$R_w=2K_w-2$。

（4）在意匠纸上画出组织范围，并标出 K_j、K_w 的位置，将组织循环范围划成 4 个区域。

（5）在左下角区域上，从左边第 1 根经纱起按基础组织依次作到第 K_j 根经纱，第 K_w 根纬纱，然后以 K_j、K_w 为对称轴，在 K_j 的右侧和 K_w 的上方按相反方向，对称顺序地绘作组织图，直到作完全图。

图 3-21 是以 $\frac{3}{3}$ ↗斜纹为基础及 $K_j=K_w=9$ 的菱形斜纹组织上机图，图 3-22 是以 $\frac{2\ \ 1}{1\ \ 2}$ ↗斜

纹为基础及 $K_j=8$、$K_w=10$ 的菱形斜纹组织图,图 3-23 是丝织物水菱绸的组织图。

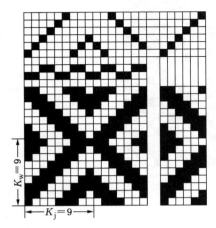

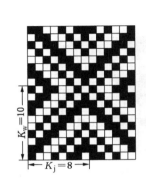

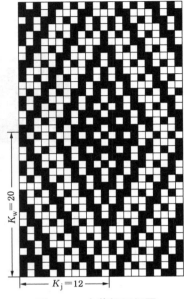

图 3-21　菱形斜纹上机图　　　　　图 3-22　菱形斜纹组织图　　　　图 3-23　水菱绸组织图

菱形斜纹组织上机穿综采用照图穿法或山形穿法,其综片数最少等于基础组织的经纱循环数。菱形斜纹组织常用于线呢类织物、床单等家用纺织物。

3.2.6　破斜纹

破斜纹(herringbone twill)组织是以一规则斜纹为基础,排列数根纱线后,斜纹线方向发生折转,斜纹折转处相邻两根纱线上的经、纬组织点完全相反,形成破断错位的山形或人字形状。

斜纹折转处相邻纱线上经、纬组织点完全相反的设计法称为"底片法",是破斜纹组织设计的基本方法。破斜纹也分为经破破纹和纬破斜纹。

图 3-24 中,(a)是以 $\dfrac{3\ 2}{2\ 3}\nearrow$ 斜纹为基础组织及 $K_j=10$ 绘作的经破斜纹;(b)是以 $\dfrac{3\ 1}{3\ 1}\nearrow$ 斜纹为基础组织及 $K_w=9$ 绘作的纬破斜纹组织。在绘作破斜纹组织时,经、纬纱循环数的计算方法为:与山峰方向相同的系统,其纱线循环数 $R=2K$,另一系统的纱线循环数等于基础组织的纱线循环数。

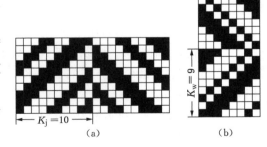

图 3-24　破斜纹组织图例

联合经破斜纹与纬破斜纹可以构成菱形破斜纹,作图方法与菱形斜纹基本一致。图 3-25 中,(a)是以 $\dfrac{2\ 1}{1\ 2}\nearrow$ 斜纹为基础组织及 $K_j=K_w=8$ 绘作的菱形破斜纹组织图;(b)是以 $\dfrac{2}{2}\nearrow$ 斜纹为基础组织及 $K_j=8$、$K_w=6$ 绘作的菱形破斜纹组织图。

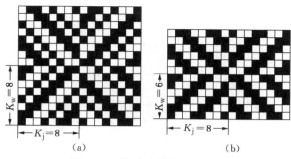

图 3-25 菱形破斜纹组织图例

破斜纹组织上机采用照图穿法穿综。破斜纹组织主要用于毛织物花呢类,菱形破斜纹组织多用于线呢、沙发布等家用纺织物。

3.2.7 芦席斜纹

将一个组织循环沿对角线分成四个区域,分别由右斜纹和左斜纹间隔占据各区,每条斜纹线相交处成直角而形成的斜纹变化组织,其外形类似于芦席编织纹,故称芦席斜纹(entwining twill)。

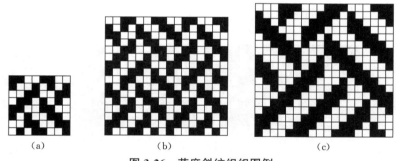

图 3-26 芦席斜纹组织图例

图 3-26 中,(a)是以 $\frac{2}{2}$ 斜纹为基础组织,由两条斜纹向右、向左而构成芦席斜纹的一个组织循环,$R_j = R_w = 8$;(b)则是它的四个组织循环;(c)是以 $\frac{3}{3}$ 斜纹为基础组织,有三条斜纹线的芦席斜纹组织图,$R_j = R_w = 3 \times 6 = 18$。芦席斜纹组织的作图方法与步骤如下:

(1)选择基础斜纹组织,一般多采用双面加强斜纹。

(2)确定一个组织循环中斜纹线的条数,它将影响芦席斜纹的组织循环大小。

(3)计算芦席斜纹的组织循环纱线数,应等于基础组织循环纱线数乘以斜纹线的条数。

(4)在意匠纸上画出组织循环范围,从左边第 1 根经纱开始,按基础组织的规律填绘第 1 条斜纹线,填绘到 $\frac{R}{2}$ 根经纱为止。图 3-27 中,(d)是以 $\frac{2}{2}$ 斜纹为基础组织,有四条斜纹线,$R_j = R_w = 4 \times 4 = 16$ 的芦席斜纹组织;(a)是第 1 条斜纹线。

(5)填第二区的斜纹线,在第 $\frac{R}{2} + 1$ 根经纱上,从第 1 条斜纹线末端的上方按基础组织规

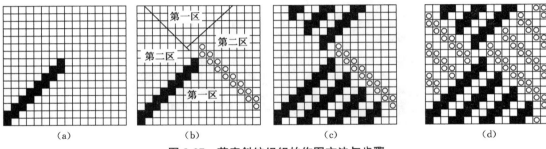

图 3-27　芦席斜纹组织的作图方法与步骤

律填绘一条与第 1 条斜纹线相反的斜线,直至组织循环的最后一根经纱,如图 3-27(b)所示。

（6）在第一区内,按基础组织规律向右填绘其他斜纹线,方向与该区第 1 条斜纹线相同,保证每条斜纹线长度(即占有的经纱根数)相同,长度不够的按组织循环规律在第一区的上部补齐,如图 3-27(c)所示。

（7）在第二区内填绘其他斜纹线,方向与第二区第 1 条斜纹线相同,方法与第一区相同,保证每条斜纹线长度相同,可在组织图左侧补齐每根斜纹线长度,如图 3-27(d)所示。

图 3-28 是以复合斜纹为基础组织、由三条斜纹线构作的芦席斜纹组织图。图中:(a)的基础组织为 $\frac{3\ 2}{2\ 1}\nearrow$ 斜纹,$R_j=R_w=8\times3=24$;(b)的基础组织为 $\frac{3\ 1}{2\ 2}\nearrow$ 斜纹,$R_j=R_w=8\times3=24$。

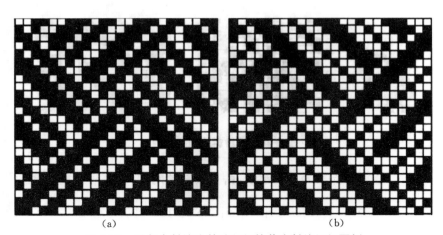

图 3-28　以复合斜纹为基础组织的芦席斜纹组织图例

芦席斜纹除上述构作法外,还可以构作变化芦席斜纹。图 3-29 中,(a)是以 $\frac{2}{2}\nearrow$ 加强斜纹为基础组织构成两长两短的变化芦席斜纹组织图;(b)是以 $\frac{3}{3}\nearrow$ 为基础组织的变化芦席斜纹组织图。这种构作法多是在原芦席斜纹组织上进行变化而成。

芦席斜纹上机时,采用照图法穿综。当基础组织选好后,若斜纹条数过多,在多臂机上就无法制织;若基础组织循环过大,也会造成同样的结果,特别是变化芦席斜纹。

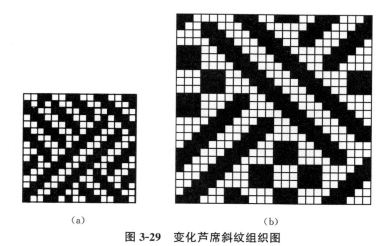

（a）　　　　　　　　　　　　（b）

图 3-29　变化芦席斜纹组织图

3.2.8　螺旋斜纹

　　以起点不同的两个相同的斜纹组织或两个不同的斜纹组织为基础组织，将两个组织的纱线（经纱或纬纱）按1:1顺次穿插排列而成的组织，称为螺旋斜纹组织（combined or corkscrew twill）。该种组织在织物表面形成由斜纹线构成的螺旋状模纹图案，又称为捻斜纹，主要用于精梳或粗梳毛织物的花呢中。构作螺旋斜纹组织时，选择基础组织的原则是必须使组成螺旋斜纹的各相邻经纱（或纬纱）的经纬组织点大部分相反，使奇、偶数经纱（或纬纱）组成的斜纹线可相互分离，又可呈螺旋形外观。螺旋斜纹的 $R \geqslant 5$。螺旋斜纹基础组织按经纱顺序排列的称经螺旋斜纹；按纬纱顺序排列的称纬螺旋斜纹。图 3-30 中，（a）是以两个起点不同的 $\frac{3}{2}\nearrow$ 斜纹为基础组织、其经纱按1:1排列而成的经螺旋斜纹组织图；（b）是以 $\frac{3}{3}\nearrow$ 和 $\frac{1\ 2}{2\ 1}\nearrow$ 两个不同的斜纹为基础组织、其经纱按1:1排列而成的经螺旋斜纹组织图；（c）是以 $\frac{4}{4}\nearrow$ 和 $\frac{1\ 3}{3\ 1}\nearrow$ 两个不同的斜纹为基础组织、其纬纱按1:1排列而成的纬螺旋斜纹组织图。

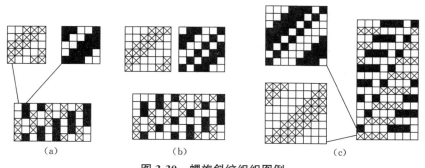

（a）　　　　　　　　　　（b）　　　　　　　　　　（c）

图 3-30　螺旋斜纹组织图例

　　经螺旋斜纹上机时，穿综宜采用顺穿或照图穿法；纬螺旋斜纹多采用顺穿法。

3.2.9 飞断斜纹

织物组织的斜纹线朝一个方向跳跃式延伸,在斜纹线的跳跃处存在明显的断界,断界处相邻纱线的组织点相反,而斜纹线方向保持不变,这种斜纹变化组织称为飞断斜纹(skip twill),主要用于精纺毛织物如花呢和女式呢。

飞断斜纹组织是以一种斜纹组织为基础组织,按基础组织填绘一定数量的经(或纬)纱后,再飞跳过该基础组织内一定数量的经(或纬)纱,使两部分斜纹交界处的组织点尽可能相反,从而出现明显的断界。飞跳的根数一般选用基础组织纱线循环数的一半少1根,经过依次填绘和飞跳,直到画完一个完全组织为止。斜纹飞跳断界与经纱平行的称为经飞断斜纹,与纬纱平行的称为纬飞断斜纹。

当基础组织选用双面加强斜纹时,按上述飞跳规律,能保证飞跳处出现底片关系。图3-31中,(a)是以 $\frac{3}{3}\nearrow$ 斜纹为基础组织,按纬纱画4根飞2根画2根飞2根的规律构作的纬飞断斜纹组织图,$R_j=6$,$R_w=18$;(b)是以 $\frac{3}{3}\nearrow$ 斜纹为基础组织,按经纱画6根飞2根画3根飞2根的规律构作的经飞断斜纹组织图,$R_j=54$,$R_w=6$;(c)是以 $\frac{4}{4}\nearrow$ 斜纹为基础组织,按经纱画6根飞3根画2根飞3根的规律构作的经飞断斜纹组织图,$R_j=32$,$R_w=8$。以上组织的共同特征是斜纹飞跳断界处都呈现底片关系。

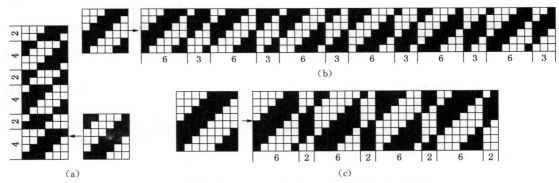

图 3-31　以双面加强斜纹为基础组织的飞断斜纹组织图例

当基础组织为单面加强斜纹组织或复合斜纹组织时,斜纹飞跳处则不会出现完全的底片关系。图3-32中,(a)是以 $\frac{2}{4}\nearrow$ 斜纹为基础组织,按经纱画4根飞2根画2根飞2根的规律构作的经飞断斜纹上机图;(b)是以 $\frac{3\,2\,1}{1\,3\,2}\nearrow$ 斜纹为基础组织,按经纱画3根飞4根的规律构作的经飞断斜纹上机图。可以看出,其飞跳处斜纹并未完全断界。

经飞断斜纹上机时,穿综采用照图穿法;纬飞断斜纹上机采用顺穿法。

3.2.10 夹花斜纹

在规则斜纹组织的主斜纹线之间加入一些具有几何形外观的组织,一般用得较多的是夹

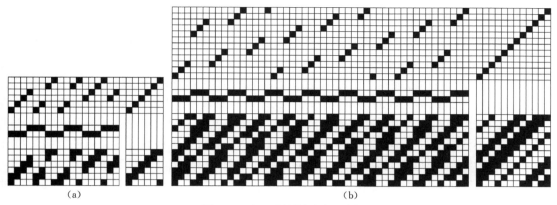

图 3-32 经飞断斜纹上机图例

入方形、十字形或与主斜纹方向相反的斜纹线。夹花斜纹（figured twill）必须保证主斜纹的清晰和连续。

图 3-33 中，（a）是夹入变化方平的夹花斜纹；（b）是夹入反斜纹的夹花斜纹；（c）是夹入十字花的夹花斜纹，该组织上机穿筘用 3 穿入，密度适中，可出现透孔效应；（d）是夹入变化方平的夹花斜纹上机图。夹花斜纹上机采用照图穿法或顺穿法。

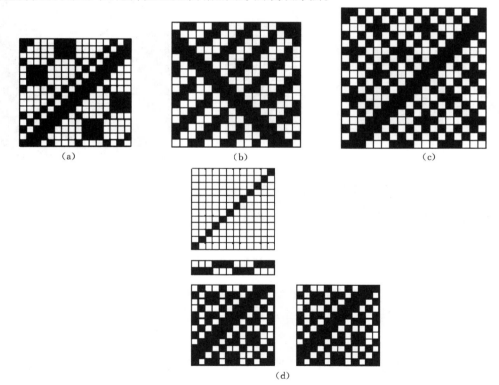

图 3-33 夹花斜纹组织图与上机图例

3.2.11 阴影斜纹

阴影斜纹(shaded twill)组织是增加经组织点,将纬面斜纹逐渐过渡到经面斜纹;或是减少经组织点,将经面斜纹逐渐过渡到纬面斜纹。其织物表面呈现由明到暗或由暗到明的斜纹外观效应。阴影斜纹由过渡组织沿纬向变化而形成的组织称为纬向阴影斜纹,由过渡组织沿经向变化而成的组织称为经向阴影斜纹,由经、纬向同时过渡而形成的组织称为双向阴影斜纹。阴影斜纹由明到暗或由暗到明的变化只有一次的称为单过渡阴影斜纹;由明到暗再到明或由暗到明再到暗的过渡称为对称过渡阴影斜纹。阴影斜纹按加或减经组织点的方向又可分为经纱阴影斜纹和纬纱阴影斜纹两种。阴影斜纹的作图步骤和方法如下:

(1)选定基础斜纹组织,设组织循环数为 R,单过渡阴影斜纹组织过渡数为$(R-1)$个,对称过渡阴影斜纹组织过渡数为$[(R-1)+(R-2-1)]$,即$(2R-4)$个。

(2)计算阴影斜纹组织循环数,单过渡的经向阴影斜纹,R_j=基础组织经纱循环数 R,R_w=$R\times(R-1)$;对称过渡的经向阴影斜纹,R_j=基础组织经纱循环数 R,R_w=$R\times(2R-4)+2$,此处加 2 是为了使组织更连续美观。图 3-34(c)中最后两根便是如此。同理,可计算纬向阴影斜纹的经纬纱循环数。

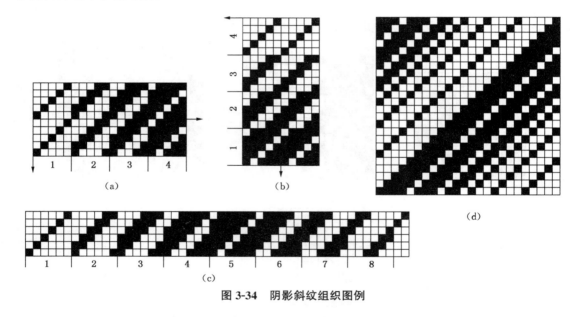

图 3-34 阴影斜纹组织图例

(3)画出组织循环范围,并分出若干个组织过渡区,每个组织区大小与基础组织相同,在最左边或最下边的一区按基础组织填绘组织点,然后依次增加或减少一个经组织点后填绘下一区,直到作完为止。

(4)对于经纬双向过渡的阴影斜纹,若选定基础组织$\frac{n}{1}\nearrow$斜纹,n 为大于 1 的正整数,即按$\dfrac{n,\ n-1,\ \cdots,\ 2,\ 1,\ 1,\ \cdots,\ 1,\ 1}{1,\ 1,\ \cdots,\ 1,\ 2,\ 3,\ \cdots,\ n-1,\ n}$复合斜纹作图,所得就是双向阴影斜纹组织,其组织循环数 $R=n^2+3n-4$。

纬阴影斜纹和经纬双向阴影斜纹上机需要的综框数很多,一般只用于提花织物中表现影光层次。图 3-34 中,(a)是基础组织为 $\frac{1}{4}$ ↗斜纹的单过渡、纬向、经纱阴影斜纹组织图,$R_j=$ 20,$R_w=5$;(b)是基础组织为 $\frac{4}{1}$ ↗斜纹的单过渡、经向、经纱阴影斜纹的组织图,$R_j=5$,$R_w=$ 20;(c)是基础组织为 $\frac{1}{5}$ ↗斜纹的对称过渡、纬向、经纱阴影斜纹组织图,$R_j=R\times(2R-4)+2$ $=50$,$R_w=6$;(d)是基础组织为 $\frac{4}{1}$ ↗斜纹的双向阴影斜纹组织图,$R_j=R_w=4^2+3\times4-4$ $=24$。

3.3　缎纹变化组织

缎纹变化组织(satin or sateen derivative weave)主要采用增加经(或纬)组织点、变化组织点飞数的方法构成,主要有加强缎纹、变则缎纹、重缎纹及阴影缎纹等组织。

3.3.1　加强缎纹组织

加强缎纹(double satin or sateen)是以缎纹组织为基础,在其单独组织点周围添加一个或多个同类组织点而形成的。加强缎纹的纱线循环数并不因组织点的增加而改变,它仍等于基础缎纹的纱线循环数。加强缎纹能保持缎纹的基本特征,如图 3-35 中(a)和(b),均为 $\frac{8}{3}$ 纬面加强缎纹。加强缎纹由于添加了组织点,增加了纱线的交织次数,在提高织物牢度的同时,可获得某些新的织物外观和风格。加强缎纹常用于毛、棉、丝及起绒织物。

图 3-35 中,(c)是在 $\frac{8}{3}$ 纬面缎纹单独组织点的右上方添加三个组织点而得到的,此类加强缎纹能使织物表面呈现经面或纬面的小型模纹,其外观犹如花岗岩之模纹,故又将此类组织称作花岗石组织。因该组织表面呈斜方块状,兼有方平和斜纹的双重特征,所以又称之为斜纹板司呢。此组织一般用于毛织物的军服面料;(d)也是 8 枚加强缎纹组织,它在基础缎纹的单独经组织点的左下方添加一个经组织点,增加了经、纬纱的交织次数,提高了织物的牢度,用作线绨被面的花部组织;(e)、(f)均为 $\frac{10}{3}$ 纬面加强缎纹,用于毛色子贡织物,亦称色子贡组织,其织物表面光滑细洁,手感厚实柔软;(g)是在 $\frac{10}{7}$ 纬面缎纹的基础组织上,在单独经组织点周围各添加一个经组织点,使其纵向正、反面经浮长和横向正、反面纬浮长均等于 3,呈十字形状,由于该类组织的织物手感柔软,外观呈海绵状,故称其为海绵组织,在制织海绵组织的织物时,若采用较小捻度的粗线密度纱,织物吸水性好,常用作衣料、毛巾织物等;(h)为 $\frac{11}{7}$ 纬面加强缎纹,采用此组织并配以较大的经密,就可以获得正面是斜纹而反面呈经面缎纹的织物外观,因此将这种组织又称作缎背华达呢;(i)为 $\frac{13}{4}$ 纬面加强缎纹,织物表面斜纹线陡直但不明显,它是毛驼丝锦织物的常用组织。

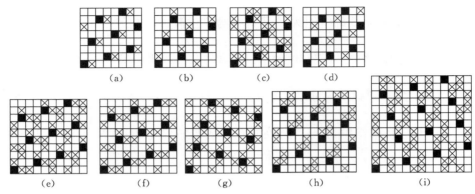

图 3-35 加强缎纹组织

3.3.2 变则缎纹组织

原组织缎纹的飞数是常数,这种缎纹组织也常称作正则缎纹。如果在一个组织循环内,飞数采用几个不同的数值,则构成的缎纹组织就称作变则缎纹或不规则缎纹(irregular satin or sateen)。变则缎纹织物仍保持缎纹织物的外观。变则缎纹组织可用于棉、毛、丝和化纤等各类织物中。

在原组织缎纹中,当 $R=6$ 时,不能构成正则缎纹。但由于设计与织造的原因,需要采用 6 枚缎纹时,就必须使飞数为变数,构作变则缎纹。如图 3-36(a)为 6 枚纬面变则缎纹组织图,其纬向飞数分别为 2、3、4、4、3、2,$\sum S_w = 18$。

有些缎纹组织,如 7 枚缎纹,无论飞数取何值,在所构成的缎纹组织中,组织点分布都不太均匀,斜纹倾向非常明显,如图 3-36(b)中的 b_1、b_2、b_3、b_4;若想获得组织点分布较为均匀的 7 枚缎纹组织,就需采用变则缎纹,如图 3-36(b)中的 b_5 所示。

有时为获得特殊的织物外观,也需采用变则缎纹组织。图 3-36(c)所示均为 8 枚纬面变则缎纹,S_w 的变化使其单独经组织点按特殊要求排列,从而获得特殊的外观效果。

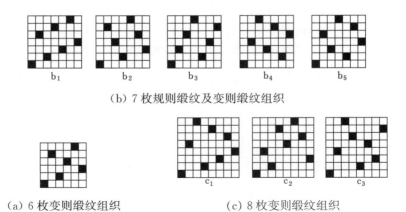

(b) 7 枚规则缎纹及变则缎纹组织

(a) 6 枚变则缎纹组织   (c) 8 枚变则缎纹组织

图 3-36 规则缎纹与变则缎纹组织

在变则缎纹组织的设计中,应注意:①每一个飞数值仍应满足 $1<S<R-1$;②各飞数之和应等于组织循环纱线数的整倍数。

3.3.3 重缎纹组织

重缎纹组织（enlargement satin or sateen）是在原组织缎纹的基础上，在单独组织点周围，沿其经向或纬向，使单独组织点变成浮长线所得到的组织。其外观仍保持缎纹的外观，但因组织循环变大，浮长线加长，织物较松软。常用于粗纺女式呢、粗花呢和手帕织物中。

图 3-37 中，(a) 为 5 枚纬面重经缎纹，其单独经组织点沿纬向延长，织物中出现并经；(b) 为 5 枚经面重纬缎纹，其单独纬组织点沿经向延长，织物中出现双纬效果；(c) 是 5 枚经、纬向重缎纹，其单独经组织点沿经、纬两向延长，织物中出现并经、双纬。

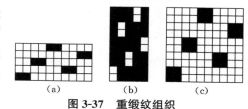

图 3-37 重缎纹组织

3.3.4 阴影缎纹组织

阴影缎纹（shaded satin or sateen）是由纬面缎纹逐渐过渡到经面缎纹，或由经面缎纹逐渐过渡到纬面缎纹的一种缎纹变化组织。与阴影斜纹类似，按组织过渡情况，有单过渡和对称过渡阴影缎纹之分；按过渡组织沿纬向和经向，有纬向阴影缎纹和经向阴影缎纹之分；按增加组织点的方向，又可分为经纱阴影缎纹和纬纱阴影缎纹两种。

图 3-38 是由 $\frac{8}{5}$ 纬面缎纹构作的单过渡、纬向、经纱阴影缎纹，其过渡数 $n=(R_0-1)=7$，组织循环经纱数 $R_j=R_0(R_0-1)=56$，组织循环纬纱数 $R_w=8$，这里 R_0 代表基础组织循环经纱数。

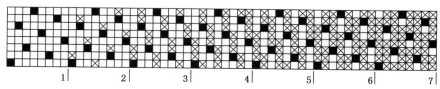

图 3-38 8 枚阴影缎纹组织（直向即经纱影光）

图 3-39 是由 $\frac{5}{2}$ 纬面缎纹构作的对称过渡、纬向、纬纱阴影缎纹。它是由纬面逐渐过渡到经面，再由经面过渡到纬面，其过渡数 $n=(R_0-1)\times2=8$，$R_j=5\times8=40$，$R_w=5$。

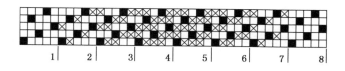

图 3-39 5 枚阴影缎纹组织（横向即纬纱影光）

本章部分组织图的织物效果模拟参见数字内容 2，组织在棉、麻、毛、丝产品中的应用参见数字内容 3 和 4。

思考题

3-1 试述平纹变化组织与平纹组织在织物外观、织物性能及上机工艺等方面的同异之处。

3-2 欲突出平纹变化组织的织物外观,可采取哪些措施? 请举例说明。

3-3 试述仿麻效应的复杂变化方平组织的构作方法。

3-4 试作 $\dfrac{3}{4}\nearrow$、$\dfrac{2\ 3}{3\ 2}\nearrow$ 加强斜纹组织图。

3-5 某织物经纬纱密度为 (527×286) 根 $/10\,\mathrm{cm}$,组织为 $\dfrac{5\ 1\ 1}{2\ 2\ 1}\nearrow$ 复合斜纹,要求斜纹倾角为 $\alpha=74°$,作该织物的组织图。

3-6 以 $\dfrac{2\ 2\ 1}{1\ 2\ 2}\nearrow$ 复合斜纹为基础组织,$K_\mathrm{j}=10$,$K_\mathrm{w}=11$,分别绘作:经、纬山形斜纹;经、纬破斜纹;菱形斜纹和破菱形斜纹的组织图。

3-7 以 $\dfrac{3}{3}\nearrow$ 斜纹为基础组织,$S'=2$,$K=10$,作经锯齿、纬锯齿斜纹上机图。

3-8 以 $\dfrac{3}{3}\nearrow$ 斜纹为基础组织,作三条斜纹线的芦席斜纹组织图。

3-9 以 $\dfrac{2\ 2\ 1}{1\ 2\ 2}\nearrow$ 复合斜纹组织为基础,按经纱画 4 根飞 4 根的规律构作经飞断斜纹上机图。

3-10 以 $\dfrac{4}{4}\nearrow$ 斜纹为基础组织,按纬纱画 6 根飞 3 根画 3 根飞 3 根的规律作纬飞断斜纹上机图。

3-11 试述在制作加强缎纹时应注意的问题。

3-12 举例说明缎纹变化组织在织物中的应用,并简述其织物的风格特征。

3-13 试述重缎纹组织的特性及其在实际应用中应采取的措施。

实训题

3-1 调查收集平纹变化组织织物,说明其商品名称、用途、上机织造方法及织物特征。

3-2 分析马裤呢、巧克丁织物,绘制上机图,并说明其织物特征。

3-3 分析缎背华达呢织物组织,画出上机图,并说明其组织构成方法及织物外观特点。

3-4 分析缎条(格)男士手帕,绘制简化上机图,说明各部分组织选定的依据。

第四章　联合组织

联合组织是由两种及两种以上的原组织或变化组织,运用各种不同的方法联合而成的组织,其织物表面呈现几何图形或小花纹等外观效应。联合组织可以在 32 片综以下的多臂织机上制织,一般常用 16 片综多臂织机。构成联合组织的方法,可以是两种或两种以上组织的简单并合排列,也可以是两种或两种以上组织的经线或纬线按一定规律间隔排列,或在某一组织上按另一组织的规律增加或减少组织点,等等。运用联合组织以及原料及后处理工艺的配合,能生产更多新颖的织物。本章部分组织图的织物效果模拟参见数字内容 2,各种联合组织在棉、麻、毛、丝产品中的应用参见数字内容 1、3 和 4。

4.1　条格组织

4.1.1　条格组织的特征与形成原理

运用两种或两种以上组织沿纵向或横向并列配置,使织物表面形成纵、横条纹或格子花纹的组织,称为条格组织(stripe and check weave),可分为纵条纹组织、横条纹组织和格子组织三种。

设计条格织物时,不仅需将组织配置得当,还应同时考虑使用不同种类的原料(包括纱线线密度、捻度、捻向等),或采用不同的色线、金属线、花式线等配合,以增强条格效应。

条格组织的构作,主要有以下原则:

(1) 在纵、横向并列配置的各条纹交界处,为了使界线清晰,其经、纬组织点一般可采用"底片法"配置,即各条纹交界处相邻两根纱线的经、纬浮点相反。

(2) 如果所选的基础组织在两条纹交界处不能构成底片法时,为了使条纹分界清晰,可考虑在两条纹间添加一根纱线,配以平纹组织或与某一条纹经、纬组织点相反的组织,或改变其颜色。但应注意不要因此而增加过多的综片数,造成上机困难。

(3) 在一个组织循环内各条纹的经线交织次数不能相差太大,否则会造成各条纹经线的缩率不同,如果缩率差异太大,在织造中因经纱张力不一致而导致断头率增加,同时造成布面不平整。此时采用双经轴织造可以克服上述问题,但增加了上机的复杂性。所以纵条纹组织应尽量避免各条纹中的经浮长相差太大。

(4) 采用同一组织呈底片翻转配置方格花纹时,为了使格纹清晰、匀整、不紊乱,格子交接处的组织点应成"底片法",而且要求对角排列的组织的起始点相同。注意正确选择基础组织的起始点构作方格组织。

4.1.2 条格组织的构作方法

1. 纵条纹组织

在织物表面沿横向并列配置两种或两种以上不同的组织,形成纵向条纹效应的组织,称为纵条纹组织(vertical stripe weave)。其经纱循环数等于纵条纹组织内并列的各条基础组织的经纱数之和,纬纱循环数应为各个基础组织纬纱循环数的最小公倍数。

图 4-1 中,(a)所示为正反 4 枚变则缎纹联合而成的纵条纹组织,$R_j = 4+4 = 8$,$R_w = 4$,条纹交界处其经、纬组织点相反,条纹清晰;(b)所示为用 $\frac{2}{2}\nearrow$ 斜纹组织与 $\frac{5}{2}$ 经面缎纹组织并列配置形成的纵条纹组织,在两组织交界处引入两根附加经线(第 9 根和第 15 根),使条纹分界明显。这两根经线的交织规律仍为 $\frac{2}{2}$ 斜纹,因此不需增加综框,$R_j = 8+5+2 = 15$,$R_w = 20$;(c)所示为条子花纹的织物组织图,由 $\frac{4}{2}\nearrow$ 和 $\frac{2}{4}\nwarrow$ 急斜纹组成,$R_j = 45$,$R_w = 6$,各条子内经浮点匀称,条子花纹清晰,加之以涤纶丝作经、涤棉纱线作纬,织物挺括、坚牢,阴影层次明显,花纹美观大方。

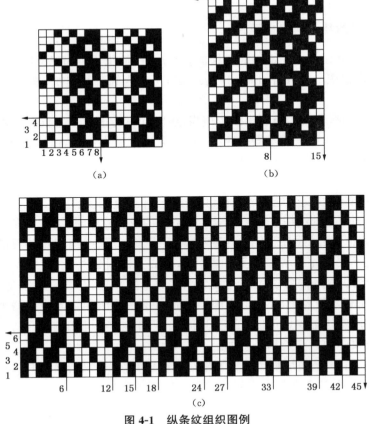

图 4-1 纵条纹组织图例

图 4-2 所示为丝织物缎条纺上机图,其组织图中:第 1 纵条纹由 34 根经丝以平纹组成(白色),第 2 纵条纹由 15 根经丝以 $\frac{5}{3}$ 纬面缎纹组成(蓝色或绿色),第 3 纵条纹由 34 根经丝以平纹组成(白色),第 4 纵条纹由 18 根经丝以 $\frac{5}{3}$ 纬面缎纹组成(仍为白色,但为使条纹明显,可在缎条两侧各配 1 根与第 2 条同色的色经);$R_j=34+15+34+18=101$, $R_w=10$。

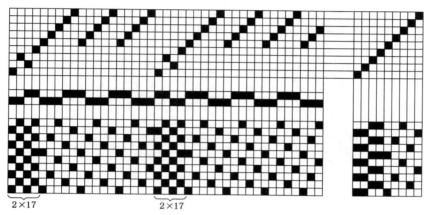

2×17 2×17

图 4-2 缎条纺上机图

绘作上机图时,如果在纵条纹组织循环内并列配置了许多条基础组织,则计算各条经纱数时可用各条的宽度乘相应的经纱密度,再加以修正而得。修正时考虑两个因素:①各条组织的经线数必须为筘齿穿入数的倍数;②各条组织的经线数优先考虑为各基础组织经线循环数的倍数;③纵条纹组织循环的宽度及各条纹的宽度基本保持不变。如果某一条的经纱数较多,而且又是某一基础组织的若干个循环时,则可在该条纹的下方用基础组织循环数乘其倍数来表示,如图 4-2 所示。

穿筘图中,为使条纹分界清晰,每一纵条纹的经纱数应为筘齿穿入数的倍数,使各条纹相邻的两根经纱分别穿入不同的筘齿内。如图 4-2 所示的穿筘图中,由于缎纹的密度大于平纹,故平纹条子的筘齿穿入数为 2,而缎纹条子的筘齿穿入数为 3。

穿综图中,一般均采用分区间断穿综法,如图 4-2 中,共使用 9 片综,第 1~4 片综为第一区,穿入平纹组织的经纱,采用 1、3、2、4 飞穿法,也可采用两页综片(双列式);第 5~9 片综为第二区,穿入缎纹组织的经纱,每片综为一页综片(单列式),采用顺穿法。

纹板图中,所需纹板数等于纵条纹组织的完全纬纱数。

图 4-3 所示为某纵条纹组织,第 1 条为 $\frac{1}{2}$ ↗斜纹组织,宽 1 cm(每筘齿穿 3 根),经密 480 根/10 cm;第 2 条为 $\frac{5}{3}$ 纬面缎纹组织,宽 0.6 cm(每筘齿穿 3 根),经密 480 根/10 cm;第 3 条为平纹组织,宽 1.4 cm(每筘齿穿 2 根),经密 320 根/10 cm;第 4 条为 $\frac{5}{3}$ 纬面缎纹组织,宽 1 cm(每筘齿穿 3 根),经密 480 根/10 cm。其纵条纹组织的纬纱循环数 $R_w=30$,为 3、5、2 的最小公倍数;经纱循环数 $R_j=48\times1+48\times0.6+32\times1.4+48\times1=48+28.8+44.8+48$,再按上述原则修正各条的经纱数,第 1 条 $\frac{1}{2}$ ↗斜纹组织经纱数为 48,正好是组织经纱循环数和筘齿

穿入数的倍数,不需修正,第2条5枚缎纹经纱数由28.8修正为30,第3条平纹组织由44.8修正为46,第4条5枚缎纹由48修正为45,故此纵条纹组织的经纱循环数为$R_j = 48 + 30 + 46 + 45 = 169$。

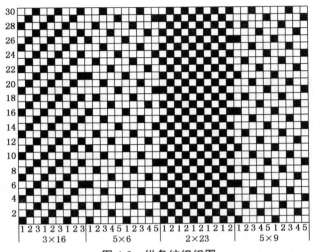

图 4-3　纵条纹组织图

2. 横条纹组织

在织物表面沿纵向并列配置两种或两种以上不同的组织,形成横向条纹效应的组织,称为横条纹组织(horizontal stripe weave)。其经纱循环数为各基础组织经纱循环数的最小公倍数,纬纱循环数计算为各条纹组织的宽度与相应纬纱密度的乘积之和,再按基础组织纬纱循环数的倍数加以修正。

横条纹组织上机时,所用综片数等于横条纹组织的循环经纱数或其倍数,一般采用顺穿法,纹板数则等于横条纹组织的循环纬纱数。

图 4-4 所示为横条纹组织的上机图,$R_j = 4$,$R_w = 6$,因经密较大,故采用8片综顺穿。

3. 格子组织

在织物表面沿纵、横两个方向并列配置两种或两种以上不同的组织,通过这些不同组织的纵、横条纹

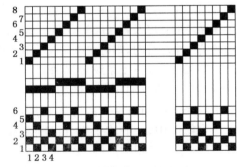

图 4-4　横条纹组织上机图

交错而形成正方形或长方形的格子效应的组织,称为格子组织(check weave)。其经纱循环数参照纵条纹经纱循环数的计算方法进行,纬纱循环数参照横条纹纬纱循环数的计算方法进行。

图 4-5 所示是以$\frac{3}{1}$斜纹为基础组织,利用左、右斜纹的不同效应,在条纹中间加入变化重平组织形成的格子组织。

方格组织(square check weave)如图 4-6 所示,(a)是以正反$\frac{3}{3}$斜纹为基础组织形成的方格组织,(b)、(c)均是以$\frac{1}{3}\nearrow$和$\frac{3}{1}\nwarrow$斜纹为基础组织并沿对角线排列而成的方格组织。(a)、(b)所示组织的方格内,对角线的组织起始点相同,所以花纹清晰、匀整;(c)所示组织的方格内,对角线的组织起始点不同,故花纹紊乱、不清晰。

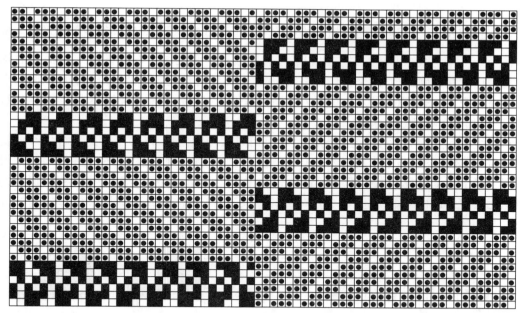

图 4-5 格子组织图

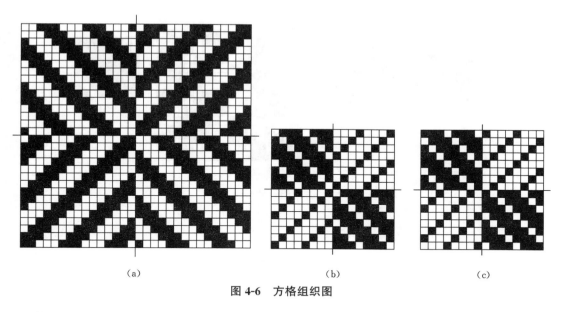

（a）　　　　　　　　　　　（b）　　　　　　　　　（c）

图 4-6 方格组织图

利用正反组织排列构成方格效应，在各类织物中均较为常见，在丝织物中应用更广。为了获得整齐清晰的格子花纹，应考虑正确选择基础组织的起始点。对于斜纹类组织，使斜向对称轴配置在方格组织的对角线上，如图 4-6（a）、（b）所示。对于缎纹类组织，例如以 $\frac{5}{2}$ 纬面缎纹为基础组织沿对角线构成方格组织时，先以任意点为起点作 $\frac{5}{2}$ 纬面缎纹组织图，如图 4-7（a）所示，然后观察其纬纱，可发现第 4 根和第 5 根纬纱上的经组织点与左、右两边缘等距，则以这两根纬纱作为组织循环的最上边和最下边的两根纬纱画成图4-7(b)。同理,亦可从观察经纱着手,如图4-7(c)是以任意点为起始点绘作的$\frac{5}{2}$纬面缎纹组织图,观察其经纱可发现第3根和第4根经纱可作为组织循环的最右边和最左边两根经纱画成图4-7(d)。图4-7(b)、(d)均为组织起始点配置正确的图,用来构作方格组织时,可得到对角线的基础组织具有相同起始点构成的方格组织,如图4-7(e)所示。图4-7(f)则为基础组织起始点未经选择构成的方格组织,外观效应不如图4-7(e)整齐、清晰。

斜纹组织起点的寻找方法也可与缎纹组织相同,如根据图4-7(g)所示的复合斜纹寻找组织起点,在第3根经纱与第4根经纱处分开,将前三根移到后面;或以第5根纬纱与第6根纬纱之间上半部移到下方构成如图4-7(h)的组织,作出如图4-7(i)的规整方格组织。但有的斜纹组织无法找到这样的组织起点,如图4-7(j)就属这样的组织,故不宜用来构作规则的方格组织。

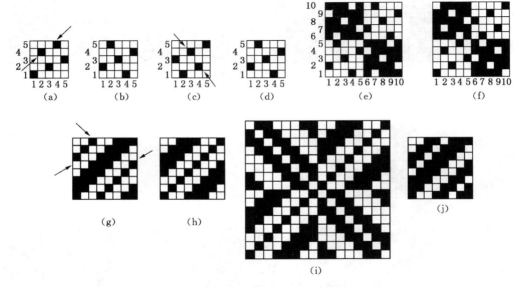

图4-7　方格组织的合理配置

4.2　绉组织

4.2.1　绉组织的特征与形成原理

织物组织中不同长度的经纬浮点,在纵、横方向错综排列,使织物表面具有分散、规律不明显、微微凹凸的细小颗粒,呈现绉效应,这类组织称为绉组织(crepe weave)。绉组织织物较平纹织物手感柔软、丰厚,弹性好,表面反光柔和。

为了形成效果较好的绉组织,必须注意:

(1) 不同长度的经、纬浮点沿各个方向均匀配置,切忌使织物表面呈现明显的纵、横、斜向纹路或其他有规律的纹路。

（2）在一个组织循环内，各根经纱与纬纱的交叉次数相差不要过大，以使每根经纱的缩率相差不要过大，避免造成织造困难。

（3）经纬浮长不宜过长（织物上一般不超过 2 mm，有特殊要求的除外），一般经浮长不超过 3 个组织点，纬浮长不超过 4 个组织点，因为太长的浮线会破坏织物表面均匀细微的颗粒状外观。同时要考虑不应有大群相同的组织点（经或纬）集聚在一起，以免影响起绉与光泽的效果。

4.2.2　绉组织的构作方法

绉组织的构作方法很多，为了学习方便，常用的构作方法可归纳为以下几种。

1. 重叠法构作绉组织

将两个或两个以上的组织按一定规律重叠起来而构成绉组织。若被重叠的组织的经、纬纱循环数相等，则所获得的绉组织的经、纬纱循环数等于基础组织的经、纬纱循环数，若不等则绉组织的经、纬纱循环数等于基础组织的经、纬纱循环数的最小公倍数。图 4-8 中，（a）所示为在平纹组织的基础上叠加 $\frac{5}{2}$ 纬面缎纹而构成的绉组织，作图方法是先在 10×10 的范围内填绘平纹组织，然后在偶数经纱和奇数纬纱相交处，按 $\frac{5}{2}$ 纬面缎纹填绘组织点；（b）所示为将 4 枚变则缎纹叠加在 6 枚变则缎纹组织上而构成的绉组织，$R_{\mathrm{j}}=R_{\mathrm{w}}=12$。

与重叠法类似，还可以选用一种组织为基础组织，直接在该组织上填入相当的组织点而构成绉组织，称增点法。

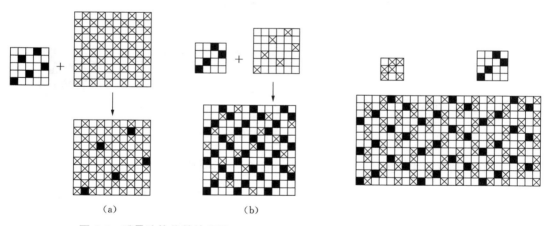

（a）	（b）

图 4-8　重叠法构作的绉组织　　　　　图 4-9　移入法构作的绉组织

2. 按排列比将一种组织的纱线移绘到另一种组织的纱线间构作绉组织

此方法是将一种组织的经（或纬）纱移绘到另一种组织的经（或纬）纱之间，移绘时，两种组织的经（或纬）纱可采用1∶1或其他排列比。图 4-9 所示是由 $\frac{2}{1}$ ↗斜纹的经纱和 4 枚变则缎纹的经纱按1∶1的排列比移绘而成的绉组织，其经纱循环数 $R_{\mathrm{j}}=12\times(1+1)=24$，即两种基础组织的经纱循环数的最小公倍数乘以排列比之和；纬纱循环数 $R_{\mathrm{w}}=12$，等于两种基础组织的纬纱循环数的最小公倍数。

3. 调整同一组织的纱线排列次序构作绉组织

此类绉组织是以变化组织为基础组织,变更其经(或纬)纱的排列次序而成。图 4-10 中,(a)为 $\frac{3}{2}\frac{1}{2}\nearrow$ 复合斜纹,即基础组织;(b)是采用 1、8、3、2、5、4、6、7 的经纱排列顺序绘制而成的绉组织;(c)是采用 1、7、3、5、2、4、8、6 的经纱排列顺序绘制而成的绉组织。此外,还可采用先改变经纱次序、然后再改变纬纱次序等复合调序法来构成绉组织。

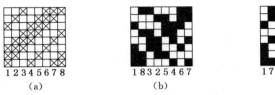

1 2 3 4 5 6 7 8　　　1 8 3 2 5 4 6 7　　　1 7 3 5 2 4 8 6

(a)　　　　　　　(b)　　　　　　　(c)

图 4-10　调序法构作的绉组织

4. 旋转法构作绉组织

(1)旋转排列法。采用此法构成绉组织时,可选用一个组织为基础,使其顺时针或逆时针旋转、组合而构成绉组织,具体步骤如下:

图 4-11(a)是选用变化组织 a_1 为基础组织,以顺时针方向旋转,每转 90° 即得一个组织,将基础组织 a_1 及旋转所得的 a_2、a_3、a_4,按模式 A 填入而形成的绉组织,其经、纬纱循环数 $R_j = R_w = 2 \times 3 = 6$。

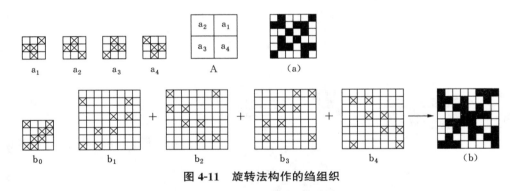

a_1　　a_2　　a_3　　a_4　　A　　　　(a)

b_0　　+　　b_1　　+　　b_2　　+　　b_3　　+　　b_4　　→　　(b)

图 4-11　旋转法构作的绉组织

(2)旋转重叠法。将旋转后的图形重叠组合在一起而构成绉组织。图 4-11(b)是选用 $\frac{2}{2}\nearrow$ 斜纹为基础组织,即 b_0,将其扩大 2 倍,在奇数纵格和奇数横格处填上基础组织点,形成 b_1,再按次序以顺时针方向旋转三个 90°,得 b_2、b_3、b_4,然后将四个组织图重合在一起而形成的绉组织,其经、纬纱循环数 $R_j = R_w = 4 \times 2 = 8$。

用旋转法与重叠法联合构成的绉组织,其组织变化较多,织物表面的颗粒比较均匀。但需要注意的是,所选用的基础组织的经、纬纱循环数不宜太大,一般不大于 6,否则,上机时所需综框数过多,不能在多臂机上织造。

5. 省综设计法构作绉组织

实际生产中,为了获得绉效应较好的织物,常采用一种扩大组织循环的省综设计法,其作图的原则及方法如下:

（1）确定需采用的综片数。综片数根据生产实际情况来确定，为了确保生产能顺利进行，一般综片数不要太多，一般为 6 片综或 8 片综。

（2）确定组织循环的范围。一般经纱循环数最好是综片数的整倍数，纬纱循环数不要与经纱循环数相差太多，图 4-14 中，$R_j=6\times10=60$，$R_w=40$。

（3）确定每片综的提升规律。即画出纹板图，一般根据每次提升 $\frac{1}{2}$ 综片数的方法来绘制的。n 片综中，每次提升 $\frac{n}{2}$ 片综有几种不同的情况，可用数学的组合公式求出：

$$C_n^k=\frac{n!}{k!\,(n-k)!}$$

式中：k——每次开口提升的综片数。

当 $k=\frac{n}{2}$ 时：

$$C_n^{\frac{n}{2}}=\frac{n!}{\frac{n}{2}!\,\left(n-\frac{n}{2}\right)!}=\frac{n!}{\left(\frac{n}{2}!\right)^2}=\frac{n\times(n-1)\times\cdots\times1}{\left(\frac{n}{2}\times\left(\frac{n}{2}-1\right)\times\cdots\times1\right)^2}$$

当 $n=6$ 时，$C_6^3=20$，即有 20 种不同的提升规律，如图 4-12 所示。

图 4-12　对应于 20 种不同提升规律的基础组织图

将这 20 种不同提升规律的纹板作有序的排列（图 4-13），使其符合：相邻两块纹板必须有一处且只能有一处在管理同一片综的纹孔位置上连续植有纹钉或连续不植纹钉，以保证经纬浮长的出现但不超过 2 个组织点。

图 4-13　省综设计法纹板图例

将每一块不同提升规律的纹板均使用 2 次而编成 40 块纹板的纹板图，如图 4-14（b）所示。

（4）画穿综图和组织图。如图 4-14（a）所示，首先把经纱循环数分成若干组，每一组的经纱数等于综片数。图中经纱循环数为 60，综片数为 6，所以可分成 10 组，每组 6 根经纱。然后，第一组按 6 片综顺穿法穿综，其他 9 组按 6 片综的不同排列顺序穿综，如第二组的穿综顺序为 3、1、5、2、6、4，第三组为 3、5、2、6、1、4，…，直至穿完。最后根据穿综图、纹板图画组织图。为了使组织图中每根纬纱上连续的纬（或经）组织点数一般不超过 3 个，在确定穿综顺序时，同一片综相邻两个穿入点最少必须间隔 3 根经纱。

在省综设计绉组织时，有时不一定完全按照上述方法。但必须注意，在一个穿综循环中，每片综穿入的经纱数应尽量相同，并且穿入每片综的经纱应尽量分散，避免经、纬组织点过于集中。

由上可知，构作绉组织的方法是多种多样的，灵活应用会使织物获得良好的绉效应，绉组织被广泛应用于各种织物。

值得说明的是，除组织法外，使织物起绉的方法还有：利用化学方法对织物进行后处理；利用织造时不同的经纱张力；利用不同收缩性能的经、纬纱线或不同捻向的强捻纱间隔排列等。

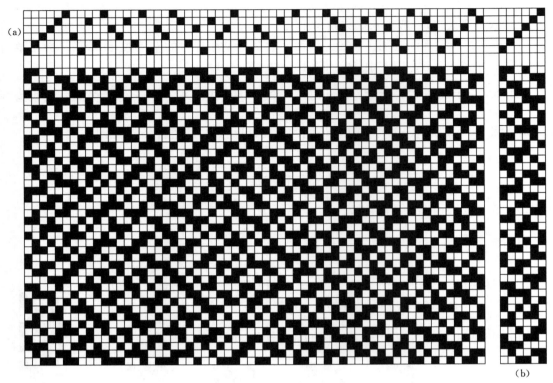

图 4-14 省综法构作的绉组织上机图

4.3 蜂巢组织

4.3.1 蜂巢组织的特征与形成原理

在织物表面具有四周高、中间低的方形、菱形或其他几何形等如同蜂巢状外观的组织,称为蜂巢组织(honeycomb weave)。

蜂巢组织的织物形成边部高、中间低的蜂巢外观,是由于在织物中利用平纹组织的几何形块和长浮线的几何形块相间排列而产生的。从织物表面看,某些平纹块的上下有由内向外延长的纬浮长线围绕,左右亦有由内向外的经浮长线围绕,形成四周松弛浮线隆起而中心凹下的几何块(图 4-15A 处),而某些平纹块周围的浮线在织物反面,这些平纹块在织物正面微微凸起(图 4-15B 处),凹凸几何块面有规律地相间排列,便形成了蜂巢状外观。

在设计制织蜂巢组织织物时,采用加捻纱线、弹力纱线或合纤膨体纱线,可以增加纱线的收缩程度,由此增强织物的凹凸效应。此外,蜂巢组织的凹凸程度还决定于纱线的粗细和经纱的上机张力,当纱线粗、张力大时,则凹凸效应更显著。蜂巢组织因具有由较长的经、纬浮长所形成的凹凸格子,故织物手感柔软,有较强的吸附性和保暖性。

4.3.2　蜂巢组织的构作方法

构作蜂巢组织的方法很多,不同的构作方法可以得到不同形状的蜂巢组织,其构作的基本原则均是以短浮的几何形块配置在长浮的几何形块之间。至于配置的形式和方法,是变化无穷的,全在于设计者的灵活应用。下面介绍几种基本构作方法。

1. 简单蜂巢组织

简单蜂巢组织的构作步骤:

(1) 选定适当的基础组织,一般多采用 $\frac{1}{4}$、$\frac{1}{5}$、$\frac{1}{6}$、$\frac{1}{7}$ 和 $\frac{1}{8}$ 等斜纹形成的菱形斜纹作为构作蜂巢组织的基础组织。

(2) 计算经、纬纱循环数,计算方法与菱形斜纹相同,即 $R_j = 2K_j - 2$,$R_w = 2K_w - 2$。

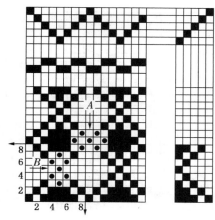

(3) 在意匠纸上按经、纬纱循环数划分循环范围,然后在循环范围内填绘基础菱形斜纹,即在循环面积内贯穿两条斜向对角线。

(4) 在菱形斜纹对角线划分而成的上、下或左、右的空白面积内填绘经浮点,其浮长长度由里向外逐渐增加。填绘经浮点时,必须注意应与菱形斜纹线间隔一个纬组织点。

图 4-15 所示是以 $\frac{1}{4}$ 斜纹形成的菱形斜纹为基础而构成的简单蜂巢组织的上机图,其改变方向前的经、纬纱数 $K_j = K_w = 5$,故其经、纬纱循环数 $R_j = R_w = 2K - 2 = 8$,其最大的经浮长为 5,最大的纬浮长为 7。此类蜂巢组织形成正方形的蜂巢外观。

图 4-15　正方形简单蜂巢组织上机图

2. 把菱形斜纹对角线中的折线错开一格构作蜂巢组织

图 4-16 所示是以 $\frac{1}{5}$ 斜纹形成的菱形斜纹为基础,$K_j = K_w = 6$,$R_j = R_w = 10$,作图时把对角线的右下角部分的折线斜向拉下一格,如图 4-16(a)所示,再在此基础上填绘经长浮而形成蜂巢组织,如图 4-16(b)所示。此类蜂巢组织形成长方形的蜂巢外观。

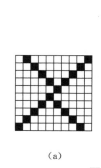

(a)

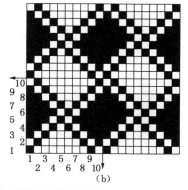

(b)

图 4-16　折线错位蜂巢组织图

3. 把菱形斜纹的对角线顶点拉开一格构作蜂巢组织

图 4-17(a)和(b)所示是以 $\dfrac{1}{6}$ 斜纹、$K_j=K_w=7$ 形成的菱形斜纹为基础,将对角线顶点沿经向(或纬向)拉开一格构作的蜂巢组织。其中,(a)的 $R_j=2K_j-2=2\times7-2=12$,$R_w=2K_w=14$; (b)的 $R_j=2K_j=14$,$R_w=2K_w-2=12$。图 4-17(c)和(d)所示是以 $\dfrac{1}{5}$ 斜纹、$K_j=K_w=6$ 形成的菱形斜纹为基础,采用删去两根经(或纬)纱构作的对角线顶点拉开一格的蜂巢组织。其中,(c)删去两根经纱,$R_j=8$,$R_w=10$;(d)删去两根纬纱,$R_j=10$,$R_w=8$。

这种方法构成的蜂巢组织,虽然其经、纬纱循环数不等,但其最大的经浮长与最大的纬浮长相等,仍然形成正方形的蜂巢外观。

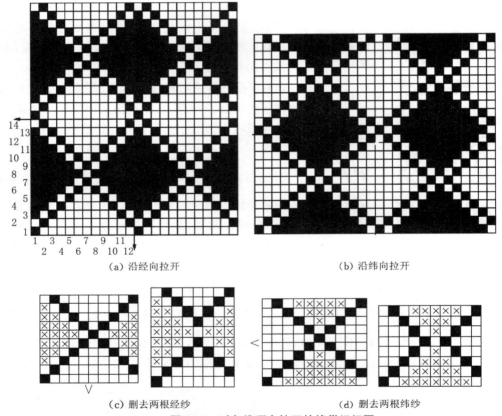

(a) 沿经向拉开　　　　　　　　　　　　(b) 沿纬向拉开

(c) 删去两根经纱　　　　　　　　　(d) 删去两根纬纱

图 4-17　对角线顶点拉开的蜂巢组织图

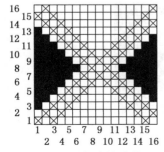

图 4-18　双排对角线的蜂巢组织图

4. 用两排菱形对角线为基础构作蜂巢组织

图 4-18 所示是以 $\dfrac{1}{8}$ 斜纹形成的菱形斜纹为基础,$K_j=K_w=9$,$R_j=R_w=16$,在对角线旁增加一条对角线构成的蜂巢组织。这种方法一般在组织循环较大的情况下采用,以增加织物的坚牢度。

5. 在循环内对角线的 1/2 处开始填绘经长浮而形成几何形块错位叠角排列构作蜂巢组织

图 4-19 所示是以 $\frac{1}{6}$ 斜纹形成的菱形斜纹为基础而构成的叠角蜂巢组织上机图。

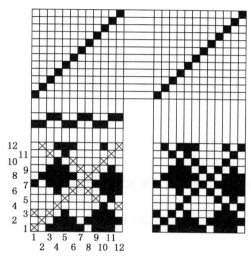

图 4-19　叠角蜂巢组织上机图

蜂巢组织上机时,根据组织特征一般采用山形穿法或顺穿法,但制织复杂的蜂巢组织时,采用何种穿法视具体情况而定。图 4-20 所示为丝织物重纹纺的蜂巢组织上机图,图 4-21 所示为丝织物麦浪纺的蜂巢组织图。

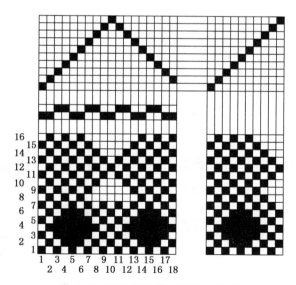

图 4-20　重纹纺的蜂巢组织上机图

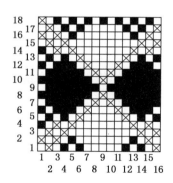

图 4-21　麦浪纺的蜂巢组织图

4.4　透孔组织

4.4.1　透孔组织的特征与形成原理

使织物表面具有均匀分布的细小孔眼外观的组织,称为透孔组织(openwork weave)。因为其外观和复杂组织中的纱罗组织相类似,故又称"假纱组织"(mock leno weave)。

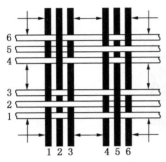

图 4-22　透孔组织形成图解

透孔组织织物的孔眼形成原理如图 4-22 所示。在一个完全组织中,由于联合采用了平纹组织和重平组织,相邻两根平纹组织的纱线,因交织频繁且组织点相反而彼此分开,而夹在平纹中的重平组织的长浮线收缩并被两边的平纹纱线挤起,使纱线集聚成束而形成孔眼。

从图 4-22 所示的透孔组织可看出,第 1、3、4、6 根经纱和纬纱均为交织点较多的平纹组织,夹在中间的第 2、5 根经纱和纬纱均为浮长较长的 $\frac{3}{3}$ 重平组织,这样的配置使第 3、4 两根经(或纬)纱以及第 1、6 两根经(或纬)纱之间彼此分开,从而使 1、2、3 三根纱线和 4、5、6 三根纱线分别集拢成束,因此在第 3、4 根纱线和第 1、6 根纱线之间均形成小孔。

透孔组织织物要达到孔眼清晰,必须综合考虑组织结构、经(纬)原料的收缩性能、经(纬)纱线的线密度与密度的搭配及织造工艺等因素。组织结构中,要考虑浮长线的长短对透孔效应的影响,浮长越长则孔眼越大,但浮长过长会使织物变得过分松疏而不挺括,以致造成透孔效应不良;经、纬原料的收缩性能好,则有利于集聚成束使孔隙显著;经、纬密度不宜过大,因密度过大会使透孔效应不显著,且使织物变得厚实,失去"假纱罗"的薄、轻、松、爽等特性。

4.4.2　透孔组织的构作方法

图 4-23 所示是以平纹与 $\frac{3}{3}$ 重平联合而成的透孔组织上机图,上机时采用 4 片综照图穿法,筘齿穿入数为 3,$R_{\mathrm{j}}=R_{\mathrm{w}}=6$。图 4-24 所示是以 $\frac{5}{5}$ 重平与平纹构成的经、纬线循环数 $R_{\mathrm{j}}=R_{\mathrm{w}}=10$ 的透孔组织上机图。图 4-25 所示是以 $\frac{4}{4}$ 重平与变化平纹构成的经、纬线循环数 $R_{\mathrm{j}}=R_{\mathrm{w}}=8$ 的透孔组织上机图。

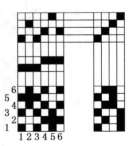

图 4-23　简单透孔组织上机图

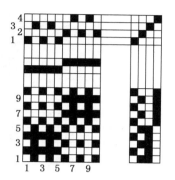

图 4-24 $\frac{5}{5}$重平与平纹构成的透孔组织上机图

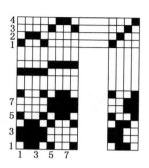

图 4-25 $\frac{4}{4}$重平与变化平纹构成的透孔组织上机图

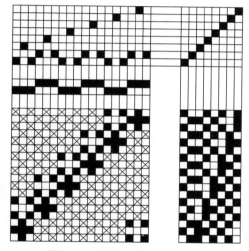

图 4-26 花式透孔组织上机图

透孔组织上机时,穿综一般采用照图穿法,当不夹入其他组织花纹时,其综片数采用 4 片即可;穿筘应尽量将成束的经纱穿入同一筘齿,为了利于形成孔隙,可考虑空筘穿法或采用筘齿密度不同的花式筘。

构作透孔组织时,常将透孔组织和其他组织联合应用形成花式透孔织物。一方面使织物表面具有排列均匀的小孔,另一方面由于纱线集聚成束,可使织物表面产生微小的凹凸立体感,利用这两个特性可构成花纹。目前,在涤纶长丝织物中,可配置一定量的透孔组织,既给织物增添花纹感,又可改善其透通性,从而弥补涤纶织物透气性差的缺点。

图 4-26 所示为透孔组织与平纹组织联合而成的有斜线效应的花式透孔组织上机图。

4.5　浮松组织

浮松组织(huckaback weave)由平纹和排列在平纹地组织上的一组长浮线联合构成。平纹使织物底部坚牢,而长浮线使织物具有优良的吸湿性。以亚麻、棉纱为原料,采用浮松组织制织的织物,具有粗犷松软的质地和外观,适合作卷筒式揩手巾、陶瓷和玻璃的揩布等。

4.5.1　规则浮松组织

规则浮松组织(standard huckaback weave),其经纱循环数是奇数的两倍,如 5×2、7×2 等。若经纱循环数与纬纱循环数相等,则组织图呈方形;若两者不等,则组织图呈矩形。现以图 4-27 为例,说明规则浮松组织的构作方法和步骤:

(1)确定组织循环数,$R_j = R_w = 2 \times 5 = 10$,将其分成四等分,在两个对角的区域内填绘平纹,如图(a)所示。

(2)在其他两个对角的区域内填入由平纹组织加经浮点构成的"井"形格子组织,如图(b)

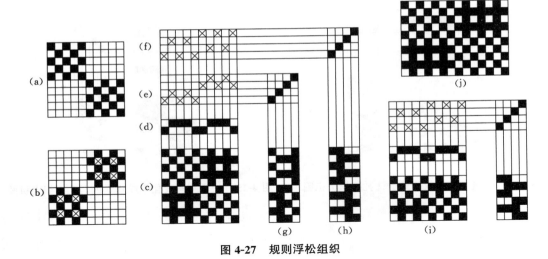

图 4-27　规则浮松组织

所示。必须注意,所填的格子组织与已填入的平纹组织能有序地组合。

(3)联合(a)和(b),便得到(c),即为需要构作的浮松组织。

利用相同的方法,可构作(i)所示的"十"形和(j)所示的"卅"形浮松组织。

浮松组织的上机要点:

(1)穿综。浮松组织通常采用间断穿法。图 4-27(e)为 4 片综间断穿法,每一区采用照图穿法;(f)为 4 片综间断穿法,但每一区采用分区穿法。

(2)穿筘。图 4-27(c)和(i)中,5 根浮长下的经纱由于平纹交织的撇开和长浮线的收缩很容易成束。为了阻止浮长下经纱的成束,穿筘时需将相邻两根以平纹交织的经纱穿入同一筘齿,浮长下中间 3 根经纱穿入同一筘齿,因此形成 2 穿与 3 穿交替变化的花筘穿法,如图 4-27(d)所示。

4.5.2　变化浮松组织

当浮松组织的经纱循环数为偶数的两倍时,则为变化浮松组织,如图 4-28(a)、(b)、(c)所示,其中(a)和(b)的 $R_j = R_w = 2 \times 4 = 8$,(c)的 $R_j = R_w = 2 \times 6 = 12$。与规则浮松组织相比,这种变化浮松组织(modified huckaback weave)中任何相邻的两根经纱均没有平纹交织。因此,浮长下的经纱可能会穿入同一筘齿,从而易导致纱线的成束,其结构不及规则浮松组织稳定。

比较图 4-28 与图 4-27,不难看出其变化之处。图 4-28(a)由图 4-27(c)变化而来,图 4-28(e)由图 4-27(i)变化而来。图 4-27(c)、(i)、(j)所示的组织图中,所有的经浮长均浮在织物的正面,纬浮长则浮在织物的反面。只要经纱和纬纱没有什么差别,这不影响织物正、反面的效果。但有时设计者希望经、纬浮长同时显现在织物的正面,如图 4-28(b)、(c)、(d)所示,其中(c)和(d)的正、反面效果完全一致;图(b)的正、反面效果虽不完全一致,但是织物的正面和反面均同时显现组织的经浮长和纬浮长。

图 4-28(e)所示的浮松组织又称 Devon(德文郡)浮松组织,在英国棉毛业中曾有一段时间极为流行。其组织循环数为 10 经 6 纬,并非方形,纬纱循环小,较容易在手工脚踏织机上制织。

浮松组织一般采用单经轴织造,所有的经线都卷绕在一个经轴上。显然,起长浮的经

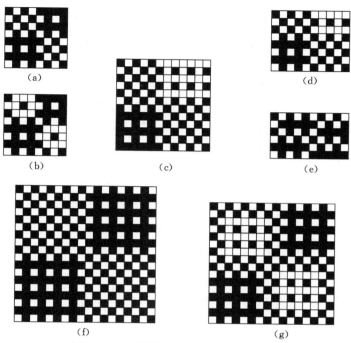

图 4-28 变化浮松组织与蜂巢浮松组织

纱交织次数比起平纹的经纱少,越织越松,从而增加了织物表面的粗糙不平感,有利于增加织物的吸湿性。又因为织平纹组织的纱线相互撇开,而浮长线拉着其覆盖的纱线,使其在织物表面呈现一种扭曲畸变,也增加了织物表面的粗糙效应。Devon 浮松织物便是一例,适作陶瓷毛巾。

浮松组织的构作规则,也适用于构作经、纬纱循环数比较大且具有经、纬长浮的蜂巢状的蜂巢浮松组织,如图 4-28(f)所示。再进一步的变化,可生成如图 4-28(g)所示的浮松组织,它属于"Grecian"类别,具有双面经、纬浮线效应。

4.6 凸条组织

4.6.1 凸条组织的特征与形成原理

在织物表面具有纵向、横向、斜向或其他形状排列的凸条纹外观的组织,称为凸条组织(bedford cord weave),又称浮组织,其正面由平纹、$\frac{1}{2}$ 或 $\frac{2}{1}$ 斜纹等较紧密的组织构成,而反面为沉伏着的浮长线。

凸条效应的形成是由于在凸条组织内,一部分经纱与纬纱(或纬纱与经纱)交织成固结组织,成为较紧密的结构而呈现在织物的表面,另一部分以长浮线的状态沉在织物反面,织物下机后反面长浮线收缩,使正面紧密的固结组织凸起,形成凸条外观。如图 4-29 所示,(a)为组织图,(b)为纵向剖面图,除了织物表面有凸起的条纹外,织物反面的长浮线与正面的固结组

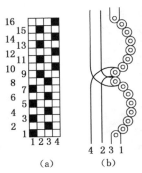

**图 4-29 横凸条组织图
与经向剖面图**

织之间还形成一定的间隙。

凸条隆起的程度与织物结构、纱线性能和织物经、纬密度等因素有关。沉伏的浮长线愈长,则凸起程度显著;在各凸条之间加入若干根平纹组织,则凸条分界更为显著;在凸条表面与沉伏线之间的空隙中加入填芯线,可使凸条格外隆起;沉伏线的收缩力越大,则凸条纹越凸起,如采用加捻纱线或弹力纱线,可增加凸条纹的隆起程度;织物中经、纬密度对凸条效应亦有很大影响,织物有足够的密度将会使凸条效应更清晰。

凸条组织可分为纵凸条、横凸条及斜凸条等。

4.6.2 凸条组织的构作方法

常见凸条组织以重平组织为基础,重平组织的正面浮长以固结组织交织形成凸条的表面,重平组织的反面浮长以长浮的形态沉伏在织物反面起收缩作用,构成凸条组织,其构作步骤如下:

(1)选择基础组织与固结组织。基础组织一般选用 $\frac{4}{4}$ 重平、$\frac{6}{6}$ 重平或 $\frac{6}{6}$ 斜纹等组织,基础组织的纱线浮长应是固结组织的纱线循环数的整数倍;固结组织根据织物外观需要选择,常采用平纹或 $\frac{1}{2}$、$\frac{2}{1}$、$\frac{2}{2}$ 斜纹等交织紧密的组织。

(2)确定固结组织与基础组织的排列比。一般常用的排列比为1∶1或2∶2,较少应用2∶2以上的排列比,因排列比太大易使织物正面暴露浮长线的痕迹。

(3)计算凸条组织的经、纬纱循环数。

纵凸条组织:R_j=基础组织的经纱循环数

R_w=基础组织的纬纱循环数×固结组织的纬纱循环数与排列比的最小公倍数

横凸条组织:R_j=基础组织的经纱循环数×固结组织的经纱循环数与排列比的最小公倍数

R_w=基础组织的纬纱循环数

(4)画基础组织和固结组织,形成凸条组织。

图 4-29 所示是以 $\frac{8}{8}$ 经重平为基础组织、以平纹为固结组织、排列比为1∶1构作的横凸条组织,R_j=4,R_w=16,从其经向剖面图(b)可以看出,其经纱的一半在织物正面与纬纱交织成固结组织平纹,另一半以长浮线的形态沉在织物的反面。

图 4-30 中,(a)所示是以 $\frac{4}{4}$ 纬重平为基础组织、以平纹为固结组织、排列比为1∶1构作的纵凸条组织的反面上机图,R_j=8,R_w=4,采用 4 片综间断穿法,筘齿穿入数为 4;(b)为其纬向剖面图,由图中可见,纬纱的一半在织物正面与经纱交织成固结组织平纹,另一半以长浮线的形态沉在织物的反面。

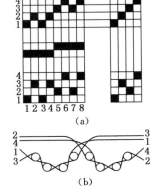

**图 4-30 简单纵凸条组织
上机图与纬向剖面图**

图 4-31 所示是以 $\frac{6}{6}$ 纬重平为基础组织、以 $\frac{2}{1}$ 斜纹为固结组织、采用不同排列比构作的纵

凸条组织上机图(反织),(a)的排列比为1:1,$R_j=12$,$R_w=2×(3×1)=6$;(b)的排列比为2:2,$R_j=12$,$R_w=2×(3×2)=12$。

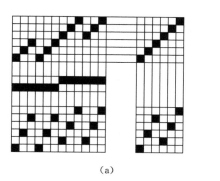 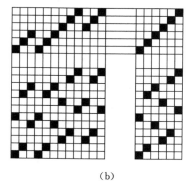

(a)　　　　　　　　　　　　　　　　(b)

图4-31　不同排列比的纵凸条组织上机图

图4-32所示是以$\dfrac{8}{8}$纬重平为基础组织、以平纹为固结组织、排列比为2:2,在凸条之间引入2根平纹经纱、在正面凸纹和反面浮长线之间嵌入2根原料较差且较粗的填芯纱而构作的纵凸条组织上机图,$R_j=24$,$R_w=4$,采用8片综间断穿法,织物正面朝下制织。

图4-33所示是表面为平纹固结组织的斜向凸条组织图,$R_j=24$,$R_w=12$。

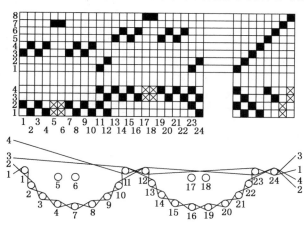

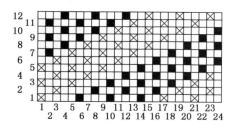

图4-32　间以平纹并嵌入芯线的纵凸条组织上机图　　　　**图4-33　斜向凸条组织图**

4.7　凹凸组织

凹凸组织又称劈组织(pique weave),与前节凸条组织(bedford cord weave)很容易混淆。它们的相似之处在于织物正面均有紧密组织(如平纹)形成的凸条;不同的是,劈组织所形成的凸条是专指凭借缝、地两组经纱的张力差异而形成的横向凸条或波形凹凸花纹。劈组织主要用来设计高档的全棉装饰织物,以及外衣面料和童装等,也可用作织物的镶边装饰材料。

4.7.1 简单劈组织

简单劈组织(plain pique weave)的经向剖面图如图 4-34(a)所示,地经 G 与纬纱交织成平纹凸条显现在织物正面,缝经 S 与纬纱形成 $\frac{2}{6}$ 接结,以伸直状衬在平纹凸条的背面。下面以图 4-34 为例,介绍其组织图的构作步骤:

(1) 确定地经与缝经的排列顺序。如(b)所示,地经:缝经＝2:1,即 1 根地经、1 根缝经、1 根地经,然后在地经处填入平纹组织。

(2) 按织物外观要求的凸条长度确定缝经的接结组织。如(c)所示,缝经浮在 2 根纬纱之上,沉在 6 根纬纱之下。

(3) (b)和(c)叠加得到(d),即为所要构作的劈组织。

劈组织上机采用分区穿法,如图 4-34(e)所示,地经穿前区,4 片综飞穿或双列式 2 片综;缝经穿后区,2 片综顺穿。图 4-34(f)为对应的纹板图。

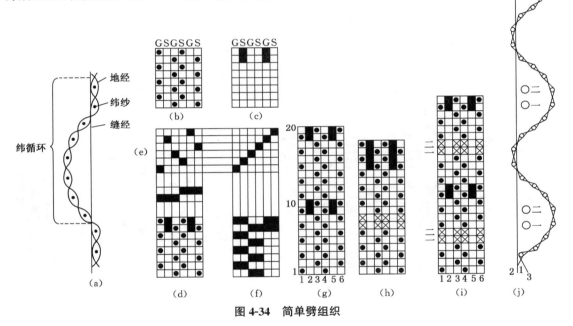

图 4-34 简单劈组织

劈组织的横凸条效应是依靠加大缝经的上机张力,并借助打纬作用在被其接结的 2 根纬纱处,将地经形成的平纹向下拉动而形成的。劈组织通常根据缝经浮在几根纬纱之上来称呼。(d)所示为一个二纬劈组织,$R_j=3$,$R_w=8$;(g)所示也是一个二纬劈组织,但 $R_j=3$,$R_w=10$。设计者以完全组织纬纱数的多少来控制凸条的宽度。

为了增加劈组织横凸条的隆起度,可采用与凸条组织相类似的加入填芯纱的方法。显然,劈组织填芯应为纬纱,通常位于缝经长浮线的中间。如图 4-34(h)所示,地经浮在填芯纬之上,以"⊠"表示;而缝经应沉在填芯纬之下,以"□"表示。图 4-34 中,(h)为四纬填芯劈组织,$R_j=3$,$R_w=18$;(i)为二纬填芯劈组织,$R_j=3$,$R_w=12$;(j)为(i)的经向剖面图。

4.7.2 波形劈组织

波形劈组织(waved pique weave)是将简单劈组织稍加变化而得到的一种织物表面不呈现划一的横凸条,而是呈现交替波形排列的横凸条。

图 4-35(a)展示了缝经与地纬的接结组织,涂黑的点表示缝经浮在地纬之上的经浮点。明显可见,缝经的经浮点排列成交替出现的两组菱形花纹。在两组菱形花纹的中间,插入两根填芯纬,见图 4-35(a)右边的箭头标志。对应于图 4-35(a)的波形劈组织如图 4-35(b)所示。地经采用平纹组织,地经:缝经=2:1,按 1 根地经、1 根缝经、1 根地经排列;地纬:填芯纬=10:2,按 10 根地纬、2 根填芯纬排列。由于缝经的张力很大,当它们提升时,从一个方向给填芯纬一个作用力,到下一次提升时又从另一个方向给填芯纬一个作用力,结果使填芯纬位于缝经浮长的中间,织物表面因此呈现沿横向排列的隆起的波形凸条纹。图 4-35(b)所示的组织称为二纬填芯波形劈组织。

波形劈组织上机采用分区穿法,如图 4-35(c)所示,地经穿前区,4 片综飞穿;缝经穿后区,5 片综照图穿。对应的纹板图如图 4-35(d)所示。

图 4-35 中,(e)、(f)和(g)给出了波形劈组织的另外三种缝经接结组织,图中箭头为插入填芯纬处,它们构成的缝经沉背浮长分别为 10、8 和 6。

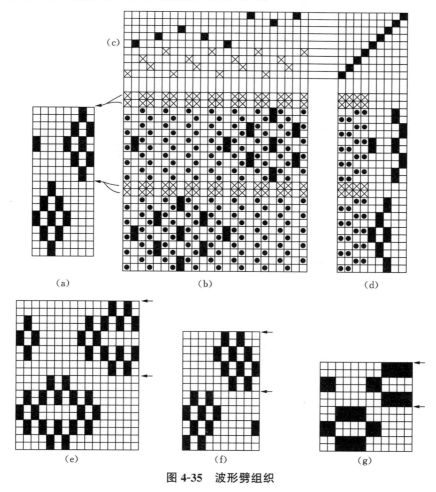

(a)　　　　　(b)　　　　　(d)

(c)

(e)　　　　　(f)　　　　　(g)

图 4-35　波形劈组织

4.8 网目组织

4.8.1 网目组织的特征与形成原理

织物表面依靠基础组织和纱线浮长形成具有网目状外观效应的组织,称为网目组织(distorted thread effect weave),又称蛛网组织。

网目组织的形成通常以平纹或斜纹等作为地组织,再在地组织上加入一定的经、纬浮长线,松弛的浮长线在一定位置上成束地突出在织物表面,这些成束的经(或纬)浮长线浮在经、纬交织较紧部位而向交织较松部位扩展,并在另一系统浮长线的收缩力的作用下被拉成折线状而呈现出网目状的外观。

为了使网目效应明显,可采用粗犷、蓬松的纱线作为形成网目状外观的经(或纬)浮长线,以较纤细的纱线作地经与地纬,若浮经、浮纬与地经、地纬分别采用两种不同的颜色,则网目效应更佳。

网目组织根据形成弯曲的纱线可分为经网目组织和纬网目组织。经网目组织是以纬浮线起收缩作用,把浮于织物表面的成束经浮长线拉成折线而形成网状形的组织,如图 4-36(a)所示。纬网目组织是以经浮线起收缩作用,把浮于织物表面的成束纬浮长线拉成折线而形成网状形的组织,如图 4-36(b)所示。网目组织分为对方向网目组织[图 34-36(c)]和一顺方向网目组织[图 4-36(d)]。

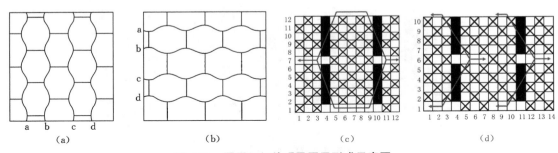

图 4-36　网目组织外观及网目形成示意图

4.8.2 网目组织的构作方法

图 4-37 所示为平纹地纬网目组织上机图,$R_j = 24$,其中 4 根经纱为起收缩作用的经浮线,20 根经纱为织平纹的地经,浮经与地经的排列比为 2:10:2:10;$R_w = 30$,其中 6 根纬浮线以 3 根为一束,形成蛛网折线,24 根纬纱为织平纹的地纬,浮纬与地纬的排列比为 3:12:3:12。

图 4-38 所示是以 $\frac{1}{3}$ 斜纹构作的菱形斜纹为地组织,以 6 根经长浮线和 6 根纬长浮线联合作用而形成的纬网目组织。为了避免浮经的松弛,在浮经沉入织物背面的一段浮长中,采用平纹、重平组织与地纬接结。

图 4-39 所示为经网目组织上机图,$R_j = 22$,其中 6 根经浮线以 3 根为一束,形成蛛网折线,16 根经纱为织平纹的地经,浮经与地经的排列比为 3:8:3:8;$R_w = 28$,其中 4 根纬纱为起收

缩作用的纬浮线,24根纬纱为织平纹的地纬,浮纬与地纬的排列比为2∶12∶2∶12。

图4-40所示为某丝织物的经网目组织图和穿综图。$R_j = 18$,浮经与地经的排列比为2∶7∶2∶7;$R_w = 20$,浮纬与地纬的排列比为3∶7∶3∶7。为了避免起收缩作用的纬浮线过分松弛,在浮纬沉入织物背面的一段浮长中,加入了平纹组织。

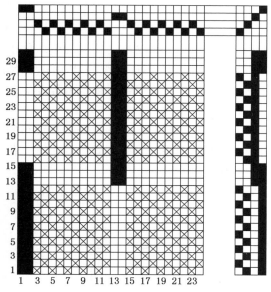

图4-37 平纹地纬网目组织上机图

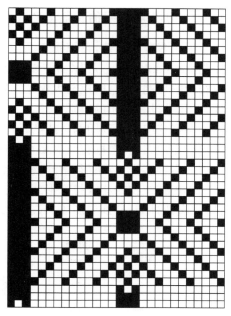

图4-38 斜纹地纬网目组织图

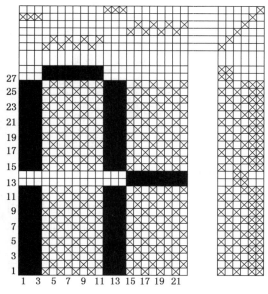

图4-39 经网目组织上机图

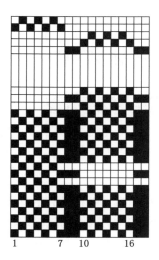

图4-40 经网目组织图和穿综图

4.9 小提花组织

4.9.1 小提花组织的特征与形成原理

采用多臂机织造,在织物表面运用两种或两种以上的组织变化形成花纹外观的组织称小提花组织(dobby design weaves)。应用小提花组织制织的织物称为小提花织物,因其表面呈现较为明显的花纹,所以与大提花织物相比,除了工艺、设备条件以及花纹变化自由程度的差异外,几乎没有本质的区别。

小提花组织是利用两种或两种以上的组织或浮长分别作花、地组织,一般选择循环较小的原组织作地组织,根据花纹需要在相应位置配置其他组织,形成具有一定外观效果的花纹。花纹形式多种多样,有条形、散点、菱形、山形、曲线形、不规则几何形等。

小提花织物的花纹排列形式可分为六种:平行排列、菱形排列、直条排列、横条排列、散点排列、满地排列,分别如图 4-41(a)、(b)、(c)、(d)(e)(f)所示。

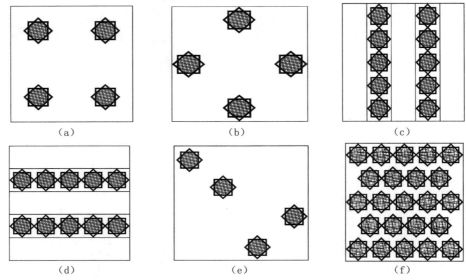

(a)　　　　　　　　　　　(b)　　　　　　　　　　　(c)

(d)　　　　　　　　　　　(e)　　　　　　　　　　　(f)

图 4-41　小提花织物花纹排列形式

(1)平行排列。平行排列的优点是设计结构简单,使用综框少,在一定数量的综框范围内可使花纹变化多样。缺点是花纹集中在同一条纵线和横线上,易产生经向缩率不同和纬密不匀的弊病,其改善方法是加大花纹间的距离,如图 4-41(a)所示。

(2)菱形排列。菱形排列的优点是花纹排列活泼匀称,并且可避免经向缩率不同和纬密不匀的弊端,缺点是需要综框多,这限制了花纹的复杂性,如图 4-41(b)所示。

(3)直条排列。直条排列是小提花织物组织设计中应用最多且效果较好的一种排列形式,较适宜在装饰、床上用品、衬衫等面料上使用。这种排列的优点是装饰性强,与色纱配合可获得更强的装饰效果,缺点是经向缩率极度不匀,需采用送经速度不同的两个经轴或采用塑性强的材料做经纱,如图 4-41(c)所示。

（4）横条排列。采用横条排列的小提花布面美观大方,常用作装饰面料、男女时装。这种排列设计时应避免织造中有花纹部位与无花纹部位的经纱的提升次数差异较大,这会造成起综不平衡,为避免织造中产生经向缩率不同和纬密不匀,可采用纬向连续且经向浮长相等的方法,如图4-41(d)所示。

（5）散点排列。散点排列受到综框数的限制,通常散点数控制在3～5个,其地组织多为平纹,花纹部位多采用综框数较少的透孔组织、经重平组织或几何块,如图4-41(e)所示。

（6）满地排列。满地排列的小提花织物组织结构疏松,强力和弹性较好,具有含蓄的美丽外观,利于掩盖织物疵点,还有增强透气及抗噪声的功能,如图4－41(f)所示。

设计绘作小提花组织必须有针对性,应根据织物的用途、使用对象、经纬原料以及经、纬密度等因素加以全面考虑。如首先应考虑用什么组织起花,用什么组织为地,什么原料织花,花纹的大小、排列方法、清满程度等等,然后根据织物规格选择适当的意匠纸点绘组织图。要设计一种成功的、效果别致的小提花组织,不仅应该掌握各种类型的组织编排方法,而且要有一定的艺术构思能力。

4.9.2 小提花组织的构作方法

常见的小提花组织多以平纹为地组织,其构作步骤及注意事项如下:

（1）构思设计具有一定外观效应的花纹。

（2）按所设计品种的经、纬密度,选择相应比例的意匠纸,绘制花纹意匠图。

（3）设计或选择适当的花、地组织。小提花组织多数为单层组织,有时也采用重组织,根据织物不同要求而定,但其花、地组织必须应用两种或两种以上的组织或浮长,并合理安排花、地之间的间距,然后进行组织点绘。如采用两组经纱分别形成花、地,而地组织为原组织时,组织图上通常可将地组织省略,只需空出位置,在穿综图和纹板图中补进即可。

（4）在绘制花纹时,必须注意到所用织机最多可使用的综片数(含边组织),现有织机以不超过32片为宜。

（5）一个完全组织纬纱数(包括配色循环数)一般不超过200根,否则会因纹帘过长而造成安装与织造的困难。

（6）花纹部分的组织,其浮长不宜过长,以避免花部结构松软和经纱交织缩率差异过大而影响正常生产。在单经轴织造的情况下,各根经纱的交织次数差异不能太大,以达到张力的平衡,保证布面平整。

图4-42所示为菱形排列的经浮长小提花组织上机图,$R_j=30$,$R_w=42$,采用12片综照图穿。利用经浮长组成点子纹,地部为平纹组织,花部为5根经浮组成条状的几何纹样,花纹以两个散点排列成直条状,地暗花明,简洁大方。

图4-43所示为菱形排列纬浮长小提花组织上机图,$R_j=32$,$R_w=34$,采用16片综照图穿。利用纬浮长组成菱形几何花纹,地部为平纹组织,花纹以两个散点排列,形成暗地上起光亮纬浮花的效果,纬浮花纹较丰满,且织物表面有微微凸起的立体效应。

图4-44所示为平行排列菱形小提花组织上机图,$R_j=28$,$R_w=30$,采用14片综照图穿。在平纹基础上,以菱形斜纹的变化,使织物表面呈现较明显花纹的小提花组织。由于该组织具有经、纬效应,若经、纬纱配以不同色彩,织物将呈现不同色彩的花纹,更为美观。该组织经、纬循环根数的多少,在设计时可根据花纹的排列稀密而定。若花纹间距较大,配置的平纹组织面

积可相应增多;反之亦然。

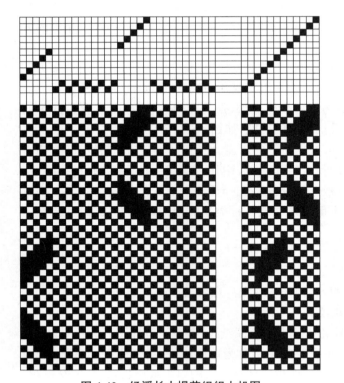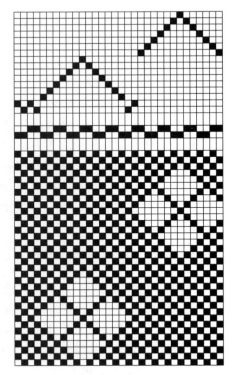

图 4-42　经浮长小提花组织上机图　　　　　　　图 4-43　纬浮长小提花组织上机图

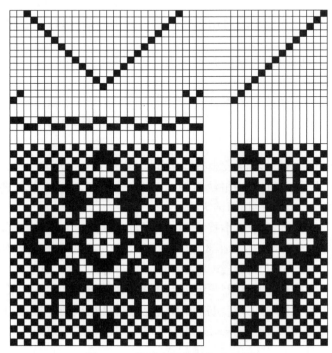

图 4-44　菱形小提花组织上机图

图 4-45～图 4-47 分别为直条排列、横条排列、散点排列的小提花织物上机图。

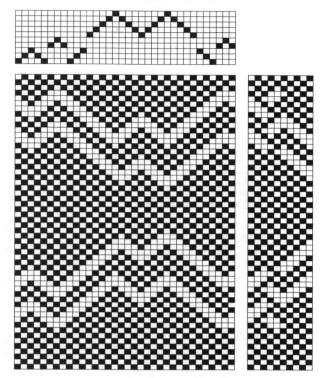

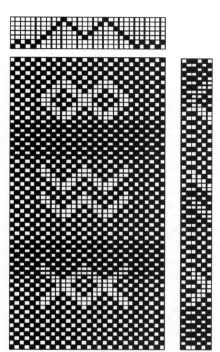

图 4-45 直条排列小提花织物上机图

图 4-46 横条排列小提花织物上机图

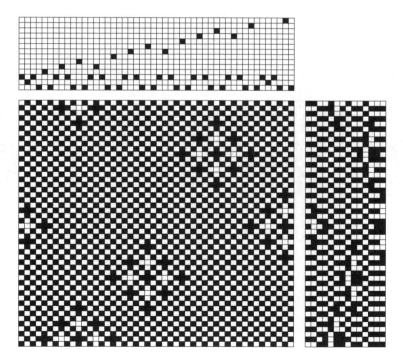

图 4-47 散点排列小提花织物上机图

图 4-48 所示是某双经单纬、色织黏胶丝与粘纤交织的小提花织物的上机图,$R_j=144$,R_w $=72$,采用 13 片综照图穿上机。一组经线为地经,起平纹地组织;一组经线为挂经(纹经),专起花纹组织,形成局部重经组织结构的小提花织物。纹经在起花时浮于表面,不起花时沉于背面,由于浮背不能太长,必须在背后与纬线进行适当的接结,如接结得巧妙也可形成隐纹。该小提花组织设计较为成功,它不仅在 13 片综内绘制出了姿态自然灵巧的小朵花,并且花与叶的造型分别点绘在不同的经线上,当地经与挂经配以不同色彩时,就可呈现"红花绿叶"的艺术效果。

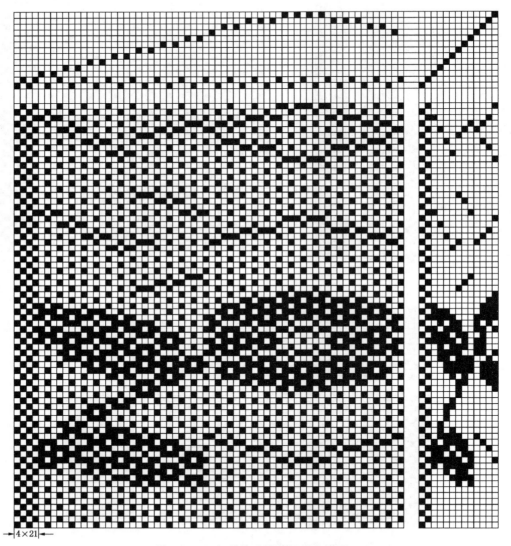

图 **4-48** 双经单纬小提花织物上机图

4.10　色纱与组织的配合

织物的外观花纹不仅与织物组织有关，而且与所选用的原料、纱线，尤其是纱线的颜色排列，有密切的联系。利用各种颜色的经、纬纱线与织物组织相配合，可以在织物表面形成各种不同色彩配合的花型图案。

色纱与组织配合时，所得到的织物色彩、花型、图案是多种多样的，且外观具有较强的立体感，广泛用于棉、麻、丝、毛、化纤等各类织物中。

4.10.1　配色模纹

利用两种或两种以上颜色的纱线与织物组织相配合而获得的色彩与组织复合效果，称作配色模纹（colour and weave effect）。

配色模纹排列可以在意匠纸上用四个区表示，如图4-49，Ⅰ区为织物组织，Ⅱ区为色经排列顺序，Ⅲ区表示色纬排列顺序，Ⅳ区表示配色模纹。

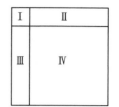

图4-49　配色模纹排列示意图

配色模纹的色经排列循环为色经排列重复一次所需的经纱数，色纬排列循环为色纬排列重复一次所需的纬纱数，配色模纹的大小等于组织循环数与色纱排列循环数的最小公倍数。

4.10.2　配色模纹的设计

1. 配色模纹的绘制方法

（1）确定组织图、色经排列循环和色纬排列循环，计算配色模纹循环的纱线数，其值为色纱循环数与组织循环数的最小公倍数。如图4-50，采用 $\frac{2}{2}$ ↗斜纹组织，色经排列为1A3B，色纬排列为3A1B，色经循环数、色纬循环数都为4，则配色模纹循环的经纱数与纬纱数均等于4，绘画时至少绘出一个配色模纹循环。

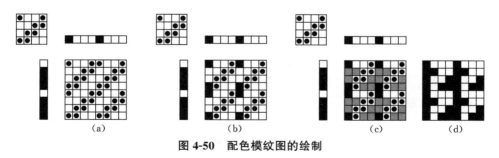

(a) (b) (c) (d)

图4-50　配色模纹图的绘制

（2）在Ⅰ、Ⅱ、Ⅲ区内分别绘制组织图、色经及色纬排列，并在第Ⅳ区内填绘组织图，如图4-50(a)。

（3）根据色纱的排列顺序，在第Ⅳ区中的经组织点处涂绘相应的经纱的颜色，如图4-50(b)；在纬组织点处涂绘相应的纬纱的颜色，如图4-50(c)。

图 4-50(d)为该配色模纹的效果图,由 A、B(黑、白)两种颜色构成花纹图案。

在绘制配色模纹时,当织物组织及其起点和色经、色纬的排列顺序确定后,配色模纹的效果也就随着确定,其中有一项发生变化,配色模纹也随之改变。如图 4-51 所示,(a)、(b)、(c)的组织起点不同,配色模纹也不同;(a)、(d)、(e)、(f)的色纱排列顺序变化,它们的花纹效果也发生了变化。

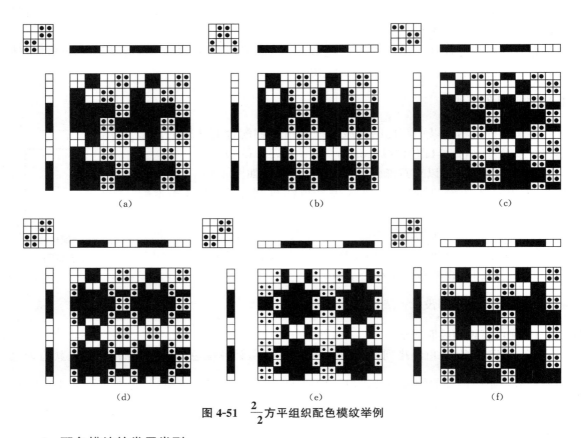

（a）　　　　　　　　　　（b）　　　　　　　　　　（c）

（d）　　　　　　　　　　（e）　　　　　　　　　　（f）

图 4-51 $\frac{2}{2}$ **方平组织配色模纹举例**

2. 配色模纹的常用类型

配色模纹的类型很多,常用的有以下几种:

(1) 条形模纹。利用配色模纹在织物表面形成纵向或横向的条纹,如图 4-52 所示。

(2) 小点模纹。在织物表面形成明显的有色小点模纹,如图 4-53 所示。

(3) 犬牙模纹。犬牙模纹是指外形不规则的块状模纹,因其模纹的边缘不整齐犹如犬牙而得名,如图 4-54 所示。

(4) 梯形模纹。梯形模纹是由纵条纹和横条纹联合而成,梯形模纹的外观似台阶状,如图 4-55。其台阶的宽度与高度因组织循环的大小和色纱排列根数的多少而异。

(5) 格形模纹。纵条纹和横条纹配合可形成格形模纹,如图 4-56 所示,其中(a)由平纹组织与色纱配合而形成,(b)由斜纹组织与色纱配合而形成。格形模纹的种类很多,有的比较复杂,一般选用的组织比较简单,通过调整经纬纱的排列规律来获得宽窄不等、图案不同的模纹。

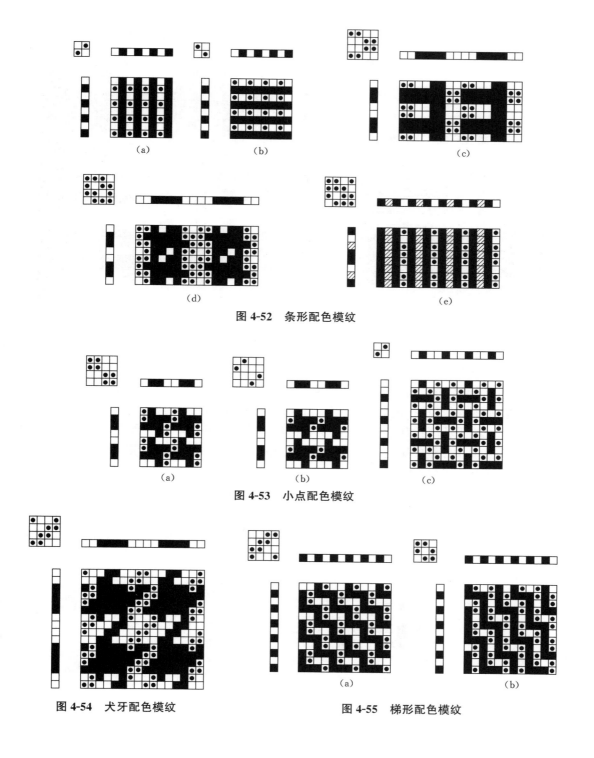

图 4-52 条形配色模纹

图 4-53 小点配色模纹

图 4-54 犬牙配色模纹

图 4-55 梯形配色模纹

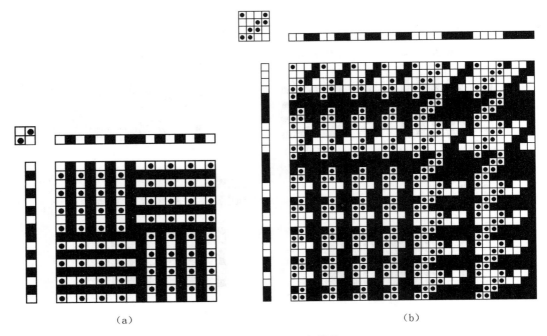

（a） （b）

图 4-56　格形配色模纹

3. 由色纱循环和配色模纹作组织图

在进行色织物配色模纹的设计时,常常遇到已知经、纬色纱排列和配色模纹,需确定织物组织的情况,此时,就要根据配色模纹和经、纬色纱排列,分析配色模纹中每一个点的经纬浮点属性。如图 4-57 所示,(a)为已知的配色模纹和经、纬色纱排列图。由于经组织点显示经纱的颜色,纬组织点显示纬纱的颜色,当模纹图中小方格的颜色与经纱的颜色相同而与纬纱颜色不同时,这个小方格就是经组织点,用符号"⊠"表示;若小方格的颜色与纬纱的颜色相同而与经纱颜色不同时,这个小方格就是纬组织点,用符号"□"表示;如果这个小方格的颜色与经纱、纬纱的颜色都相同,那么这个小方格既可以是经组织点,也可以是纬组织点,用符号"⊙"表示,如图 4-57(B)。在图(B)的基础上,把用符号"⊙"表示的组织点,分别用经组织点"⊠"或纬组织点"□"代替,就得到可能的较规则的组织图(c)、(d)、(e)、(f)。在实际生产中,再根据产品的具体要求和上机条件来决定选用某一个组织。

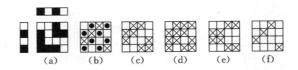

（a）　（b）　（c）　（d）　（e）　（f）

图 4-57　已知配色模纹及色纱排列作组织图

思考题

4-1　举例说明在条格组织中如何配置组织才能使条格效应清晰?

4-2 绘图说明构作清晰的方格组织,应如何选择基础组织的起点?

4-3 以 $\frac{1\ 3\ 1}{1\ 3\ 1}$ 斜纹为基础组织,作一方格组织,方格大小一样,组织循环 $R_j = R_w \geqslant 20$。

4-4 绉组织是怎样形成的?所获得的织物风格有何特点?

4-5 为使织物获得较好的起绉效应,设计时应注意哪些问题?常用的几种方法各有何特点?

4-6 $\frac{3}{1}$ 右斜纹组织的经纱移置于 $\frac{2}{2}$ 经重平组织的经纱间,其排列比为 $1:1$,试绘制绉组织图。

4-7 以 $\frac{2\ 1\ 1}{1\ 2\ 1}$ ↗、$S_j = 2$ 急斜纹组织为基础组织,采用 1、4、2、1、3、4、2、3 的经纱排列顺序,绘制绉组织图。

4-8 以 $\frac{2\ 2}{1\ 2}$ 斜纹组织为基础,试按 7 枚 3 飞纬面缎纹组织的规律调动基础斜纹组织的经纱排列位置,构成绉组织,并作上机图。

4-9 如何运用各种构作方法形成具有不同外观的蜂巢组织?

4-10 试设计一只 $R_j = R_w = 16$ 的双筋顶点错开的变化蜂巢组织图。

4-11 如何理解透孔组织的外观特征?归纳织物中各个因素对透孔效应的影响。

4-12 简述规则浮松组织的特征及上机要点,比较其与透孔组织的区别。

4-13 观察图 4-27 与图 4-28,归纳构作变化浮松组织较规则浮松组织的可变化之处及变化后的组织特征。

4-14 举例叙述凸条组织的构作原理和增强凸条效应的方法。

4-15 简述劈组织中凸条特征、形成原理及上机要点;比较劈组织与凸条组织的相同与不同之处。

4-16 在网目组织中如何判断是经纱还是纬纱弯曲后构成的网目效应?

4-17 在小提花组织设计中,选择几种设计方法举例说明形成什么样的小花纹效果。

4-18 试述色纱与组织配合的效果,并说明在设计配色模纹时应注意的问题。

4-19 试述已知配色模纹和经、纬色纱排列构作组织图的方法及其在产品设计和生产中的实际意义。

实训题

4-1 到市场、商店、服装店等地方收集不少于五种不同形式的条子、格子织物,不同式样的蜂巢织物,分析各自的外观特点,试作上机图。

4-2 采用四种不同方法设计构作绉组织,并采用相同的纱线、相同的密度,试织实物布样,分析其表面特点。

4-3 设计、试制一只平纹与透孔组织组成的衬衫面料,绘制模纹图、纹板图,并说明穿综、穿筘方法(或绘图)。试分析透孔组织织物工艺设计中,为加强透孔效果可采取的措施。

4-4 汇集目前市场上采用凸条组织的棉、丝织物种类和风格特征,试设计和试织一宽、窄不等的凸条组织织物,并分析说明凸条组织上机要点。

4-5 收集5块不同类型的擦桌布,分析组织类别,若有浮松组织,绘制其组织图,说明该类擦桌布的优缺点。

4-6 注意发现和收集劈组织、网目组织织物,解说其外观特征和用途。

4-7 通过市场调研或查阅资料,说明小提花织物与提花织物在织造设备和花型大小上有什么不同?

4-8 市场调查配色模纹组织织物,并对一种织物进行仿制设计与小样织造。

第五章 重 组 织

由两组或两组以上的经纱与一组纬纱交织,或由两组或两组以上的纬纱与一组经纱交织,形成二重或二重以上的经重叠或纬重叠组织,称重组织(backed weave)。重组织根据经、纬纱重叠组数的不同,可分为两大类:一类为重经组织,由两组或两组以上的经纱与一组纬纱交织而成的经纱重叠组织,称经二重组织或经多重组织;另一类为重纬组织,由两组或两组以上的纬纱与一组经纱交织而成的纬纱重叠组织,称纬二重组织或纬多重组织。采用重组织形成的织物称为重织物。

重组织由于具有两组或两组以上的经(或纬)纱在织物中呈重叠状配置,故具有下列特点:

(1)可制作双面织物,包括正、反两面具有相同组织、相同色彩的双面织物以及不同组织或不同色彩的双面织物。在平素织物中应用较多,如双面缎等。

(2)可制作表面具有不同色彩或不同原料所形成的色彩丰富、层次多变的经起花或纬起花纹织物。在大提花织物中应用较多,如彩色挂屏、织锦、像景等织物,都是利用重组织的结构来制织的。

(3)由于经纱或纬纱重叠组数的增加,不但能美化织物的外观,而且能增加织物的质量、厚度、坚牢度以及保暖性,因此更能适合多方面的要求。

5.1 重经组织

重经组织(warp-backed weave)一般多用来制织厚重织物,如高级精梳毛织物。但在丝织物中应用重经组织,多数是为了在不采用多梭箱或多色选纬装置的情况下,使织物呈现不同原料、不同组织、不同色彩的多层次的复杂花纹,以增进织物的美观。重经组织根据选用经纱组数的不同,可分为经二重组织、经三重组织及经多重组织。但多重组织易受到综框数或纹针数等织造条件的限制,导致花纹循环和美观性受到限制,因此应用不广,生产中多为经二重组织织物,如线毯、线沙发毯等。

5.1.1 重经组织的构成原理

构成重经组织的两组或两组以上经纱如何才能相互重叠,使显现在织物表面的经纱(表经)能够较好地掩盖背衬在里面的经纱(里经),其表、里经纱重叠原理如下:

(1)组织图中,里经经浮点的左、右两旁或一旁,一定要有表经经浮点,必须避免里组织的单个经浮点与表组织的单个纬浮点并列在一起,形成平纹状交织。这是构成重组织最基本的一条原理。因为表、里经纱只有在具有相同的组织点时,才能借助外力的作用产生滑移而重叠,否则,表、里经将相互阻挠或撬开,不能形成重叠效果。

图 5-1 中,(a)为里经组织点的两旁有表经经浮点的重经组织图和经向剖面图,表、里经纱

能形成良好的重叠;(b)为里经单个经浮点与表经单个纬浮点并列在一起形成平纹状交织的组织图和经向剖面图,两组经纱不能相互重叠,其实质为$\frac{2}{1}$变化经重平组织。

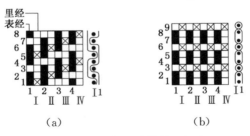

图 5-1 重经组织重叠原理示意

(2) 在一个完全组织内,表经的经浮长(或经浮点数)必须大于里经的经浮长(或经浮点数),这样才能使表经较好地遮盖里经。

图 5-1(a)为表经经浮点数等于 3、里经经浮点数等于 1,以 3 个经浮点遮盖 1 个经浮点的重经组织图。相反,若表经的经浮点数小于里经的经浮点数,则形成里经纱遮盖表经纱的效果。

根据织物的用途和要求,若表组织必须采用平纹组织,但又要使里经被遮盖得好些,除选用经浮点少的纬面组织为里组织外,还必须辅助其他条件,如表、里经纱的线密度、密度和色彩等。

(3) 表组织和里组织的完全经、纬纱数必须相等或一个是另一个的整数倍。如果表、里基础组织循环数不成整数倍,就不能很好地重叠,同时也会增加重经组织的经、纬纱循环数。

图 5-2 中,(a)为 8 枚经缎表组织,(b)为 5 枚纬缎里组织,(c)为表经:里经=1:1排列的重经组织图。由图 5-2(c)可以看出,里经的经组织点有的能被左、右表经浮长遮盖,有的则不能,而且组织未达到循环。若要获得一个完全组织,其经纱循环数必须是 8 和 5 的最小公倍数乘以排列比之和,即 80 根;纬纱循环数为 8 和 5 的最小公倍数,即 40 根。

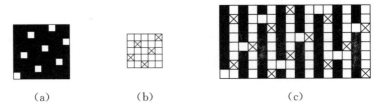

(a)   (b)   (c)

图 5-2 经二重组织经、纬循环数示意

5.1.2 重经组织的设计原则

1. 表、里基础组织的选择

确定表、里基础组织的原则,应符合上述重经组织的重叠原理,其正、反两面的基础组织可相同,也可不同。例如,当经二重组织织物的正、反两面均显现经面效应时,其表组织为经面组织,反面组织(即里反组织)也为经面组织,因此里组织为纬面组织。

为了使织物正、反两面具有良好的经面效应,表经的经组织点必须将里经的经组织点遮盖,这就必须使里经的短浮纱配置在相邻两表经的长浮纱之间。此外,每一根纬纱要和两组经纱相交织,应使纬纱的屈曲均匀且尽可能小,这可以通过经、纬向剖面图来观察其配置是否合理。

2. 表、里经纱排列比的选择

重经组织的表、里经纱排列比,取决于表、里经纱的线密度、密度和组织,拟根据织物要求而定。为了使表经更好地遮盖里经,表、里经纱的排列比应符合表经根数≥里经根数,经二重组织的排列比一般采用1∶1与2∶1。例如,当表、里经纱的线密度与密度相同时,可采用1∶1的排列比。若仅仅为了增加织物厚度与质量,里经的纱线原料较差、较粗,此时排列比可为2∶1。

3. 经、纬纱循环数的确定

重经组织的纬纱循环数:等于表、里基础组织纬纱循环数的最小公倍数。

重经组织的经纱循环数:等于表、里基础组织经纱循环数的最小公倍数乘以排列比之和。当基础组织经纱循环数与排列比之间有倍数关系时,采用下述通式计算。

若表经∶里经$=m∶n$,表组织的经纱循环数为R_m,里组织的经纱循环数为R_n时,其经二重组织的经纱循环数R_j的计算通式为:

$$R_j = \frac{R_m 与 m 的最小公倍数}{m} 与 \frac{R_n 与 n 的最小公倍数}{n} 的最小公倍数 × (m+n)$$

例如,某经二重组织,表经∶里经$=2∶2$,$R_m=3$,$R_n=4$,则:

$$R_j = \frac{3 与 2 的最小公倍数}{2} 与 \frac{4 与 2 的最小公倍数}{2} 的最小公倍数 × (2+2) = 6×4 = 24$$

5.1.3 重经组织的绘图步骤

(1) 在意匠图上分别点出表经和里经的基础组织图,图5-3(a)、(b)所示分别为表组织、里组织。

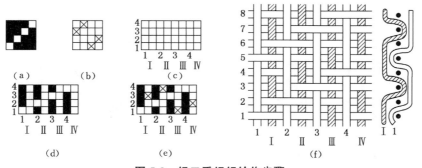

图5-3 经二重组织绘作步骤

(2) 根据排列比求出重经组织的经纱循环数和纬纱循环数,在意匠纸上划定纵横格数。按排列比在表、里经纱的位置上,用不同色彩或不同符号编上序号,如图5-3(c)所示,阿拉伯数字代表表经,罗马数字代表里经。

(3) 根据重组织的原理,将表、里经的基础组织分别用不同符号或不同色彩填在相应的意匠格上,如图5-3(d)、(e)所示。

为了确保表、里基础组织的组织点能很好地重叠,使重经织物表面具有良好的外观效应,除必须遵循重组织的构成原理外,还必须使里经的经浮点尽可能配置在表经的长浮线的中央,且表、里经组织点的排列方向应相同。图5-3(f)为(e)所示经二重组织的结构图和经向剖面图。

5.1.4 重经组织的上机要点

图5-4～图5-6分别为同面经二重组织双面缎纹、同面经二重组织双面斜纹和异面经二重组织的上机图。

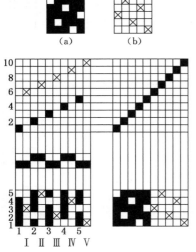

图5-4 双面缎纹经二重组织上机图

1. 穿综及纹板

重经组织因具有两组或两组以上的经纱,穿综方法一般采用分区穿法,其综片数应等于表、里两个基础组织所需综片数之和。因表经的提综次数较多,故表经宜穿入前区综片,里经穿入后区综片。若表、里经原料相同且表、里组织较简单时,也可采用顺穿法。

重经组织的纹板数等于表、里基础组织纬纱循环数的最小公倍数。

图5-4、5-5、5-6均采用分区穿综法。图5-4中,因表、里基础组织均为5枚缎纹,故需10片综。图5-5中,表、里基础组织均为4枚斜纹,故需8片综。图5-6中,表、里基础组织分别为$\frac{2}{2}$方平及4枚变则缎纹,表、里经纱排列比为2:1,其中方平组织需2片综,4枚变则缎纹需4片综,则重经组织上机综片数应为6片综。

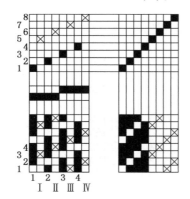

图5-5 双面斜纹经二重组织上机图

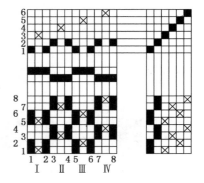

图5-6 异面经二重组织上机图

2. 穿筘

因重经织物的经密较大,为了使织物表面不显露接结痕迹,重经组织中构成重叠的一组表、里经纱穿入同一筘齿,这样便于表、里经纱的相互重叠。如表、里经排列比为1:1,则2根或4根经纱穿入同一筘齿;如表、里经排列比为2:1,则3根或6根经纱穿入同一筘齿。

3. 经轴

若表、里经纱的原料、线密度、强度和缩率等方面存在显著差异时,表、里经纱应分别卷绕在两个经轴上,采取双轴织造。反之,若表、里经纱的缩率相同或相近,可采用单轴织造,以减少经轴安装及织造的困难。

5.2 重纬组织

重纬组织(weft-backed weave)根据选用纬纱组数的多少,可分为纬二重、纬三重、纬四重及纬多重组织。

重纬组织受综框数或纹针数等织造条件的影响较少,因此,一般采用增加纬纱组数来增加织物表面的色彩与层次,较多地应用于制织毛毯、棉毯、丝毯、锦缎、厚呢绒、厚衬绒或色织薄型呢等,也可用于技术织物,如工业用滤布等。

5.2.1 重纬组织的构成原理

构成重纬组织的两组或两组以上的纬纱如何才能相互重叠,使显现在织物表面的纬纱(表纬)能够较好地掩盖背衬在里面的纬纱(里纬),其表、里纬纱重叠原理如下:

(1)组织图中,里纬纬浮点的上、下两方或一方一定要有表纬的纬浮点,必须避免里纬的单个纬浮点与表纬的单个经浮点并列在一起形成平纹状交织。这样,表、里纬之间才能借助打纬的作用产生滑移,使相邻的两根表纬彼此靠近,里纬滑移到表纬下方,被很好地遮盖住。

如图5-7(a),由于组织图中里纬纬浮点的上、下均是表纬的纬浮长,所以重叠效果较好,织物表面只呈现表纬的长浮纱。

如图5-7(b),由于组织图中里纬纬浮点的上、下均是表纬的经浮点,形成平纹状交织,因此相互不能重叠,而形成 $\frac{1}{3}$ 变化纬重平组织。

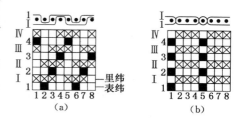

图5-7 重纬组织重叠示意

(2)在一个完全组织内,表纬的纬浮长或纬浮点数必须大于里纬的纬浮长或纬浮点数,使表纬长浮纱很好地遮盖里纬的纬浮点。

图5-8为表纬的纬浮点数等于3,里纬的纬浮点数等于2,以3个纬浮点遮盖2个纬浮点的重纬组织图。

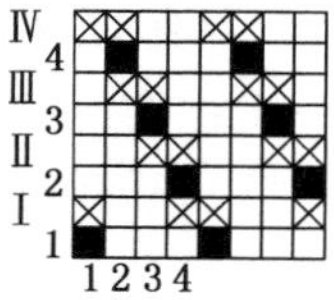

如果表组织为平纹,要使表、里组织重叠,里组织应选用纬浮点更少的经面组织,且应适当改变表、里纬纱的线密度、密度与色彩等。

图5-8 $\frac{1}{3}$斜纹重$\frac{2}{2}$斜纹的纬二重组织

(3)表组织和里组织的经、纬纱循环数必须相等或成整数倍关系,这样有利于表、里组织的重叠和减少经、纬纱循环数。图5-9所示的纬二重组织,其表组织为$\frac{16}{5}$纬面缎纹,里组织为$\frac{8}{5}$纬面缎纹。

5.2.2 重纬组织的设计原则

1. 表、里基础组织的选择

表、里基础组织的选择应遵循上述重纬组织的重叠原理,其正、反两面的基础组织可以相同,也可以不同。例如,当纬二重织物的正、反两面均显纬面效应时,其表组织是纬面组织,反面组织也是纬面组织,因此里组织是经面组织。

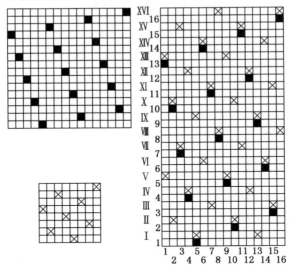

图 5-9 $\dfrac{16}{5}$ 纬缎重 $\dfrac{8}{5}$ 纬缎的纬二重组织

为了使织物正、反面具有良好的纬面效应,表纬的纬浮长纱必须将里纬的纬浮点遮盖,这就必须使里纬的纬浮长或纬浮点配置在相邻两表纬的纬浮长纱之间。经、纬组织点配置是否合理,可通过经、纬向剖面图进行观察。

2. 表、里纬纱排列比的选择

表、里纬纱排列比取决于表、里纬纱的线密度、基础组织的特性以及织机梭箱(或选纬)装置等。一般常用的排列比为1∶1、2∶1或2∶2等。当织物正、反面组织相同时,若里纬纱选用较粗的纱线,表、里纬排列比可采用2∶1;若表、里纬纱粗细相同,则排列比采用1∶1或2∶2。

3. 经、纬纱循环数的确定

重纬组织的经纱循环数等于表、里基础组织经纱循环数的最小公倍数,而纬纱循环数等于表、里基础组织纬纱循环数的最小公倍数乘以排列比之和。当基础组织纬纱循环数与排列比之间有倍数关系时,采用下述通式计算。设表纬∶里纬=$m∶n$时,表组织纬纱循环数为R_m,里组织纬纱循环数为R_n,重纬组织的纬纱循环数R_w的计算式为:

$$R_\mathrm{w}=\dfrac{R_\mathrm{m}\text{与}m\text{的最小公倍数}}{m}\text{与}\dfrac{R_\mathrm{n}\text{与}n\text{的最小公倍数}}{n}\text{的最小公倍数}\times(m+n)$$

5.2.3 重纬组织的绘图步骤

重纬组织的组织图绘作方法基本上与重经组织相同,故可按重经组织的作图步骤进行。图 5-10 是以斜纹为基础组织的同面纬二重组织图。其中,(a)为 $\dfrac{1}{3}$ 纬面斜纹,作表组织,(b)为 $\dfrac{3}{1}$ 经面斜纹,作里组织;然后表、里纬按1∶1排列,如(c)所示;再分别将表、里基础组织的组织点填入意匠格内,如(d)、(e)所示;(f)为其上机图,(g)为该重纬组织的结构图和纬向剖面图。

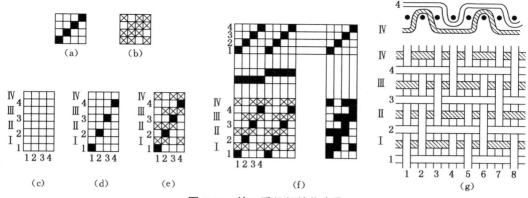

图 5-10 纬二重组织绘作步骤

5.2.4 重纬组织的上机要点

1. 穿综及纹板

重纬组织的穿综法一般采用顺穿法,操作简单方便。若表、里组织的经纱循环数相等,则综片数等于基础组织所需的综片数;若表、里组织的经纱循环数不等,则综片数应等于两个基础组织所需综片数的最小公倍数。纹板数则等于重纬组织的完全纬纱数。

2. 穿筘

重纬组织的筘齿穿入数与一般单层组织相同,即根据经纱原料、线密度、织物组织和经纱密度等因素而定,一般每筘齿穿入 2～4 根。

3. 经轴和选纬装置

重纬组织一般采用单经轴织造。因表、里纬纱采用的原料和色彩不同,需要多色选纬装置。新型织机采用多色选纬装置,表、里纬排列比不受限制。在传统有梭织机上,当表、里纬排列比为2:1或1:1时,织机应使用双侧双梭箱;当表、里纬排列比为2:2时,则可使用单侧双梭箱(如果表、里纬相同,仍可使用单梭箱装置)。

图 5-11 中,(a)、(b)分别为表、里纬基础组织图,(c)为异面纬二重组织上机图。

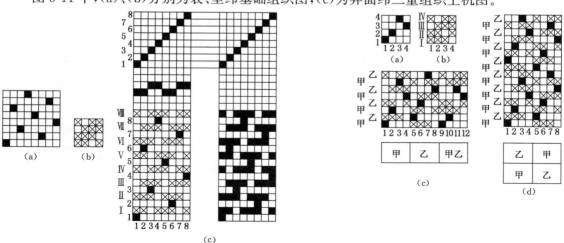

图 5-11 异面纬二重组织上机图　　　　图 5-12 表、里纬交换纬二重组织图

5.2.5 表、里纬交换纬二重组织

表、里纬交换纬二重组织大多用于制织彩色条格或大提花棉毯、毛毯。甲、乙两种不同颜色的纬纱，按一定的排列比排列，在组织中既可作为表纬呈现于织物正面，又可作为里纬衬在表纬之下，不显露在织物正面而呈现在织物反面。所以，甲、乙纬纱根据花纹要求进行表、里交换，使织物不同部位显示不同颜色。绘作组织图时，按甲、乙纬排列比绘制，作表纬时填入表组织，作里纬时填入里组织。图 5-12 中，(a)为表组织 $\frac{1}{3}$ 变则缎纹；(b)为里组织 $\frac{3}{1}$ 变则缎纹；(c)为按甲、乙纬排列比为1：1绘作的呈甲色、乙色和甲、乙混色纵条的纬二重组织。同理，也可绘作呈两色方格的表、里纬交换的纬二重组织，如(d)所示。

5.2.6 纬三重组织

纬三重组织由一组经纱和三组纬纱(表纬、中纬、里纬)重叠交织而成。纬三重组织的构成原理与纬二重组织相同，必须考虑纬纱的相互遮盖。

原组织、变化组织、联合组织均可作为纬三重组织的表纬、中纬与里纬的基础组织。纬三重组织的排列比一般为1：1：1。其经纱循环数等于表、中、里三个基础组织经纱循环数的最小公倍数，纬纱循环数等于三个基础组织纬纱循环数的最小公倍数乘以排列比之和。图 5-13 中，(d)为同面纬三重组织的上机图及纬向剖面图；(a)为 $\frac{8}{5}$ 纬面缎纹，作表组织；(b)为 $\frac{2}{2}$ 斜纹，作中间组织；(c)为 $\frac{8}{5}$ 经面缎纹，作里组织；表、中、里三组纬纱的排列比为1：1：1，组织循环数 $R_j=8$，$R_w=8\times3=24$。上机采用 8 片综顺穿，每筘齿穿入 4 根。

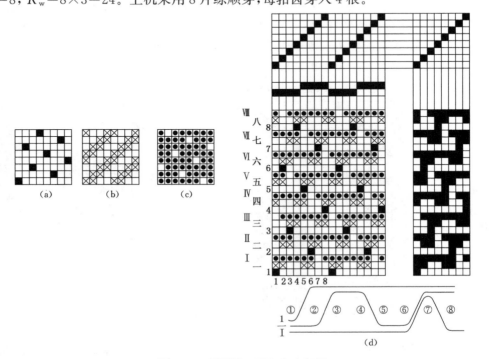

图 5-13 同面纬三重组织上机图

数字内容 4 展示了重组织织物的外观效果。

5.3 填芯重组织

为了进一步增加重组织织物的厚度和质量,可以采用一组粗的且价格便宜的纱线为填芯纱,填在表、里经纱(或纬纱)之间,不参与交织。重经组织中,填芯纱应为纬纱;而重纬组织中,填芯纱应为经纱。因此填芯重组织(backed weave with wadding threads)是由两组经纱和两组纬纱交织而成的。填芯纱的排列比可以采用表:填=1:1或2:1。采用2:1时其填芯纱可以配置得较粗些。例如,精纺毛织物为了增加厚度,常常采用表经:里经=2:1、表纬:填芯纬=2:1的填芯纬经二重组织,填芯纬为较粗的毛纱或棉纱。

5.3.1 填芯纬经二重组织

现以图解法说明填芯纬经二重组织(warp-backed weave with wadding picks)的构成原理和绘图步骤。如图 5-14 所示,图中有符号的组织点均代表经浮点,其中,(b)是以(a)所示的 $\frac{4}{4}$ ↗为表组织,$\frac{1}{7}$↗为里组织,按常规方法构作的表、里经纱排列比为1:1的经二重组织,"■"为表经经浮点,"⊠"为里经经浮点;(c)是按表纬:填芯纬=1:1的顺序插入填芯纬;(d)为在表经与填芯纬相交处填上"⊡"点,表示填芯纬织入时所有表经提升,而在里经与填芯纬相交处为空白,表示填芯纬织入时里经不提升,从而使填芯纬位于表经之下、里经之上,在中间起填芯作用;(e)为(d)中所有经浮点符号均以涂黑符号表示的组织图;(f)为(d)中第 1 根表、里经纱的经向剖面图,明显表示出表、里经纱与纬纱的交织情况及填芯纬在织物中的位置;(g)为(d)中最后 1 根表纬与填芯纬的纬向剖面图,可明显看出表、里经纱与表纬及填芯纬的交织情况,填芯纬处于表、里经纱之间,与经纱没有交织。

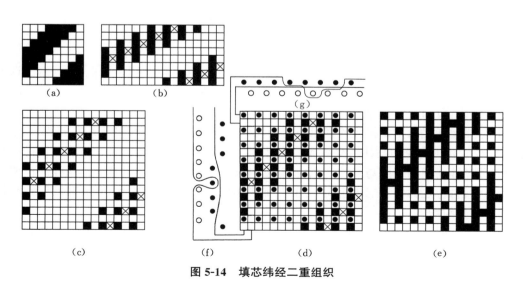

图 5-14 填芯纬经二重组织

5.3.2 填芯经纬二重组织

与图 5-14 相似，现以图 5-15 为例说明填芯经纬二重组织（weft-backed weave with wadding ends）的构成原理与绘图步骤。为了醒目起见，图 5-15 中标符号的点均为纬浮点，空白点均为经浮点。图中，(b)是以(a)所示的 $\frac{4}{4}\nearrow$ 为表组织，$\frac{7}{1}\nearrow$ 为里组织，表、里纬纱排列比为1∶1构作的纬二重组织图，"■"和"⊠"分别表示表纬及里纬的纬浮点，"□"表示经浮点；(c)是按表经∶填芯经＝1∶1的顺序插入填芯经；(d)为在填芯经与表纬相交处填入点"●"，表示表纬织入时填芯经不提升，而在填芯经与里纬相交处留出空白点，表示里纬织入时填芯经提升，使填芯经位于表纬之下、里纬之上，在中间起填芯作用；(e)是将(d)中所有标符号的点改为涂黑点（"■"代表纬浮点）表示的组织图；(f)表示(d)中第 1 根表、里纬纱的纬向剖面图，其明显表示出表、里纬纱与经纱的交织情况及填芯经在织物中的位置。

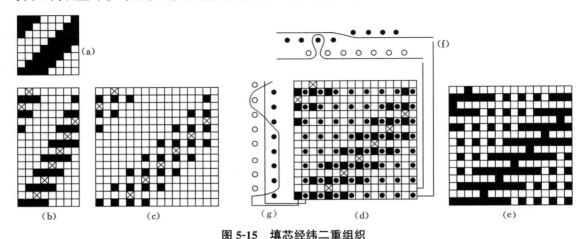

图 5-15　填芯经纬二重组织

5.4　假重组织

假重组织（pseudo-backed weave）又称缎背组织（satin or sateen backed weave），由选定的基础组织扩大变化而成，其经纱或纬纱按一定的间隔显现于织物的正面和背面，其织物的正面呈现基础组织，背面具有长浮，似缎纹外观。

如果是经纱间隔，则每根经纱都以一定的比例（1∶1或2∶2）间隔显现于织物正面。当1、3、5 等奇数经纱在织物正面与纬纱交织成斜纹、缎纹或其他组织时，2、4、6 等偶数经纱衬在其背面；当偶数经纱在织物正面与纬纱交织成基础组织时，奇数经纱衬在其背面。这样两根相邻的经纱互为背衬，称之为假经二重组织。同理，如果是纬纱间隔，则两根相邻的纬纱互为背衬，称之为假纬二重组织。

假重组织的外观与重组织相似，但它是由一组经纱与一组纬纱交织而成的，上机时采用单纬单经轴织造。每根经（或纬）纱既呈现在织物的正面，同时又出现在织物背面。故色纱的使用就得不到重组织正、反面各呈现一种色彩的效果，比较适合于匹染织物。假重组织织物一般密度较大，织物厚实、耐用，表面缜密、细洁、均匀，富有弹性，手感柔软。

5.4.1　假经二重组织

假经二重组织(pseudo-warp-backed weave)的作图方法与步骤：

(1) 确定基础组织，几乎所有的规则组织均可选用，一般选用交织紧密的简单组织，如$\frac{2}{2}$斜纹、$\frac{2}{1}$斜纹、复合斜纹、缎纹等。

(2) 确定每根经纱使用基础组织的次数n。

(3) 确定表、里经纱排列比$a:b$，常用的有$a:b=1:1$或$2:1$。

(4) 计算假经二重组织经纱循环数R_j和纬纱循环数R_w

$$R_j=R_w=n\times J_R(a+b)\pm J_S$$

式中：J_R——基础组织经纱循环数；

　　　J_S——基础组织经向飞数。

(5) 在R_j和R_w范围内按排列比作基础组织，每画a根空b根，按飞数画下去，直至每根经纱上都有基础组织点，画完一个循环为止。

例1　以$\frac{2}{2}$↗斜纹为基础组织，每根经纱用基础组织一次，即$n=1$，表、里经纱按1∶1间隔，绘一假经二重组织图。

(1) 计算经、纬纱循环数　因基础组织的$J_R=4$，$J_S=1$，则$R_j=R_w=n\times J_R(a+b)\pm J_S$$=1\times4\times(1+1)\pm1=9$或7。

(2) 确定R_j和R_w的范围　取$R_j=R_w=7$和$R_j=R_w=9$分别作图。

(3) 在第1根经纱上填绘$\frac{2}{2}$↗斜纹组织的组织点一次，间隔1根经纱再填绘第2根经纱上的组织点，依次类推，直至画完一个循环。

图5-16中，(a)为$\frac{2}{2}$↗斜纹基础组织图；(b)为$n=1$，$R_j=R_w=7$的假经二重组织图；(c)为$n=1$，$R_j=R_w=9$的假经二重组织图；(d)为(c)中第1、2根经纱的经向剖面图(从右向左看)。该图明显表示出，织物正面呈现由奇数经纱构成的$\frac{2}{3}$斜纹线以及由偶数经纱构成的$\frac{2}{2}$斜纹线，而且奇数经纱斜纹下背衬着偶数经纱的浮长线，偶数经纱斜纹下背衬着奇数经纱的浮长线。这种组织结构使经纱的可密度是纬纱的2倍，经纱充分挤紧后使形成的斜纹丰满、凸出、清晰。

例2　以$\frac{5}{2}$经缎为基础组织(即$J_R=5$，$J_S=2$)，表、里经纱的间隔$a:b=1:1$，$n=1$或2，绘假经二重组织图。

当$n=1$时，$R_j=R_w=n\times J_R(a+b)\pm J_S=1\times5\times(1+1)\pm2=12$或8。

当$n=2$时，$R_j=R_w=2\times5\times(1+1)\pm2=22$或18。

图5-16中，(e)为$\frac{5}{2}$经面缎纹基础组织图；(f)为$n=1$，$R_j=R_w=12$，假经二重组织图；(g)为$n=2$，$R_j=R_w=18$，假经二重组织图。

例 3 以 $\dfrac{2}{2}$ ↗斜纹为基础组织，表、里经纱的间隔 $a:b=2:1$，$n=1$，绘假经二重组织图。

$$R_{\mathrm{j}}=R_{\mathrm{w}}=n\times J_{\mathrm{R}}(a+b)\pm J_{\mathrm{S}}=1\times4\times(2+1)\pm1=13 \text{ 或 } 11$$

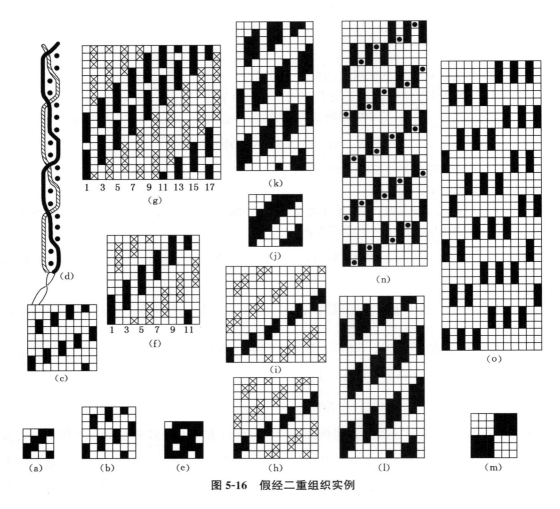

图 5-16　假经二重组织实例

图 5-16 中，(h)和(i)分别为 $R_{\mathrm{j}}=R_{\mathrm{w}}=11$ 和 $R_{\mathrm{j}}=R_{\mathrm{w}}=13$ 构作的以 $\dfrac{2}{2}$ ↗斜纹为基础组织、排列比为 2:1、$n=1$ 的假经二重组织图。

更多的假经二重组织实例见图 5-16 中(k)和(l)，它们是以(j)所示的 $\dfrac{4}{3}$ ↗斜纹为基础组织、按 2:1 排列、$n=1$、$R_{\mathrm{w}}=20$ 和 $R_{\mathrm{w}}=22$ 的变化假经二重组织；(n)和(o)为以(m)所示的 $\dfrac{3}{3}$ 方平为基础组织、按 1:1 排列的 $R_{\mathrm{j}}=11$ 和 $R_{\mathrm{j}}=13$ 的假经二重组织。这些组织的生成规则略有变化，其 $R_{\mathrm{j}}\neq R_{\mathrm{w}}$，但最终效果是织物正面呈现出基础组织效果，背面为经纱长浮。

1:1 排列的假经二重织物的经密是纬密的 2 倍，而 2:1 排列的假经二重织物的经密是纬密的 1.5 倍。为了形成一个坚牢的背衬，可对浮在背面较长的经浮长进行接结，如图 5-16(n)中的"▣"即为背面浮长线的接结点。

5.4.2 假纬二重组织

假纬二重组织（pseudo-weft-backed weave）可视作将假经二重组织旋转 $90°$，使经纬组织点互换而成，其织物正面呈现基础组织的外观，背面有纬长浮。构作方法与假经二重组织相似，但需按纬纱顺序作图。为了绘作方便和醒目起见，与图 5-15 一样，组织图中标符号或涂黑的点为纬浮点，空白代表经浮点。

图 5-17 中，（b）和（c）为以（a）所示的 $\frac{2}{2}\nearrow$ 斜纹为基础组织，$n=1$，纬纱排列为1:1，$R_{\mathrm{j}}=R_{\mathrm{w}}=7$ 和 $R_{\mathrm{j}}=R_{\mathrm{w}}=9$ 的假纬二重组织；（d）为（c）中第 1、2 根纬纱的纬向剖面图，此图表明：奇、偶数纬纱在织物正面分别形成 $\frac{3}{2}$ 和 $\frac{2}{2}$ 斜纹线以及织物背面的纬浮长线。为了使斜纹线坚实凸起，假纬二重组织的纬密约是经密的两倍。织物反面的浮长使织物松软，具有缎纹的效应，但又重叠在凸起的斜纹下，具有重纬组织的特征。

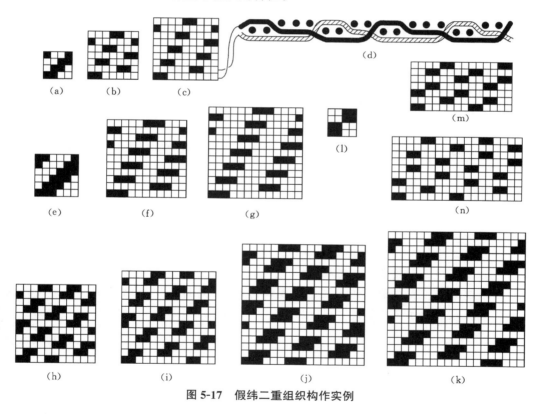

图 5-17 假纬二重组织构作实例

图 5-17 中，（f）和（g）是以（e）所示的 $\frac{3}{3}\nearrow$ 斜纹为基础组织，纬纱按1:1排列，$n=1$ 的假纬二重组织，（f）的 $R_{\mathrm{j}}=R_{\mathrm{w}}=11$，正面具有奇数纬纱 $\frac{3}{3}$ 和偶数纬纱 $\frac{2}{3}$ 的斜纹线，（g）的 $R_{\mathrm{j}}=R_{\mathrm{w}}=13$，具有奇数纬纱 $\frac{4}{3}$ 和偶数纬纱 $\frac{3}{3}$ 的斜纹线（当然，组织循环大的组织相对于循环小的组织，

宜采用纤细的纱线);(h)和(i)是以(a)所示的$\frac{2}{2}\nearrow$斜纹为基础,$n=1$,纬纱按2:1排列的$R_j=R_w=11$及$R_j=R_w=13$的假纬二重组织;(j)和(k)是以(e)所示的$\frac{3}{3}\nearrow$斜纹为基础,$n=1$,纬纱按2:1排列的$R_j=R_w=17$及$R_j=R_w=19$的假纬二重组织;(m)和(n)是以(l)所示的$\frac{2}{2}$方平为基础组织构作的变化假纬二重组织,其$R_j\neq R_w$。

思考题

5-1　为了保证重组织中表、里基础组织的良好重叠,使里组织点不显露在织物表面,举例说明里组织应如何选择和配置。

5-2　构作重组织时,为什么表、里基础组织循环最好应成倍数关系?

5-3　重组织表、里经纱或表、里纬纱排列比应如何选择?它们与哪些因素有关?

5-4　举例说明重经、重纬组织上机时,穿综、穿筘的合适安排。

5-5　简述构成填芯纱重组织的基本原理。自行设计一个填芯经纬二重组织和一个填芯纬经二重组织。

5-6　织物设计中,在什么情况下选择重组织、假重组织或填芯重组织?为什么?

5-7　为什么假重组织又称缎背组织?简述其形成原理及作图方法。

5-8　比较假重组织与重组织的相同与不同之处。若获得具有不同色彩、双面缎效应的织物,应选择什么组织?为什么?

5-9　根据经二重组织的构作原理与作图方法,自行设计构作一个经三重组织的上机图。

实训题

5-1　自制一个长方形小框,用于固定经纱。采用两种不同颜色的纱线或细绳做纬纱,编织纬二重组织,表演纬纱重叠原理。运用重叠原理编制各种纬二重、假纬二重组织以及呈现三种或多种不同颜色(含灰度)的组织。

5-2　收集市场上或日常生活用品中呈现双面效果(同面或异面)的织物(平素或提花织物),从重组织角度解说其形成原因。

第六章 双层及多层组织

双层及多层组织(double-layer and multi-layer weave)是由两组或两组以上的经纱与两组或两组以上的纬纱分别交织形成相互重叠的上、下两层或多层织物的组织。根据上、下层的相对位置关系,分别称表层和里层。表层的经纱和纬纱称为表经和表纬,里层的经纱和纬纱称为里经和里纬。根据用途的不同,表、里两层可以分离也可以连接在一起。

图 6-1 所示为表、里两层组织结构,表经:里经=1:1,表纬:里纬=1:1,表层组织与里层组织均为平纹组织。

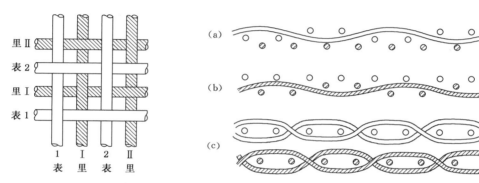

图 6-1 双层组织结构示意　　图 6-2 双层组织构成原理

图 6-2 所示是以织物的纬向剖面图来说明双层组织的构成原理。图中以空白表示表经、表纬,以斜剖线表示里经、里纬。表、里经纱均为1:1排列,表、里层组织均为 $\frac{2}{2}$ 纬重平。(a)表示第 1 根表纬织入时的经纱位置,这时表经按组织要求提升一半与表纬交织形成表层组织,所有里经全部下沉不与表纬发生交织;(b)表示第 1 根里纬织入时的经纱位置,这时所有表经全部提升不与里纬发生交织,而里经按组织要求提升一半与里纬交织形成里层组织;(c)表示每一组纬纱分别与各自系统的经纱交织,从而构成互相分离的表、里两层组织。

由此可见,制织表、里双层组织的必要条件包括:

(1)投入表纬织表层时,里经必须全部沉在梭口下部,不与表纬交织。

(2)投入里纬织里层时,表经必须全部提升,不与里纬交织。

双层组织的表、里层根据需要可以紧密地连接在一起,其连接方式很多,如连接表、里两层的一侧或两侧,可构成双幅、多幅或管状等织物。如将表、里两层依照花纹轮廓互相交换,可获得表、里换层的双层织物;利用各种不同的连接方法,可构成接结的双层组织等。

机织物中应用双层及多层组织的主要目的:

(1)采用一般的织机(非圆型)可制织管状织物。

(2)使用两种或两种以上的色纱作为表、里经纱和表、里纬纱,能构成纯色或多色花纹。

（3）表、里层用不同缩率的原料，能织出高花效应的织物。

（4）双层及多层组织能增加织物的质量、厚度和弹性。

双层组织在织物中的应用参见数字内容 1、3 和 4。

6.1 管状双层组织及多幅组织

6.1.1 管状组织及其形成原理

利用一组纬纱，在分开的表、里两层经纱中，以螺旋形之顺序，相间地自表层投入里层，再自里层投入表层，形成圆筒形的空心袋组织，称为管状组织（tubular weave）。

管状组织可用来制作水龙带、无缝烘呢、圆筒形过滤布和无缝袋子等特殊的工业用品。随着科学技术的发展，管状组织已用于医学方面，如人造血管等，今后还将愈来愈广泛地被应用。

管状组织的形成原理：

（1）管状组织由两组经纱和一组纬纱交织而成，这组纬纱既作表纬又兼作里纬，起着两组纬纱的作用，它往复循环于表、里两层之间。

（2）该组织的表、里两层仅在两侧边缘相连接而中间截然分离。

（3）表、里两层的经纱呈平行排列，而表、里两层的纬纱则呈螺旋形状态。

6.1.2 管状组织的构作方法

1. 基础组织的确定

管状织物应选用同一组织的正、反面作为表、里两层的基础组织。在满足织物要求的前提下，为简化上机工作，基础组织应尽可能选用简单组织。如要求织物组织处处连续，则应采用纬向飞数 S_w 为常数的组织作为基础组织，如平纹、纬重平、斜纹、缎纹等；若织物组织无处处连续的要求时，则可采用各类简单组织作为基础组织，如平纹、$\frac{2}{2}$ 方平、4 枚变则缎纹、加强缎纹等。

2. 管状组织总经纱数的确定

在制织管状组织时，一般织物的表层和里层的连接处应保持其织物组织的连续性。因此管状织物总经纱数的确定是非常重要的，不能随意增加或减少。

首先，根据管状织物的用途和要求确定管状织物的半径 r，再根据半径计算管幅 W，然后再根据单层的经密 P_j 确定管状织物表、里两层的总经纱数 M_j。

$$W = 2\pi r / 2 = \pi r$$

$$M_j = 2WP_j$$

为确保织物折幅处连续，其总经纱数计算后，必须按下式进行修正：

$$M_j = R_j Z \pm S_w$$

式中：R_j——基础组织的经纱循环数；

Z——表、里基础组织总计循环个数；

S_w——基础组织的纬向飞数（系一常数）。

当投纬方向从右向左投第 1 纬时,算式取 $+S_w$;从左向右投第 1 纬时,算式取 $-S_w$。

3. 纬纱循环数

当表、里纬排列比为1:1时,管状组织纬纱循环数为基础组织纬纱循环数的 2 倍。

4. 作图步骤

图 6-3 所示为以平纹为基础组织,$R_j=2$,$Z=5$,$S_w=1$,从左向右投第 1 纬,$M_j=9$ 的管状组织作图步骤:

(1)根据修正后的总经纱数画管状组织纬向剖面图,如(a)所示。

(2)分别绘出表、里层基础组织图,如(b)、(c)所示。

(3)将表、里层之经、纬纱按比例间隔排列,在意匠纸上划定纵、横格,用不同符号(阿拉伯数字和罗马数字)表示其序号,如(d)所示。

(4)将表、里层基础组织分别用不同符号或色彩填入意匠纸相应的方格内,如(e)所示。

(5)在表经与里纬相交的方格内填入符号"⊡",表示里纬织入时表经提升,如(f)所示。图 6-3(f)即为管状组织的组织图。

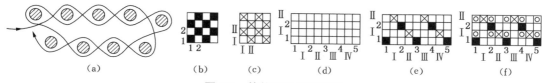

图 6-3 管状组织作图步骤

图 6-4 所示为以 5 枚经缎组织为基础,$R_j=5$,$Z=5$,$S_w=3$,从左向右投第 1 纬,$M_j=22$ 的管状组织图。当基础组织为循环数比较大的缎纹组织时,剖面图中可画 2 根表纬、2 根里纬,表、里层的第 1 纬决定组织起始点,第 1 纬与第 2 纬之间的组织点表示纬向飞数,有了起始点与飞数,就能画出表、里层基础组织。图中:(a)为纬向剖面图;(b)、(c)为表、里层基础组织;(d)为管状组织上机图;组织图中箭头表示第 1 纬投纬方向。

图 6-5 所示为以 $\frac{2}{1}$ 斜纹组织为基础,$R_j=3$,$Z=5$,$S_w=1$,从右向左投第 1 纬,$M_j=16$ 的管状组织图。图中:(a)为纬向剖面图;(b)、(c)为表、里层基础组织;(d)为管状组织上机图。

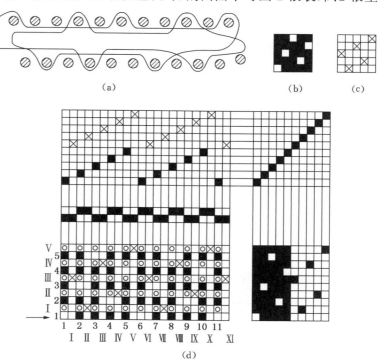

图 6-4 5 枚经缎管状组织上机图

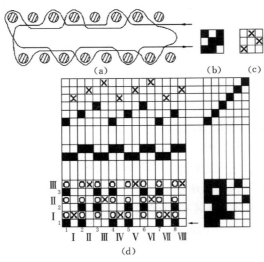

图 6-5　$\dfrac{2}{1}$ 斜纹管状组织上机图

6.1.3　管状组织的上机要点

1. 穿综

管状组织的综片数等于表、里层基础组织所需综片数之和。穿综方法常采用分区穿法和顺穿法两种。

2. 穿筘

每组表、里经纱应穿入同一筘齿中,在制织时,为防止两边缘处由于纬纱收缩引起经密偏大,可采用下列方法:

(1) 对于轻薄型管状织物,可采用逐渐减少边部筘齿穿入数的方法。若中间经纱穿入数为4,则边缘经纱穿入数为3或2甚至1,尽可能保持织物的中间和边缘的密度一致,如图 6-6 所示。

图 6-6　管状织物穿综示意图

(2) 对于中厚型管状织物,则在管状组织边缘的两内侧各采用 1 根较粗且张力较大的特经线,另用一片综控制其升降。特经线不织入表、里层组织中,不与表、里纬纱交织,织物完成织造后,可将其从织物中抽掉。因此,特经线仅起控制纬纱收缩以防止边密偏大的作用,如图 6-7 所示。此外,还可使用内撑幅器来控制边密。

3. 经轴与梭箱

管状组织由于表、里经纱的屈曲情况相同，因而表、里经纱可以卷绕在同一个经轴上；由于其表、里纬纱也相同，因而只需要一把梭子织造。若应用纬二重组织或两种不同原料作纬纱，则必须用两把梭子，采用双面双梭箱织造。

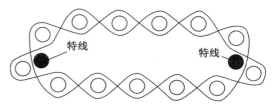

图 6-7　平纹管状组织纬向剖面图

6.1.4　双幅与多幅织物组织

在表、里两层组织之间，如果只连接表、里两层的一侧，保证边缘组织连续，可形成双幅或多幅组织（double-width or multi-width weave）的织物。此时，为了保证一侧边缘连续和织物的两边为光边，对双幅织物组织来说，投梭顺序为第 1 梭织表层组织，第 2、3 梭织里层组织，第 4 梭织表层组织；对三幅织物组织来说，投梭顺序为第 1 梭织表层组织，第 2 梭织中层组织，第 3、4 梭织里层组织，第 5 梭织中层组织，第 6 梭织表层组织；依此类推可形成各种多幅织物。

图 6-8 所示为平纹双幅织物组织图，图 6-9 所示为平纹三幅织物组织图，其中（a）为纬向剖面图，（b）为组织图，箭头表示第 1 纬投纬方向，并在图 6-9 中增加了两根特经线 T_1、T_2，以控制纬纱收缩，达到各幅织物密度均匀的目的。

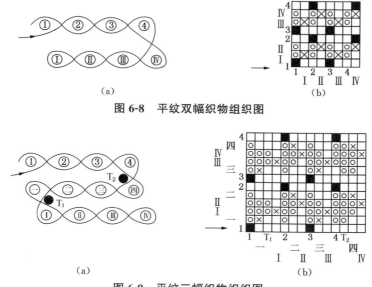

（a）

图 6-8　平纹双幅织物组织图

（a）

图 6-9　平纹三幅织物组织图

6.2　表、里接结双层组织

6.2.1　表、里接结双层组织的特征与形成原理

依靠各种接结方法，使上、下分离的表、里两层之间连成一个整体的双层组织，称为表、里接结双层组织（double layer weave with center stitching）。织物一般表层要求高，里层要求比

较低,故表层常配以品质优良、线密度较小的原料,以增进织物的外观。而里层有时仅作为增加织物质量、厚度之用,故可采用品质较差、线密度较大的原料。在提花织物中,表、里接结双层组织等常作为织物的地组织,花组织则采用空心袋组织,这样,可使地部平挺,花纹凸起,产生浮雕感。

1. 接结方法的分类与选择

接结组织的接结方法可分为以下几种:

(1)里经提升与表纬交织形成接结组织,这种接结方法称为"里经接结法"或"下接上"接结法。

(2)表经下沉与里纬交织形成接结组织,这种接结方法称为"表经接结法"或"上接下"接结法。

(3)里经与表纬交织,同时表经与里纬交织,共同形成织物的接结组织,这种接结方法称为"联合接结法"。

(4)采用附加的接结经纱与表、里纬纱交织形成接结组织,称为"接结经接结法"。

(5)采用附加的接结纬纱与表、里经纱交织形成接结组织,称为"接结纬接结法"。

前三种接结法,是利用表、里层自身经、纬纱接结的,统称为自身接结法;后两种接结法需用附加的经纱或纬纱,统称为附加线接结法。

在上述五种接结方法中,一般采用前三种。因后两种接结方法要增加一组经纱或纬纱,易使生产工艺复杂,效率降低,所以除特殊需要外,一般较少采用。但不管采用什么接结法,都应考虑接结的牢固和接结点对外观的影响。选择接结组织时,接结点的配置应考虑以下几点:

(1)在一个组织循环内,接结点的分布应均匀。

(2)从织物正面看,接结点如系经组织点,在表层应位于左、右表经的经组织点之间,在里层应位于上、下里纬的经组织点之间;如系纬组织点,在表层应位于上、下表纬的纬组织点之间,在里层应位于左、右里经的纬组织点之间。

(3)接结点的分布方向,若表层组织为斜纹、缎纹等有方向性的组织,则接结点的分布方向应与表层组织的斜向一致。

如果表层组织为经面组织,为了有利于接结点的遮盖,优先选用里经接结法。同理,如果表层组织为纬面组织,为了有利于接结点的遮盖,选用表经接结法比较合适。如果表层组织为同面组织,通常选用里经接结法为好,因为在一般情况下,经纱比纬纱细且牢度好,里经接结点易被表层经纱遮盖,接结也比较牢固。

采用联合接结法的目的在于增加接结牢度,在其他条件相同的情况下,表、里经纱的张力将趋于一致,可采用一个经轴制织。

附加线接结法一般用于表层经、纬纱的线密度小,而里层经、纬纱的线密度大,或表、里层经、纬纱颜色相差悬殊的织物。此时若采用自身接结法,由于表、里层经、纬纱的线密度和颜色之差别,将不利于接结点的遮盖。采用的附加线应细而坚牢,其色泽与表层的经、纬纱颜色相近。附加线接结法比自身接结法牢固,且织物外观比较丰满,但生产工艺复杂。

2. 表、里层组织的选择

表、里接结双层组织的表、里层基础组织,大多选用原组织或变化组织。当表、里两层基础组织不同时,则首先根据织物要求确定表层组织,然后再确定里层组织。确定里层组织时应考虑表、里层经、纬的排列比。当表、里层经、纬的排列比相同时,表、里层通常采用相同或交织数相近的组织,使表、里两层松紧程度大致相同,以利于织物平整。当表、里层经、纬的排列比不等时,一般表层经、纬纱均多于里层,为避免里层经、纬纱数少于表层而产生结构疏松的弊病,可选择里层组织的经、纬交织数多于表层,以使表、里两层结构松紧程度趋于一致,从而达到织物平整的要求。例如,当表、里层经、纬纱排列比均为2∶1时,若表层组织选用4枚斜纹或8枚缎纹时,里层组织可选用平纹或4枚组织。

选择表、里层基础组织时,还应考虑原料的因素。对于细而柔软的桑蚕丝织物,为提高织物身骨,表、里层基础组织一般选用平纹;对于其他较粗、较硬的原料,除采用平纹外亦可采用斜纹或缎纹组织。

3. 表、里层经、纬纱排列比的确定

确定表、里层经、纬纱排列比时,应考虑各种因素,如织物用途、织物表、里层组织、经、纬原料、线密度和密度等;选择纬纱排列比时还应考虑梭箱的多少;对要求有高花效应的织物,选择排列比时,应有利于产生收缩作用。

表、里接结双层组织其表、里层经、纬纱常用的排列比如下:若表、里层织物的组织及原料相同时,则表、里层经、纬纱常用的排列比可选用1∶1;如果里层织物是用于增加织物的厚度和质量,且里层经、纬纱采用品级较低、线密度较大的原料,如粘纤纱、棉纱等,这时表、里层经、纬纱的排列比可选用2∶1。对于单面双梭箱织机,则表、里纬排列比可相应变化为2∶2或4∶2。另外,还应考虑到经、纬原料组合、经、纬向张力平衡及组织表、里效应等因素,因此表、里层经、纬纱也可取不同的排列比,如经纱排列比采用1∶1,纬纱排列比采用2∶1;经纱排列比采用2∶1,纬纱排列比采用1∶1;经纱排列比采用3∶1或4∶1,纬纱排列比采用1∶1或2∶1。

6.2.2　表、里接结双层组织的构作方法

表、里接结双层组织的构作步骤为:

(1) 选择表、里层的基础组织,然后根据基础组织决定接结组织。

(2) 决定表、里层经、纬纱的排列比,并按基础组织(包括接结组织)循环以及排列比计算双层组织的循环数。

表、里接结双层组织的经、纬纱循环数是根据表、里两层基础组织、接结组织、经纬排列比等进行计算的。当表层组织循环数为 R_m、里层组织循环数为 R_n、接结组织循环数为 R_g、表、里经纬排列比均为 $m∶n$ 时,表、里接结双层组织的经、纬纱循环数计算为:

$$R=\left(\frac{R_\mathrm{m} \text{ 和 } R_\mathrm{g} \text{ 与 } m \text{ 的最小公倍数}}{m} \text{ 与 } \frac{R_\mathrm{n} \text{ 和 } R_\mathrm{g} \text{ 与 } n \text{ 的最小公倍数}}{n} \text{ 的最小公倍数}\right)\times(m+n)$$

(3) 在一个组织循环内,用阿拉伯数字和罗马数字,按确定的排列比分别标出表、里两层的经、纬纱,先将表层基础组织填入相应的方格中。

(4) 根据表层组织确定接结组织的接结点位置,在相应的方格内填入接结组织。

(5) 根据接结组织确定里层组织的起点位置,在相应的方格内填入里层组织。

(6) 画双层组织关系,表经与里纬交织时全部提升,画"回"。

1. 里经接结法(下接上)双层组织的构作

图 6-10 所示是以 $\frac{3}{3}$ 斜纹为表、里层基础组织,表、里层经、纬纱排列比均为1∶1,接结组织

为 $\frac{1}{5}$ 斜纹构作的里经接结（back warp stitching）双层组织图，其中，（a）为表层组织图，（b）为里层组织图，（c）为里经接结组织图。

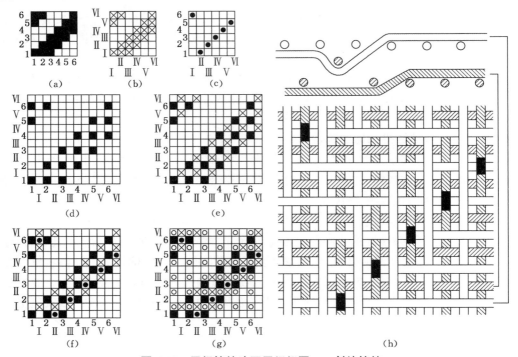

图 6-10　里经接结法双层组织图——斜纹接结

在构作里经接结双层组织时，其经、纬组织循环数等于基础组织循环数的最小公倍数（指表层组织、里层组织、接结组织的最小公倍数）乘以排列比之和，即 $R_j = R_w = 6 \times (1+1) = 12$ 根。在一个组织循环内用阿拉伯数字和罗马字分别标出表经、表纬及里经、里纬，在表经与表纬相交的方格内填绘表层组织，用符号"■"表示，如（d）所示；在里经和里纬相交的方格内填绘里层组织，用符号"⊠"表示，如（e）所示；在里经与表纬相交的方格内填绘接结组织，用符号"●"表示，如（f）所示；在表经与里纬相交的方格内填入符号"▣"，表示里纬织入时表经提升，不参与里层交织，形成如（g）所示的里经接结双层组织图。（h）所示为该双层组织结构图及第1根表、里纬的纬向剖面图。

图 6-11 所示是以 $\frac{2}{2}$ 斜纹为表层基础组织、$\frac{3}{1}$ 斜纹为里层基础组织，表、里经纱排列比为1：1、表、里纬纱排列比为2：2，接结组织为 $\frac{8}{5}$ 纬面缎纹构作的里经接结双层组织图及经、纬向剖面图。图中：（a）为表层组织图，（b）为里层组织图，（c）为里经接结组织图，（d）为该双层组织图及经、纬向剖面图。

2. 表经接结法（上接下）双层组织的构作

图 6-12 所示为以 $\frac{3}{3}$ 斜纹作表、里层基础组织，表、里层经、纬纱排列比均为1：1，接结组织为 $\frac{5}{1}$ 斜纹构作的表经接结（face warp stitching）双层组织图，其中，（a）为表层组织图，（b）为里

层组织图,(c)为表经接结组织图。

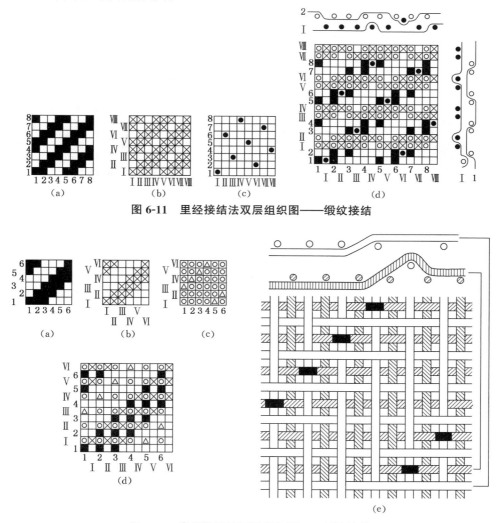

图 6-11 里经接结法双层组织图——缎纹接结

图 6-12 表经接结法双层组织图——斜纹接结

在构作表经接结双层组织时,其经、纬组织循环数等于表层组织、里层组织、接结组织的组织循环数的最小公倍数乘以排列比之和,即 $R_j = R_w = 6 \times (1+1) = 12$ 根。在一个组织循环内用阿拉伯数字和罗马字分别标出表经、表纬及里经、里纬,在表经与表纬相交的方格内填绘表层组织,如(a)所示;在里经和里纬相交的方格内填绘里层组织,如(b)所示;在表经与里纬相交的方格内填绘接结组织,符号"◺"是纬浮点,表示里纬织入时这根表经不提升,使里纬浮于表经之上形成接结,如(c)所示;构作的表经接结双层组织图,如(d)所示。该双层组织结构图及第 1 根表、里纬的纬向剖面图,如(e)所示。

图 6-13 所示为以 $\frac{2}{2}$ 斜纹作表层基础组织、$\frac{1}{3}$ 斜纹作里层基础组织,表、里经纱排列比为 1:1、表、里纬纱排列比为2:2,接结组织为 $\frac{8}{5}$ 缎纹构作的表经接结双层组织图及经、纬向剖面图。图中:(a)为表层组织图,(b)为里层组织图,(c)为表经接结组织图,(d)为该双层组织图及

经、纬向剖面图。

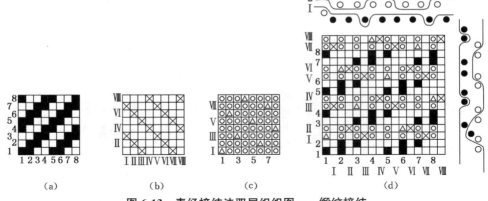

图 6-13　表经接结法双层组织图——缎纹接结

图 6-14 所示为提花丝织物香岛绉的地部组织图,表、里层基础组织均为平纹,表、里层经、纬纱的排列比均为1:1,采用"上接下"接结法,接结组织为 4 枚斜纹。图中:(a)为表层组织图,(b)为里层组织图,(c)为表经接结组织图,(d)为该双层组织图及经、纬向剖面图。

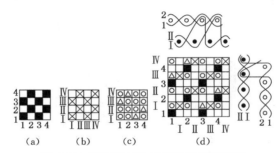

图 6-14　提花丝织物香岛绉地部组织图

3. 联合接结法双层组织的构作

图 6-15 所示为同时采用表经接结法与里经接结法,以 $\frac{3}{3}$ 斜纹为表、里层基础组织,表、里

层经、纬纱排列比均为1:1,接结组织分别为 $\frac{1}{5}$ 斜纹和 $\frac{5}{1}$ 斜纹构作的联合接结双层组织图。图

中:(a)为表层组织图,(b)为里层组织图,(c)为里经接结组织图,(d)为表经接结组织图,(e)为构作的联合接结(combined stitching)双层组织图。

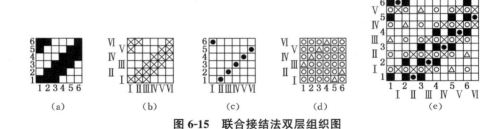

图 6-15　联合接结法双层组织图

4. 接结经接结法双层组织的构作

采用接结经接结（extra warp stitching）时，双层组织为三组经纱（表经、里经、接结经）与两组纬纱（表纬、里纬）交织。接结经和表、里经的排列比，根据组织的性质与织物的密度而定，通常接结经的密度小于表、里经纱的密度。

图 6-16 所示为接结经接结法，以 $\frac{2}{2}$ 斜纹为表、里层基础组织，表纬:里纬＝1:1，表经:里经:接结经＝2:2:1构作的接结经接结双层组织上机图。接结经以一、二、三等数字标出。在接结经与表、里纬接结时，接结经浮于表纬之上而沉于里纬之下。与表纬交织为经浮点，用"●"表示；与里纬交织为纬浮点，用"☒"表示；不进行接结时，接结经位于上、下层组织之间，在接结经与里纬相交的方格内填入符号"☉"，表示里纬织入时接结经提升。图中（a）为表层组织图，（b）为里层组织图，（c）为接结经与表纬接结组织图，（d）为接结经与里纬接结组织图，（e）为接结经接结双层组织上机图，（f）为第一根接结经与第2根表经、第Ⅱ根里经的经向剖面图。

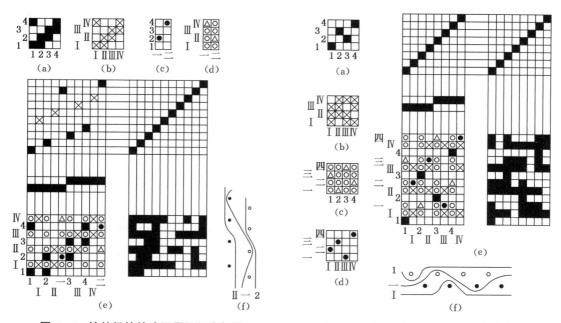

图 6-16　接结经接结法双层组织上机图　　　　图 6-17　接结纬接结法双层组织上机图

5. 接结纬接结法双层组织的构作

采用接结纬接结（extra weft stitching）时，双层织物为两组经纱（表经、里经）与三组纬纱（表纬、里纬、接结纬）交织。接结纬和表、里纬的排列比，根据组织的性质与织物的密度而定，通常接结纬的密度小于表、里纬纱的密度。

图 6-17 所示为接结纬接结法，以正、反 4 枚变则缎纹分别为表、里层基础组织，表经:里经＝1:1，表纬:里纬:接结纬＝1:1:1构作的接结纬接结双层组织上机图。接结纬以一、二、三等数字标出。在接结纬与表、里经接结时，接结纬浮于表经之上而沉于里经之下，与表经交织为纬浮点，用"☒"表示；与里经交织为经浮点，用"●"表示；不进行接结时，接结纬位于上、下层组织之间，在接结纬与表经相交的方格内填入符号"☉"，表示织入接结纬时表经提升。图中（a）为表层组织图，（b）为里层组织图，（c）为表经与接结纬接结组织图，（d）为里经与接结纬接结组

织图,(e)为接结纬接结双层组织上机图,(f)为第一根接结纬与第 1 根表纬、第 Ⅰ 根里纬的纬向剖面图。

6. 填芯接结双层组织的构作

填芯接结双层组织(wadded and stitching double weave)是为了增加织物的厚度、弹性,使织物表面花纹隆起而富有立体效果,在表、里两层织物之间填入芯线构作的接结双层组织。一般表、里两层的连接仍采用自身接结法,由于芯线在织物表面看不见,可采用较粗的低档原料,从而达到降低成本的目的。

填芯接结双层组织可分为填芯经接结双层组织与填芯纬接结双层组织两种。填芯经接结双层组织由表经、里经与填芯经三组经与表纬、里纬两组纬交织构成;填芯纬接结双层组织由表经、里经两组经与表纬、里纬与填芯纬三组纬交织构成。填芯线与表、里纱线的排列比常用1∶1∶1或1∶2∶2,前者用于填芯线与表、里纱线相比线密度相差并不很大的场合,后者用于线密度相差较大的场合。

图 6-18 所示是以正、反 4 枚变则缎纹为表、里层基础组织,采用里经 4 枚变则缎纹接结,表经∶里经＝1∶1,表纬∶里纬∶填芯纬＝1∶1∶1构作的填芯纬接结双层组织上机图。填芯纬以一、二、三等数字标出,配置在上、下层组织之间,在其与表经相交的方格内填入符号"▨",表示织入填芯纬时表经提升。图中:(a)为表层组织图,(b)为里层组织图,(c)为里经接结组织图,(d)为填芯纬接结双层组织上机图及经、纬向剖面图。

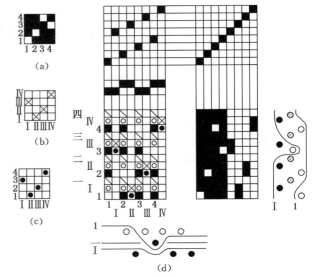

图 6-18　填芯纬接结双层组织上机图

图 6-19 所示是以 $\frac{3}{3}$ 斜纹为表层组织、$\frac{1}{2}$ 斜纹为里层组织,采用里经接结法,表经∶里经∶填芯经＝2∶1∶1,表纬∶里纬＝2∶1构作的填芯经接结双层组织上机图。填芯经以一、二、三等数字标出,配置在上、下层组织之间,在其与里纬相交的方格内填入符号"▨",表示织入里纬时填芯经提升。图中:(a)为表层组织图,(b)为里层组织图,(c)为里经接结组织图,(d)为填芯经接结双层组织上机图及经、纬向剖面图。

6.2.3　表、里接结双层组织的上机要点

1. 经轴

若表、里层组织相同或交织次数接近,且表、里层经、纬采用相同原料,并同时采用联合接结法,那么织造时表、里经纱的缩率将一致,这时可采用单经轴制织。如果表、里层采用不同的组织或表、里层经纱的交织次数相差较大,那么织造时表、里经纱的缩率将不同,这时表、里经应分别卷在两只经轴上,否则会影响织物的手感,并使织造发生困难。对于接结经接结,由于接结经的屈曲程度要比表、里经的屈曲程度大得多,因此接结经一般需另卷一个经轴。

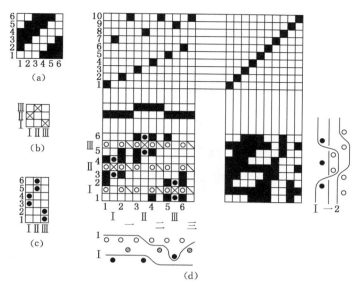

图 6-19　填芯经接结双层组织上机图

2. 梭箱

若表、里纬纱相同,可采用单梭箱制织;若表、里纬纱采用不同原料或不同颜色时,必须在多梭箱织机上制织;对于接结纬接结,由于接结纬的屈曲程度比表、里纬大,且与一般的表、里纬不同,因此亦需采用多梭箱装置。

3. 穿综

双层组织的穿综基本与重经组织相同,一般提升次数较多的一组经纱穿入前区,另一组则穿入后区。所需综框数与表、里层基础组织及接结组织的循环数有关。

图 6-20 所示是以 $\frac{2}{2}$ 斜纹为表、里层基础组织,表、里层经、纬纱排列比均为1:1,接结组织为 $\frac{8}{5}$ 纬面缎纹构作的接结双层组织上机图。由于基础组织是 4 枚,接结组织是 8 枚,故需用 12 片综制织。当采用里经接结时,则表经需 4 片综,而里经需 8 片综;当采用表经接结时,则表经需 8 片综,而里经需 4 片综。图中:(a)为表层组织图,(b)为里层组织图,(c)为里经接结组织图,(d)为表经接结组织图,(e)为里经接结法双层组织上机图,(f)为表经接结法双层组织上机图。

4. 穿筘

筘齿穿入数主要与经纱排列比有关,一般以一个或两个排列比之和穿入一个筘齿。当表、里经排列比为1:1时,则每筘齿穿入 2 根或 4 根;当表、里经排列比为2:1时,应按表 1 里 1 表 1 的次序穿入一个筘齿,而不宜按表 2 里 1 的次序穿筘;当表、里经排列比为4:1时,则每筘齿穿入 5 根或 10 根,并按表 2 里 1 表 2 的次序穿入。

5. 纹板图

纹板图的作法与一般组织的作法基本相同。在需要植入纹钉的地方作出记号,在不需要植入纹钉的地方留出空白。在图 6-20 中,凡有经浮点记号处均表示植入纹钉。需要注意的是在里经接结的场合,组织图中符号"▣"表示里经浮于表纬之上,即在表纬织入时,里经应提升,故在纹板图中,在相应位置应标出符号"■";但在表经接结的场合,组织图中符号"☒"表示表经沉于里纬之下,即里纬织入时表经不提升,故在相应的纹板图中以空白表示。

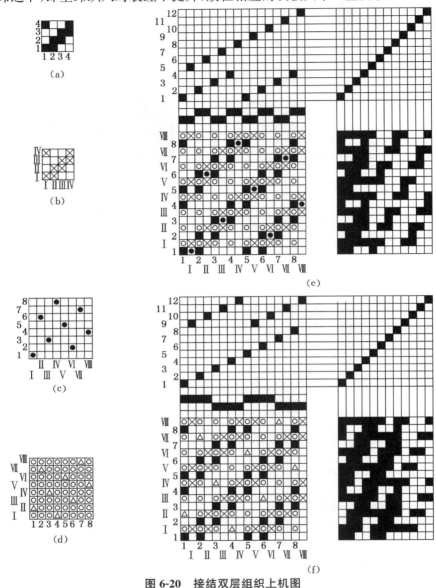

图 6-20　接结双层组织上机图

6.3　表、里换层双层组织

6.3.1　表、里换层组织的特征与形成原理

表、里换层(thread interchanging)的双层组织,是沿织物花纹轮廓处调换表、里层经、纬纱的位置,同时将双层织物连接成一个整体,其表、里层经、纬纱的线密度、原料、颜色等均可不一

样。因此,若各种因素配合恰当,可以织出绚丽多彩的衣着或装饰织物。在提花织物中,表、里换层双层组织应用较多。

1. 基础组织的选择

一般采用较简单的组织作为表、里层的基础组织,可以使织物质地紧密。常采用的基础组织有平纹、$\frac{2}{2}$方平及$\frac{2}{2}$斜纹等,其中平纹组织的应用最为广泛。

2. 经、纬原料的选择与排列比的确定

在设计表、里换层的双层组织时,需要两组经、纬纱,其表、里层经、纬纱的排列比可采用1:1、2:2或2:1。为了使织物表面能形成不同色彩的花纹,每层经纱与纬纱应配以不同的颜色,若表经与表纬为一种颜色,则里经与里纬为另一种颜色,当表经与表纬交织时显一种颜色,里经与里纬交织时便显另一种颜色,而表经与里纬、里经与表纬交织时又显一种混色,故表、里换层双层组织可织出多种颜色的花纹。如经、纬纱颜色愈多,则织物的花纹变化愈为复杂。

3. 表、里换层方式的选择

表、里换层双层组织通过表、里层经、纬纱的位置调换,可将双层织物连接成一个整体,同时能使织物表面形成不同色彩的花纹。根据织物结构设计的需要,可选择不同的表、里换层方式:

(1)调换表、里层经纱的位置,形成表、里经换层双层组织。图6-21所示是以平纹为表、里层基础组织,经、纬纱分别采用甲、乙两种颜色的纱线,排列比均为1:1,按横条纹样构作的表、里经换层双层组织结构示意图。纹样中,A区显甲色,由甲经、甲纬交织成表层组织,乙经、乙纬交织成里层组织,织入乙纬时甲经全部提升;B区显乙经、甲纬形成的混色,由乙经、甲纬交织成表层组织,甲经、乙纬交织成里层组织,织入甲纬时乙经全部提升;在A区和B区交界之处,因表、里经纱交换形成纬向的连接缝线。图中,(a)为横条纹样图,(b)为组织结构示意图及经向剖面图。

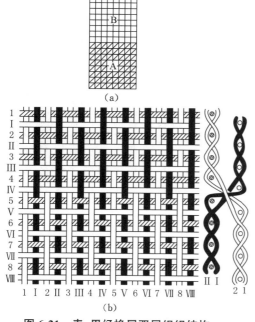

图6-21　表、里经换层双层组织结构

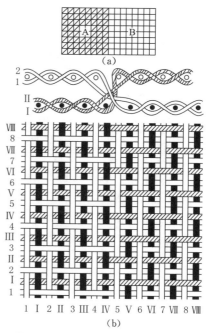

图6-22　表、里纬换层双层组织结构

（2）调换表、里层纬纱的位置，形成表、里纬换层双层组织。图 6-22 所示是以平纹为表、里层基础组织，经、纬纱分别采用甲、乙两种颜色的纱线，排列比均为1∶1，按纵条纹样构作的表、里纬换层双层组织结构示意图。纹样中，A 区显甲色，由甲经、甲纬交织成表层组织，乙经、乙纬交织成里层组织，织入乙纬时甲经全部提升；B 区显甲经、乙纬形成的混色，由甲经、乙纬交织成表层组织，乙经、甲纬交织成里层组织，织入甲纬时甲经全部提升；在 A 区和 B 区交界之处，因表、里纬纱交换形成经向的连接缝线。图中，（a）为纵条纹样图，（b）为组织结构示意图及纬向剖面图。

（3）同时调换表、里层经、纬纱的位置，形成表、里层经、纬纱同时换层双层组织。图 6-23 所示是以平纹为表、里层基础组织，经、纬纱分别采用甲、乙两种颜色的纱线，排列比均为1∶1，按格子纹样构作的表、里层经、纬纱同时换层双层组织结构示意图。纹样中，A 区显甲色，由甲经、甲纬交织成表层组织，乙经、乙纬交织成里层组织，在甲经与乙纬相交的方格内填入符号"回"，表示在织入乙纬时甲经全部提升；B 区显乙色，由乙经、乙纬交织成表层组织，甲经、甲纬交织成里层组织，在乙经与甲纬相交的方格内填入符号"回"，表示在织入甲纬时乙经全部提升；在 A 区和 B 区交界之处，因表、里层经、纬纱的交换分别形成经向、纬向的连接缝线。图中，（a）为格子纹样图，（e）为组织结构示意图及经、纬向剖面图。

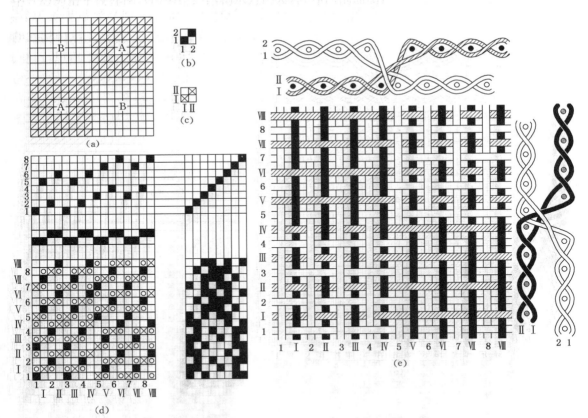

图 6-23　表、里层经、纬换层双层组织上机图及结构示意图

6.3.2　表、里换层双层组织的构作方法

在构作表、里换层双层组织时,以上述表、里层经、纬换层双层组织为例,其步骤如下:

(1) 设计表、里换层的纹样图。图 6-23(a)所示为由 A、B 二色形成的格子纹样。

(2) 选定表层组织和里层组织。如图 6-23(b)、(c)所示。

(3) 确定表、里层经、纬纱排列比。在表、里换层组织中,由于经、纬纱需按纹样要求换层,在某一位置为表层的表经、表纬,到另一位置就换为里层的里经、里纬。为了正确起见,换层组织中的经、纬纱一律不以表、里经或表、里纬称呼,而以其色泽来称呼,如以阿拉伯数字表示甲色经、纬纱,以罗马数字表示乙色经、纬纱。图 6-23(d)所示的甲、乙经、纬纱排列比均为 1:1。

(4) 确定经、纬纱循环数。表、里换层组织的经、纬纱循环数应是表、里层基础组织经、纬纱循环数的整数倍。图 6-23(d)中的 A 区或 B 区均由甲经、甲纬、乙经、乙纬各 4 根组成,因此在一个花纹循环中,$R_j = 2 \times (4+4) = 16$,$R_w = 2 \times (4+4) = 16$。

(5) 构作组织图。按纹样要求,根据双层组织的构作原理在各区填入相应的组织。以符号"■"代表表层组织的经浮点,以符号"⊠"代表里层组织的经浮点,以符号"▣"代表里层纬纱投入时表层经纱全部提升,形成 6-23(d)所示的表、里层经、纬换层双层组织图。

6.3.3　表、里换层双层组织的上机要点

表、里换层双层组织上机时,各组经纱因表、里交换,应尽量设计为表、里层经纱缩率一致,采用单经轴制织;各组纬纱因采用不同的颜色与原料等,必须用多梭箱或多色选纬织机制织。上机图中,应采用分区穿综法,每一组经纱分别穿入一个区的综片内,各区的综片数由各层的基础组织和花纹情况来定,如图 6-23 中,各区综片数等于 $2 \times 2 = 4$,两个区的综片数应为 $4+4 = 8$;穿筘时以同一个排列比的经纱穿入同一筘齿;纹板数等于一个花纹的纬纱循环数,凡有经纱提升记号处均表示植入纹钉。

6.4　多层组织

6.4.1　多层组织的特征与形成原理

由三组或三组以上的经纱与三组或三组以上的纬纱分别交织形成相互重叠的上、中、下三层或三层以上并连接成一个整体织物的组织称为多层组织(multi-layer weave)。根据上、中、下三层的相对位置关系,分别称表层、中层、里层或第 1 层、第 2 层、第 3 层、第 4 层……多层组织结构常应用于产业用纺织品,通过多层组织结构实现多层复合材料的一次成型,可以简化复合材料的生产工艺并降低其加工成本,同时通过多层组织上、下层之间的连接,可形成复合材料中各层之间的抗剪切能力,避免产生层合板的层间剥离现象。

采用多层组织结构,通过经、纬纱原料的选择与多层组织的层数以及各层基础组织、密度、经纬排列比、接结方式等规格参数的设计,赋予织物一定的性能或功能。从组织角度来说,多层组织的设计主要考虑以下几个方面:

(1) 多层组织层数的确定。根据织物的质量或厚度等要求并兼顾经、纬纱原料的粗细,确

定多层组织的层数。

（2）基础组织的选择。各层的基础组织大多选用原组织或变化组织，通常为交织次数相同或相近的组织。

（3）经、纬纱排列比的选择。各层经、纬纱的排列一般多采用相同的排列比，使各层的松紧程度大致相同，以利于织物平整。当各层基础组织的交织次数差异较大或经、纬纱排列比不同时，则要考虑各层经纱的缩率差异，甚至采用多经轴装置，以保证织造的顺利进行。

（4）多层组织接结方式的选择。多层组织中相邻的上、下两层之间可以分离，但在织物花纹轮廓处通过调换上、下层经、纬纱的位置，将多层织物连接成一个整体，形成表、里换层多层组织，也可以通过各种接结方法，使上、下分离的多层之间连成一个整体，形成表、里接结多层组织。

与表、里接结双层组织类似，表、里接结多层组织中上、下相邻的两层之间可采用"上接下接结法""下接上接结法""联合接结法"等自身接结法，并可在多层之间形成复杂的的自身接结；也可采用附加线接结法，考虑到织物结构中丝线的弯曲、收缩等方面，一般为接结经接结法（缝线接结）。设计时应充分考虑各层接结组织中接结点的多少与分布，接结点多的多层组织具有层间抗剪切能力强的优点，接结点分布均匀的多层组织中各组经纱间张力、缩率等差异较小，有利于织物的结构平整和降低多层组织的织造难度。

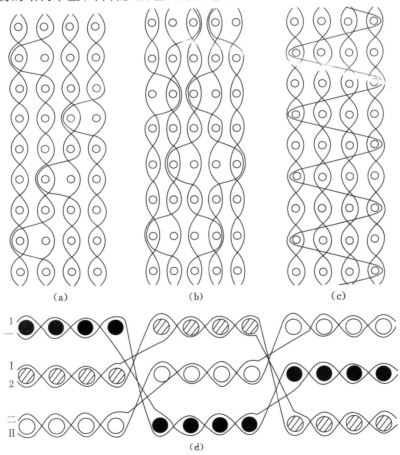

图 6-24　接结与换层的多层组织剖面图

图 6-24 所示为接结与换层多层组织剖面图,其中(a)、(b)、(c)为纵向剖面图,右侧为组织的正面;(d)为横向剖面图,上侧为组织的正面;(a)所示为各层基础组织为平纹,经、纬纱排列比均为1:1:1:1,上、下层之间每隔 6 纬采用上接下接结法构作的表、里接结四层组织的经向剖面图;(b)所示为各层基础组织为平纹,经、纬纱排列比均为1:1:1:1:1,上、下层之间每隔 8 纬采用联合接结法构作的表、里接结五层组织的经向剖面图;(c)所示为各层基础组织为平纹,各层经纱与接结经的排列比为2:2:2:2:1,纬纱排列比为1:1:1:1,接结组织为平纹构作的接结经接结四层组织的经向剖面图。

与表、里换层双层组织类似,多层组织通过调换各层的经纱或纬纱,或同时调换各层经、纬纱,形成表、里换层多层组织,因多层组织中经纱或纬纱的组数较多,可形成复杂多变的织物外观效果。图 6-24(d)所示为各层基础组织为平纹,各层的经、纬纱排列比均为1:1:1,三组经、纬纱轮流调换作为多层组织的表、中、里层构成的表、里换层三层组织的纬向剖面图。

6.4.2 多层组织的构作方法

1. 表、里接结多层组织的构作

对于三层(treble layer)或三层以上的表、里接结多层组织,在构作时其经、纬组织循环数等于每层基础组织(指表层组织、里层组织、接结组织)循环数的最小公倍数乘以排列比之和。以三层组织为例,在一个组织循环内用阿拉伯数字、中文数字和罗马数字等分别标出表、中、里层的经纱和表、中、里层的纬纱,在表经与表纬相交的方格内填绘表层组织,在中经与中纬相交的方格内填绘中层组织,在里经与里纬相交的方格内填绘里层组织,在表经与中纬、里纬及中经与里纬相交的方格内填入符号“□”,表示织入下层纬纱时上层经纱提升,根据接结组织的接结点类别在相应的方格内填入符号“●”或“▲”,形成表、中、里接结三层组织图。

图 6-25 所示是以平纹为表、中、里层基础组织,采用里经接中纬、中经接表纬的 8 枚缎纹接结,表、中、里层经、纬纱的排列比均为1:1:1所构作的“下接上”方式的表、中、里接结三层组织图。图中:(a)为中经接表纬的接结组织图,(b)为里经接中纬的接结组织图,(c)为接结三层组织图,(d)为经向剖面图。

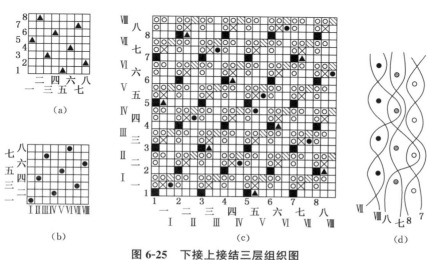

图 6-25 下接上接结三层组织图

图 6-26(c)所示是根据图 6-24(b)所示的剖面图构作的联合接结五层组织图,为方便起见,以 1_1、2_1、…、7_1、8_1 表示第一层的经纱或纬纱顺序,1_2、2_2、…、7_2、8_2 表示第二层的经纱或纬纱顺序,依次类推。其组织循环数为:基础组织循环数与接结组织循环数的最小公倍数×各层纱线排列比之和。本例为 2 与 8 的最小公倍数×(1+1+1+1+1)=40。图中,(a)、(b)分别为第一、二层之间的接结组织图,其他各层间的接结组织图与此类似。

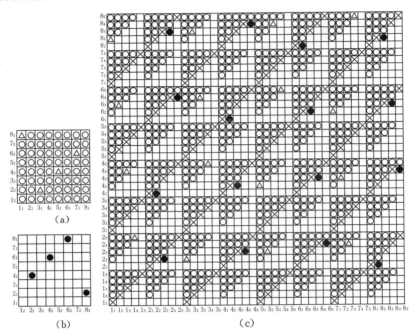

图 6-26　联合接结五层组织图

2. 表、里换层多层组织的构作

图 6-27 所示是以平纹为表、中、里层基础组织,经、纬纱分别采用甲、乙、丙三种颜色的纱线,排列比均为1∶1∶1,按纵条纹样构作的换层三层组织图,其纬向剖面图如图 6-24(d)所示。纹样中:A 区显甲色,由甲经、甲纬交织成表层组织,乙经、乙纬交织成中层组织,丙经、丙纬交织成里层组织,在甲经与乙纬、丙纬及乙经与丙纬相交的方格内填入符号"回",表示织入下层纬纱时上层经纱提升;B 区显乙色,由乙经、乙纬交织成表层组织,丙经、丙纬交织成中层组织,甲经、甲纬交织成里层组织,在乙经与丙纬、甲纬及丙经与甲纬相交的方格内填入符号"回",表示织入下层纬纱时上层经纱提升;C 区显丙色,由丙经、丙纬交织成表层组织,甲经、甲纬交织成中层组织,乙经、乙纬交织成里层组织,在丙经与甲纬、乙纬及甲经与乙纬相交的方格内填入符号"回",表示织入下层纬纱时上层经纱提升。图中:(a)为纹样图,(b)为表层组织图,(c)为中层组织图,(d)为里层组织图,(e)为换层三层组织图。

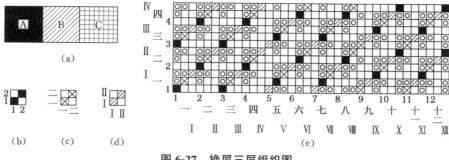

图 6-27 换层三层组织图

思考题

6-1 构作管状组织时,为何需计算总经纱数?举例说明如何确定管状组织的表、里层组织的起点。

6-2 管状组织织物上机时,需考虑哪些因素才能保证织造顺利进行?

6-3 举例说明如何设计三幅及多幅织物。

6-4 叙述接结双层组织中各种接结方法的接结点配置原则。

6-5 自选基础组织及经、纬纱排列比等,构作各种接结方法的接结双层组织(上机)图。

6-6 自选基础组织及经、纬纱排列比、模纹等,构作表、里换层双层组织(上机)图。

6-7 举例说明表、里接结三层(多层)组织的构作方法。

6-8 归纳并举例说明表、里换层四层(多层)组织的各类构作方法。

6-9 举例叙述接结多层组织中接结组织的接结点配置方法。

6-10 以图 6-24(c)为基础,自选基础组织、经纬排列比等,构作接结经接结四层组织(上机)图。

6-11 举例说明多层组织上机时,如何考虑综页数、经轴、梭箱等因素才能制织出多层织物。

6-12 自选各层基础组织与各层经、纬纱的排列比及换层模纹等,构作表、里换层五层组织图。

实训题

6-1 自选基础组织,根据管径要求,在电子多臂小样织机上设计并制作水笕带用管状组织织物,在此过程中观察各经纱的穿综顺序、管状织物边缘的组织连续与收缩情况。

6-2 分别以平纹、$\frac{2}{2}$斜纹为基础组织,自选排列比和接结组织,设计并制织下接上接结双层组织织物,并观察接结点的遮盖情况。

6-3 以平纹为基础组织,经、纬排列比均为1:1:1,经、纬纱分别采用不同的颜色,设计制织正面和反面具有不同色彩效果的各种换层三层组织织物。

第七章　起毛起绒组织

7.1　纬起绒组织

利用特殊的织物组织和整理加工,使部分纬纱被切断在织物表面而形成毛绒的织物,称为纬起绒织物,构成这种织物的组织称为纬起绒(或纬起毛)组织(weft pile weave)。这类组织一般由一组经纱和两组纬纱构成,其中一组纬纱称为地纬,与经纱交织形成固结毛绒和决定织物坚牢度的地组织;另一组纬纱称为绒纬(或称毛纬),与经纱交织成固结组织并以纬浮长线被覆于织物的表面。织好后,在割绒(或称为开毛)工序中,其绒纬的浮长线被割开,经刷绒等整理加工后形成毛绒。

绒纬起毛方法有两种。① 开毛法(pile cutting method):利用割绒机将绒坯上绒纬的浮长线割断,然后使绒纬的捻度退尽,使纤维在织物表面形成耸立的毛绒。灯芯绒、纬平绒织物就是利用开毛法形成绒毛的。② 拉绒法(pile pulling method):将绒坯覆于回转的拉毛滚筒上,使绒坯与拉毛滚筒作相对运动,从而将绒纬中的纤维逐渐拉出,直至绒纬被拉断为止。拷花呢和拷花绒织物就是利用拉绒法起绒毛的。

纬起绒组织有灯芯绒、花式灯芯绒(也称提花灯芯绒)、纬平绒、拷花绒等。

7.1.1　灯芯绒组织

灯芯绒织物(corduroy)(又称条子绒)具有绒条圆润、纹路清晰、绒毛丰满、手感柔软厚实、弹性好、光泽柔和等风格特点。由于织物具有地组织和绒组织两个部分,服用时与外界接触摩擦的大都是绒毛部分,地组织很少触及,所以灯芯绒织物的坚牢度比一般棉织物有显著提高。按绒条宽窄不同,可分为细、中、粗及粗细混合、间隔条等类别,如表 7-1 所示。这种织物由于其固有的特点和色泽以及花型的配合,美观大方,成为男、女、老、少在春、夏、秋、冬均适宜的大众化织物,用途广泛。

表 7-1　灯芯绒绒条的分类

名称	特细条	细条	中条	粗条	阔条
绒条宽度(mm)	<1.25	1.25～2	2～3	3～4	>4
条数(条/25.4 mm)	>19	15～19	9～14	6～8	<6

1. 灯芯绒组织的构成原理

图 7-1 所示为灯芯绒组织(corduroy weaver)的结构图,地纬 1 和 2 与经纱交织成平纹地组织,每隔 1 根地纬织入 2 根绒纬,它们和经纱交织成具有 5 个组织点的纬浮长线,并和第 5 根或第 6 根经纱固结形成绒根,因此将第 5 根或第 6 根经纱称为压绒经。织后运用割刀将纬

浮长线割断,再经刷绒等后整理,使绒毛竖立。由于固结绒根的位置成直线,故进刀位置也保持直线不变,一般选择在纬浮线中间,也是离底布空隙最大处。

2. 灯芯绒组织的设计

(1)地组织的选择。地组织的主要作用是固结绒毛,并具有一定的坚牢度。常用的地组织有平纹、斜纹、纬重平及变化平纹、变化纬重平。不同的地组织影响织物质地及手感、绒毛固结牢度及割绒难易。当地组织为平纹时,则织物平整坚牢,便于割绒,但成品的手感较硬,纬密增加受到限制,织物背面受到摩擦时容易脱毛。

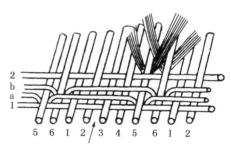

图 7-1　灯芯绒组织结构图

如以 $\frac{2}{1}$ 斜纹为地组织,纬纱易于打紧,成品手感较软,但由于组织交织少,所以纬密须相应增加,才能减少织物的脱毛。以斜纹为地组织的灯芯绒,比较厚实、柔软,绒毛紧密;同时,由于纬密的增加,用纱量随之增加,而且脱毛现象比平纹组织严重。所以,目前中条、阔条灯芯绒的地组织大都采用平纹组织。

(2)绒纬组织的选择。

① 绒根的固结形式。绒根的固结是指绒纬和地经的交织规律,其固结形式有 V 形和 W 形两种,特殊情况下可采用联合固结。地组织和固结形式的选择如表 7-2 所示。

表 7-2　地组织和固结形式的选择

品种	特细条	细条	中条				粗条			阔条	
地组织	平纹	平纹	平纹	纬重平		斜纹	平纹	纬重平		变化平纹	变化纬重平
				双经	单经			双经	单经		
固结形式	W	W	V/W	V	W	V	W	W	W	W	W
				W+V	W+V	W+V		W+V			W+V

V 型固结也称为松毛固结法,是指绒纬仅与 1 根压绒经交织成 V 形,如图 7-2(a)所示,由于它与压绒经交织点少,使纬纱容易被打紧,能提高纬密并增加绒毛的密集性,但绒毛固结不牢,受外力摩擦时容易脱毛,适用于纬密较大的中条、细条灯芯绒。W 型固结也称紧毛固结法,是指绒纬与 3 根压绒经交织成 W 形,如图 7-2(c)所示,由于它与压绒经交织点多,纬纱不易打紧,绒毛稀疏,但绒毛固结牢,适用于绒纬固结牢但对绒毛密度要求不高的细条灯芯绒。阔条灯芯绒则采用 W 型和 V 型固结相结合。有些拷花呢织物既要求绒纬固结牢,又要求易于打紧纬密,则采用复式 V 型和复式 W 型固结,如图 7-2(b)、(d)所示。

　　(a)　　　　(b)　　　　(c)　　　　　(d)

图 7-2　绒纬的固结形式

② 绒根的分布情况。绒纬与压绒经的交织点即为绒根,绒根分布影响绒条外观。在设计阔条灯芯绒时,利用同一地组织条件下增加绒纬浮长线是不能获得阔条绒毛的,因为浮长线过长使绒毛不能竖立而形成露底现象;只有增加绒根分布宽度,并合理安排绒根分布位置才能达到。如图 7-3 所示,(a)采用绒根散开布置,对阔条灯芯绒较适宜,每束绒毛长短差异小,绒根分布比较均匀,整个绒条平坦;(b)绒根分布中间多,两边少,各束绒毛长短不一,形成绒条的绒毛中间高,两侧矮。

③ 绒纬的浮长。在一定经密下,绒纬浮长的长、短决定了绒毛的高、低和绒条的宽、窄。地组织相同时,绒纬浮长越长,绒毛高度越高,绒条也比较阔,绒毛丰满。所以,粗阔条灯芯绒

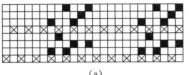
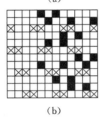

图 7-3　绒根的分布

要求绒纬浮长较长。但绒纬浮长过长,割绒后容易露底,因此粗阔条灯芯绒不能简单地增加绒纬浮长长度,还须合理地安排绒根分布。

（3）地纬与绒纬排列比的选择。地纬与绒纬的排列比有多种,一般有1:2、1:3、1:4、1:5等。在原料、密度、组织相同的条件下,排列比直接影响绒毛的稠密度、外观、底布松紧和绒毛固结牢度。当绒纬排列根数增加时,织物的绒毛密度相应增加,织物的柔软性和保温性得到改善,但织物的坚牢度会降低。这是由于绒毛固结不牢,绒毛易被拉出所致。因此,排列比的确定应取决于织物的要求。常用的排列比为1:2或1:3,形成的织物绒毛比较丰满,外观好。

3. 几种典型灯芯绒组织

（1）特细条灯芯绒。如图 7-4 所示,地、绒纬之比为1:3,绒毛采用复式 V 型固结(箭头所指为割绒位置),地组织为平纹,经、纬纱线密度均为 18 tex,织物经密为 315 根/10 cm,纬密为 843 根/10 cm。

（2）中条灯芯绒。如图 7-5(a)所示,地、绒纬之比为1:2,绒毛采用 V 型固结,地组织为平纹,经纱线密度均为 14×2 tex,纬纱线密度为 28 tex,织物经密为 228 根/10 cm,纬密为 669 根/10 cm。图 7-5(b)为该组织的纬向剖面图。

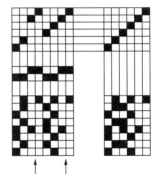

图 7-4　特细条灯芯绒上机图

（3）粗、阔条灯芯绒。图 7-6 所示为粗条灯芯绒,地、绒纬之比为1:2,绒毛采用 V 型固结,地组织为 $\frac{2}{2}$ 斜纹,经纱线密度为 14×2 tex,纬纱线密度为 28 tex,经密为 161 根/10 cm,纬密为 1 133.5 根/10 cm。

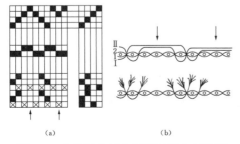

图 7-5　中条灯芯绒上机图及纬向剖面图

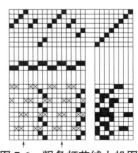

图 7-6　粗条灯芯绒上机图

　　图 7-7 所示为阔条灯芯绒,地、绒纬之比为 1:4,绒毛采用 V 和 W 混合型固结,地组织为纬重平组织,经纱线密度为 14×2 tex,纬纱线密度为 28 tex,经密为 287 根/10 cm,纬密为 995.5 根/10 cm。

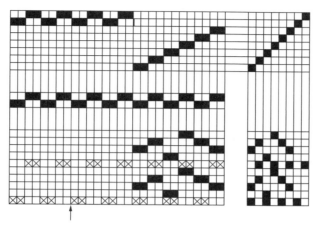

图 7-7　阔条灯芯绒上机图

　　(4) 花式灯芯绒。花式灯芯绒是在一般灯芯绒的基础上进行变化而得,织物外观的绒毛凹凸不平、立体感强。但割绒刀仍保持直线进刀。形成花式灯芯绒的方法有如下几种:

　　① 改变绒根分布。图 7-8 所示的绒根分布不成直线,使绒纬纬浮长线长短参差不一,经割绒、刷绒后绒毛呈高低不平的各种花型,其中长绒毛覆盖短绒毛,使花型发生多种变化。

　　② 织入法。利用底布和绒毛的不同配合,使织物表面局部起绒、局部不起绒而形成凹凸感的各种花型。如图 7-9 所示,局部起绒处利用绒纬的纬浮长线,局部不起绒处用织入法,在绒纬纬浮长处用经重平组织代替,组织紧密,由于绒纬和地经交织点增加,因此割绒时导针越过此部位,使其不起毛。设计时需注意,不起绒部位的纵向不得超过 7 mm,否则会引起割绒时的跳刀、戳洞现象。不起绒与起绒部位的比例,可掌握在 1:2,以起绒为主,否则不能体现灯芯绒组织的特点。

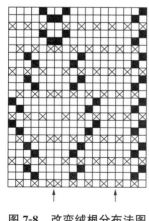

图 7-8　改变绒根分布法图

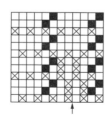

图 7-9　织入法图

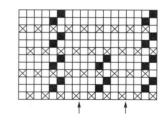

图 7-10　飞毛法图

　　③ 飞毛法。如图 7-10 所示,可在原灯芯绒组织图中,去除局部绒纬的固结点,使该部位绒纬的纬浮长线横跨两个组织循环,因此割绒时割绒刀将纬浮长线左右两端割断,中间的浮长

线掉下,由吸绒装置吸去而露出底布,此法称为飞毛法。采用这种方法形成的花纹凹凸分明,立体感强。上机时,穿综通常采用顺穿法或照图穿法;考虑到灯芯绒织物的纬密高,为了使纬纱易于打紧,经密以稀为宜,一般每筘齿穿两根。

7.1.2　平绒组织

平绒(plain-velveteen)织物与灯芯绒织物的区别在于,灯芯绒织物表面具有不同宽度的绒条,而平绒织物表面全部被覆均匀的绒毛而形成平整的绒面。平绒织物有如下特征:由于织物表面是利用纤维断面与外界摩擦,因此耐磨性能比一般织物提高 4~5 倍;织物绒毛丰满,光泽柔和,手感柔软,弹性好,不起皱,保暖性优良。

平绒根据绒毛形成的方法可分为割纬平绒和割经平绒。割纬平绒是将绒纬割断并经刷绒而形成;割经平绒是将织成的双层织物,从中把绒经割断而分成单层织物,再经刷绒而成。

1. 割纬平绒形成原理

割纬平绒与割纬灯芯绒的形成原理相同。它与灯芯绒织物的区别是绒根的组织点以一定的规律均匀排列,所以纬密较灯芯绒更高,织物更紧密,毛绒均匀而丰润。图 7-11 为割纬平绒的结构图(a)和组织上机图(b)。采用平纹地组织,绒组织为隔经的 $\frac{1}{2}$ 斜纹,绒纬为 V 型固结,地纬和绒纬排列比为1:3。一个完全组织的经纱根数为 6 根,纬纱根数为 8 根。由于其中有三根经纱仅与一根纬纱交织,所以可用四页综框。

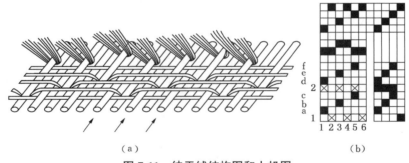

图 7-11　纬平绒结构图和上机图

2. 组织选择

地组织作固结毛绒之用,是织物的基础,与织物的坚牢度关系很大,一般采用平纹、$\frac{2}{1}$ 斜纹或 $\frac{2}{2}$ 斜纹。平纹地组织的质地比斜纹地组织紧密、坚牢,但织物的手感不如斜纹地组织柔软,纬密也低于斜纹地组织。绒组织可选用 $\frac{5}{2}$ 纬面缎纹、$\frac{5}{3}$ 纬面缎纹或隔经的 $\frac{1}{2}$ 斜纹、$\frac{1}{3}$ 斜纹。地纬和绒纬的排列比有1:2、1:3、1:4等,通常采用1:3。绒毛的固结以"松毛固结法"(V 型固结法)较好,这样绒面比较紧密。

7.1.3　拷花绒组织

将织物表面的纬浮长线经多次反复拉绒形成纤维束,再经剪毛与搓花,纤维束卷曲成凸起绒毛,绒毛形成的花纹随绒根分布而变,外观好似经压拷而成,故称拷花绒,其特点是:手感柔软,耐磨性好。构成拷花绒的组织,称拷花绒组织(fancy velveteen weave)。

1. 拷花绒组织的设计

拷花绒底布组织根据用途可采用单层组织、重经组织和双层组织。不论哪一种底布,绒纬仅与表经相交织,并分布在表经上。

根据绒纬与底布固结方式的不同选择拷花呢组织。绒纬与底布固结方式有 V 型、W 型、V 和 W 混合型三种。用 V 型固结时,绒纬固结于底布中较松弛,故地组织宜选择重经组织或双层组织,利用里组织对绒纬的阻力,减少在整理和服用过程中绒毛脱出。用"W"型固结时,绒纬较坚牢地固结在底布中,地组织适合选单层组织。

绒根的分布实际上是选择绒纬组织,一般有以下三种形成方法:

第一种是在简单组织基础上绘作绒纬组织,常采用缎纹方式安排绒根分布,织物外观无花纹呈现,绒毛分布均匀,底布完全被绒毛覆盖,如图 7-12 所示。图中,(a)为轻型拷花绒织物使用的一种绒纬组织,它由 8 枚加强缎纹构成,每根绒纬以复式 V 型固结,绒纬浮长为 6 根经纱,绒根呈缎纹分布;(b)为绒纬以 W 型固结的绒纬组织。也可采用各种斜纹为绒纬组织,使织物具有斜线凸纹。采用斜纹分布的绒纬组织时,要求纬浮点多于经浮点,否则不是毛绒覆盖不足,就是毛纬与经纱固结点太长,出现露底现象。如图 7-13,(a)一般用于构作单层或双层底布,(b)用于构作重经组织或双层组织的底布。

（a）　　　　（b）

图 7-12　缎纹绒纬组织

（a）　　　　（b）

图 7-13　斜纹绒纬组织

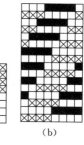

（a）　　（b）

图 7-14　带反面组织的绒纬组织

第二种是绘出具有反面组织的绒纬组织,如图 7-14 所示。以图中(a)所示的斜纹为基础,每根纬纱附加一根纬纱,形成新组织,其 $R_j=8$, $R_w=16$,每一根新纬纱的组织点,采用将(a)的经组织点变成纬组织点、纬组织点变成经组织点的方法绘制,所得的组织即为绒纬组织,如图中(b)所示。

第三种是在花纹基础上绘作绒纬组织,如图 7-15 所示。一般先在方格纸上绘出设计花纹,如(a)所示,再在此图上用"■"符号绘作绒纬组织,如(b)所示。

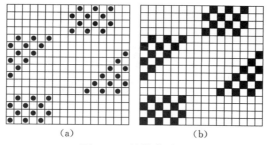

（a）　　　　　　　（b）

图 7-15　绒纬花纹图

2. 几种典型的拷花绒组织

(1) 单层组织底布的拷花绒组织。地纬和绒纬的排列比有1:1、1:2、2:1几种。如图 7-16 所示,底布采用单层平纹组织,地纬和绒纬排列比为2:1。图中,(a)为绒纬组织,(b)为底布平纹组织,(c)为地、绒纬排列图,(d)为组织图。

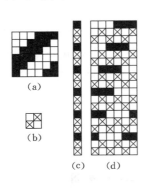

图 7-16　单层底布的拷花绒组织图

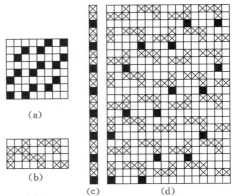

图 7-17　经二重底布的拷花绒组织图

(2) 经二重组织底布的拷花绒组织。地纬和绒纬的排列比有以下几种:1:2、2:1、2:2。如图 7-17 所示,(a)为加强缎纹,作绒纬组织,采用 W 型固结法;(b)为底布经二重组织;(c)为地、绒纬排列图,排列比为2:1;(d)为组织图,绒纬只与表经交织。这类拷花绒织物一般用于制作中厚型男大衣。

(3) 双层组织底布的拷花绒组织。表、里纬和绒纬的排列比一般有两种:1:1:1或1:1:2。如图 7-18 所示,(a)为 $\frac{4}{4}$ 带反面组织的绒纬组织;(b)为底布的表组织,即以 $\frac{3}{1}\nwarrow$ 为基础的经山形斜纹;(c)为底布的里组织,即以 $\frac{2}{2}\nwarrow$ 为基础的经山形斜纹;(d)为底布下接上接结组织;(e)为排列比为1表经:1里经、1表纬:1里纬:2绒纬的拷花绒组织图。图中回表示里纬投入时的表经提升点。

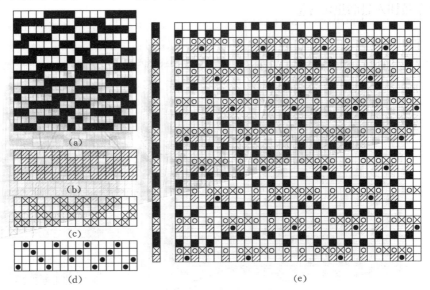

图 7-18　接结双层组织底布的拷花绒组织图

7.2　经起绒组织

7.2.1　杆织法经起绒组织

　　杆织法经起绒组织由两组经纱与一组纬纱以及一组起绒杆（作为纬纱）交织而成。两组经纱中，一组为地经，专与纬纱交织成地组织；另一组为绒经，与纬纱交织成绒毛的固结组织，同时还可根据绒毛花纹的需要，浮在起绒杆上而形成毛圈，经切割后形成毛绒，或不切割从中抽出起绒杆构成圈绒。起绒杆是由钢、木等制成的圆形（或椭圆形）开槽的细杆，它的直径决定着绒毛的高度，起绒杆有各种号数，制织时可根据所需绒毛的高度来选用。

　　杆织法经起绒组织，地经与绒经的排列比一般为2∶1或1∶1，纬纱与起绒杆的排列比一般为4∶1、3∶1或2∶1等，两者相差不宜太大，否则易使毛绒排列不均匀。绒根的固结方式为 W 型固结法，常用的有三纬、四纬 W 型固结法，如图 7-19 所示。丝绒的传统品种天鹅绒、漳绒、锦罗绒及漳缎（缎地经绒起花）等，均系杆织法经起绒织物。长期以来，这类产品均由手工制织，效率低，且劳动强度大，生产量受到很大限制，但这类产品的艺术性和经济价值较高。

例1：天鹅绒

　　天鹅绒是以毛绒和毛圈构成各种花纹图案的杆织法经起绒织物。每织入 3 根纬纱后，织入 1 根起绒杆，所有绒经均浮在起绒杆上，围成毛圈。全轴织完后，在带有起绒杆的织物上，用颜色绘上花纹图案，然后将绘颜色处的绒经割开，形成毛绒。未绘色的部分，绒经不切断，拉出起绒杆后构成毛圈。这样，便形成了以毛圈作地、毛绒作花的别具一格的绒织物。

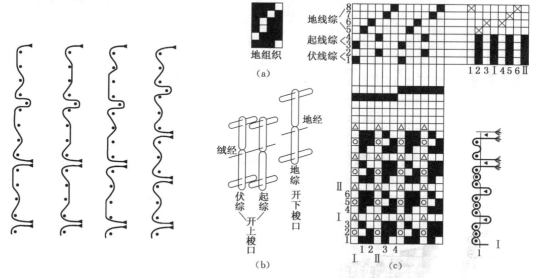

图 7-19　杆织法经起绒织物绒根固结方式　　　　**图 7-20　天鹅绒上机图**

　　图 7-20 为天鹅绒上机图。组织图中用阿拉伯数字表示地经、地纬，罗马数字表示绒经及起绒杆，符号"■"表示地经经浮点，符号"⊡"表示绒经经浮点，符号"△"表示绒经浮在起绒杆上。地组织为 4 枚变化斜纹，如图中（a）。地经与绒经排列比为2∶1，纬纱与起绒杆排列比为3∶1。纬纱有粗纬（30.8/33.0 dtex×9 桑蚕丝）与细纬（30.8/33.0 dtex×4 桑蚕丝）之分。投

纬次序:粗纬、细纬、细纬、起绒杆。上机采用8片综。其中1、2片为伏综,3、4片为起综,5、6、7、8片为地综。6根经纱(2根绒经,4根地经)穿入同一筘齿。由于地组织为经面组织,织物正织,故地综采用倒吊装置,开下梭口,以减少综框运动;绒经既穿入起综又穿入伏综,为上开口,如图(b)所示。

纹板图上,地经根据组织图中的纬浮点,在对应地综处需植纹钉,而经浮点处不必植纹钉;绒经根据组织图中的经浮点,在对应起综、伏综处需植纹钉。图7-20(c)为天鹅绒上机图。

7.2.2 经浮长通割法起绒组织

经浮长通割法起绒组织有单层经浮长通割法起绒组织和双层经浮长通割法起绒组织两种。

1. 单层经浮长通割法起绒组织

单层经浮长通割法起绒组织由两组经纱与一组纬纱交织而成。两组经纱中,一组为地经,一组为绒经。地经与纬纱交织成地组织;绒经除与纬纱交织成固结组织外,还以一定的浮长浮于若干根纬纱之上,织好后将绒经浮长割开便形成毛绒。经浮长通割起绒组织的构成原理和设计要点与纬浮长通割起绒组织基本类同,但其割绒是沿幅宽方向进行。

图7-21为单层经浮长通割起绒组织图。在其他条件相同的情况下,(b)较(a)增加了绒经的比例,绒毛密度大,且毛绒固结点交错排列,毛绒均匀度较好。提花丝织物修花缎中的绒花组织,便采用(b)所示的单层经浮长通割起绒组织,使织物风格新颖。由图7-21可见,经浮长通割起绒组织的绒毛高度等于浮长线的一半。欲得到较高的绒毛,必须增加绒经的浮长,

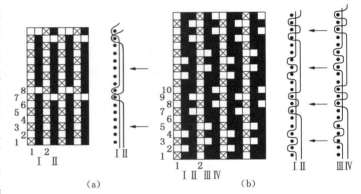

图7-21 单层经浮长通割起绒组织图

但毛绒的密度会变稀;若要增加毛绒密度,只有减少绒毛高度或增加绒经的比例,但比例过大又会降低织物地组织的牢度。

经浮长通割起绒组织一般均反面上机,以减少经纱提升次数。图7-22所示为丝织传统品种金丝绒的上机图。金丝绒系桑蚕丝与黏胶丝交织的素绒织物,它的特点是毛绒固结点均匀,绒毛短而稠密,光泽醇亮,属于高档丝绒织物,主要用作装饰品、衣料及衣服的镶边料等。制织金丝绒采用双经轴,在1×1梭箱的织机上正面向下制织,地经(桑蚕丝)放上轴,消极送经;绒经(黏胶丝)放下轴,积极送经。采用分区穿综法,地经穿入前面2片综,考虑到综丝密度采用双列综片;绒经穿入后面8片综。金丝绒目前仍采用机下手工通绒,每一组织循环需通4刀,进刀位置如图中箭头所示。

2. 双层经浮长通割法起绒组织

地组织为两组经与两组纬分别交织而成的双层组织,起绒经除与上、下层纬纱交织进行固结外,还以一定的浮长覆盖在织物表面,待织好后割断经浮长线,将上、下层分开,便可得到两幅起绒织物。由于一组起绒经在与上层地组织固结时就无法与下层地组织固结,反之亦然。

为此获得的两幅绒织物,并非整幅织物均有毛绒,而是像烂花绒一样呈现出有毛绒和无毛绒形成的花纹,而且上、下两幅绒织物的绒毛花纹互为底片效应,即一幅织物上的绒毛花纹处便是另一幅织物的无绒毛底板处。

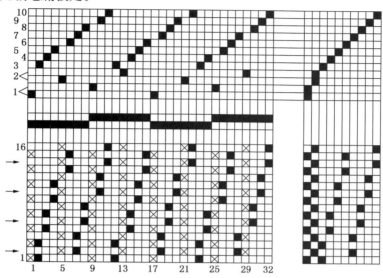

图 7-22 经浮长通割织物金丝绒上机图

图 7-23 为双层经浮长通割起绒组织实例,图中:(a)为织物起绒模纹,(b)为组织图,(c)为绒经的纵向剖面图。上、下层地组织均为平纹,上层地经:下层地经:绒经＝1:1:2,上层纬纱:下层纬纱＝1:1。采用 3 纬 W 型固结,以一层计算绒经的经浮长为 6,箭头所指为割绒时进刀位置。

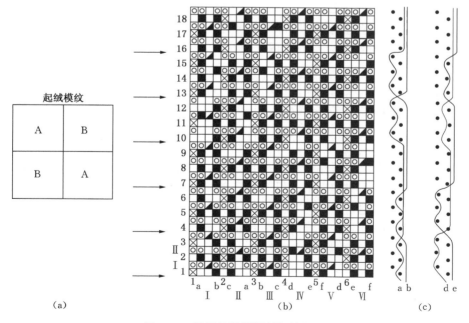

图 7-23 双层经浮长通割起绒组织

7.2.3 双层分割法经起绒组织

双层分割法经起绒组织的起绒原理如图 7-24 所示。地经分成上、下两部分,上层地经与纬纱交织成上层织物,下层地经与纬纱交织成下层织物。两层织物间隔一定距离,绒经则位于两层织物之间,交替地与上、下层纬纱交织。两层织物之间的距离等于两层绒毛高度之和。织成的织物经割绒工序,将连接两层的绒经割断,形成上、下两幅经起绒织物。

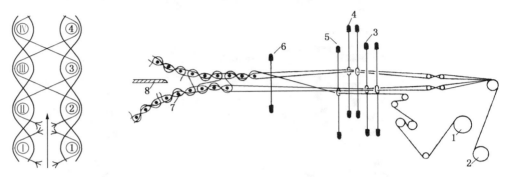

图 7-24　双层经绒经向剖面图　　　图 7-25　双层经绒织造示意图

1—绒经轴　2—地经轴　3,4—地综　5—绒综
6—筘　7—织物　8—割绒刀

图 7-25 为双层经起绒织造示意图。双层起绒组织的织造,由于开口和投纬的方式不同,分为单梭口织造法和双梭口织造法两种。单梭口织造法为织机曲轴每一回转形成一个梭口,投入 1 根纬纱。而双梭口织造法为织机曲轴每一回转能同时形成两个梭口,并同时投入 2 根纬纱。显然,双梭口织造法的生产效率比单梭口织造法高。

1. 单梭口织造法双层经起绒

单梭口织造法双层经起绒织物的常见品种有:毛绒透亮的利亚绒;嵌有金银色铝皮的绿柳绒;绒经扎染成彩色的彩经绒以及绒毛稠密的乔其立绒、印花乔其绒和烂花乔其绒等。

例 2:乔其立绒

乔其立绒是采用桑蚕丝强捻纱交织成乔其地,以有光黏胶丝起绒毛的交织丝绒织物。绒毛稠密而挺立,弹性好,手感柔软,光泽柔和,质地坚牢。图 7-26 为乔其立绒上机图。上、下层地组织均为 $\frac{2}{1}$ 经重平,上层地经:下层地经:绒经=2:2:1。绒经采用3纬 W 型固结,要求投纬次序为上层3梭、下层3梭,上下层纬纱的排列比为3:3。图中:1、2 为上层经、纬纱,Ⅰ、Ⅱ 为下层经、纬纱,a、b 为绒经;符号"■"表示上层地经浮点,符号"⊠"表示下层地经浮点,符号"◎"表示里纬投入时上层地经提起,符号"▲"表示绒经浮点。

制织经起绒织物时,因绒、地经的组织和原料不同,织缩相差悬殊,故应分别卷绕在两个经轴上。穿综大多采用分区穿法,因为绒经的张力要求比地经小,故将绒经穿入前区第1、2 片综;下层地经提升次数最少,穿入后区第5、6 片综;上层地经穿入中区第3、4 片综。由于地经密度较大,第3、4、5、6 片综均采用双列式。穿筘时宜将一组绒、地经穿入同一筘齿。绒经在筘齿中的位置有两种:一种是夹在地经的中间,另一种是紧靠筘齿片。由于绒经张力小,地经张力大,绒经如位于地经的中间穿过筘齿,有时易被地经夹起而造成毛背疵点。若织物的经密稀疏,为了使绒经能很好地耸立于织物表面,则可将绒经位于地经中间穿过筘齿。反之,当织物经密大时,绒经在筘齿中的位置以紧靠筘片为宜。乔其立绒因其经密较大,上、下层各两根地经和一根绒经穿入同一筘齿,绒经以紧靠筘片为宜。

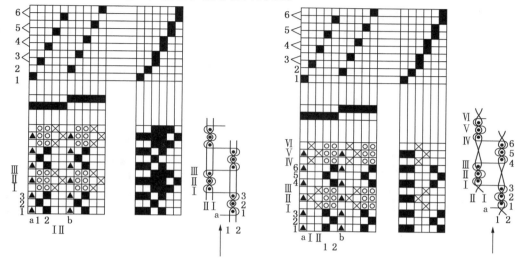

图 7-26　乔其立绒上机图　　　　　　图 7-27　烂花乔其绒上机图

乔其绒经烂花处理后,可制成烂花乔其绒,其绒毛向一个方向倾斜。图 7-27 为烂花乔其绒上机图,它与图 7-26 的区别在于:

(1)地组织改用平纹组织,经烂花处理后,绒经烂掉的地方呈现平纹地组织,质地坚牢,外观平整。

(2)上机时,上层地综采用倒吊装置,开下梭口;纹板图中,上层经浮点处不植纹钉,纬浮点处需植纹钉。

2. 双梭口织造法双层经起绒

双梭口经平绒上机图见图 7-28,地组织为平纹,采用两组绒经 V 型固结法,地经与绒经的排列比为2:1(单层为1:1)。组织图中:"■"表示上层地经在上层纬纱之上;"⊠"表示下层地经在下层纬纱之上;"▲"表示绒经在上层纬纱之上;"⊡"表示绒经在下层纬纱之上;"□"表示上层地经在上层纬纱之下或下层地经在下层纬纱之下或绒经在上、下层纬纱之下。

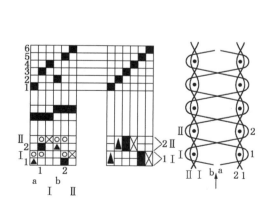

图 7-28　双梭口经平绒上机图

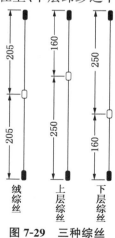

图 7-29　三种综丝

双梭口织机的综丝形式有三种,如图 7-29 所示。凭借三种不同形式的综丝,使综平时上、下层地经位于上、下两个平面,因此在同一开口机构作用下,能同时形成上、下两个梭口。上层梭口的下层经纱与下层梭口的上层经纱重合在中央位置。综平时绒经在上、下层经纱之间,若绒综上升,则绒经与上层纬纱交织;若绒综下降,则与下层纬纱交织,如图 7-30 所示,图中:(a)为综平时经纱位置,(b)为开口时经纱位置。因为双梭口织造法的上、下层纬纱可同时织入,所以纹板图中横行数等于组织图中纬纱循环数的 1/2。纹板图中符号"▲"表示绒综上升使绒经升到上层纬纱之上,"□"表示绒综下降使绒经降到下层纬纱之下。

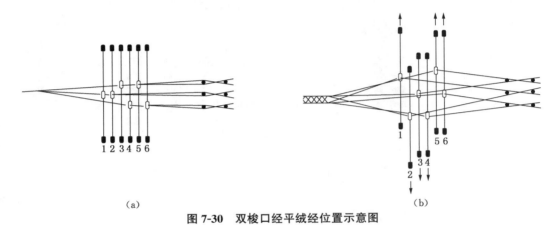

(a)   (b)

图 7-30　双梭口经平绒经位置示意图

1,2—绒综　3,5—上层地综　4,6—下层地综

3. 设计双层经起绒组织的要点

(1) 地组织选择与配置。双层经起绒组织的上、下层地组织应根据织物的品质要求来选择。如需要织物手感柔软,则可采用 $\frac{2}{1}$ 经重平或纬重平、$\frac{2}{1}$ 变化重平、方平等作为地组织;如要求织物挺括,宜用平纹作为地组织,并配以捻度较大的地经、地纬。

绒经固结组织与地组织的配合,对绒毛的抱合和耸立有一定影响。图 7-26 中,地组织采用 $\frac{2}{1}$ 经重平,当地经浮长线收缩时,可使绒毛抱合效果好,耸立度亦好,用于制织立绒较为合适。而图 7-27 中,地组织为平纹,绒经亦为三纬固结法,毛绒头从地组织交叉点处伸出,绒毛耸立度差,容易倾倒,用于制织向一个方向倾斜的素绒较为合适。同理,图 7-31 中,地组织为 $\frac{2}{2}$ 经重平,(a)采用单纬 V 型固结法,(b)采用三纬 W 型固结法,(c)采用四纬 W 型固结法。相比之下,以(c)为最好,因为其毛绒头从地组织的非交叉点处伸出,地经浮长线收缩可夹紧毛绒,以增加绒毛的抱合和耸立度。

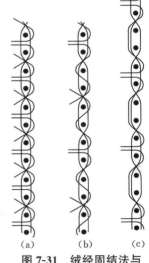

(a)　　(b)　　(c)

图 7-31　绒经固结法与
地组织的配合

绒经固结点的配置与绒毛的均匀覆盖度有很大关系。上述乔其立绒上机时,虽然采用 2 片绒综,但其运动规律相同,称为绒经一列式配置,当织物弯折时容易露底。如果错开植列绒

毛,可使一个组织循环内的纬纱都起固结绒毛的作用,这样不仅纬纱负荷均匀,而且织物绒毛均匀,覆盖性好,可避免形成纬向绒毛条痕。图 7-32 所示为二列式双层经起绒组织上机图。图中,绒经 b 的运动比绒经 a 滞后一纬,固结点交错配置,其绒毛的均匀覆盖性得到改善;采用单梭口制织时,(a)所示 V 型固结的投纬次序为上层二梭、下层二梭,(b)所示 W 型固结必须采用上层四梭、下层四梭的投纬次序。

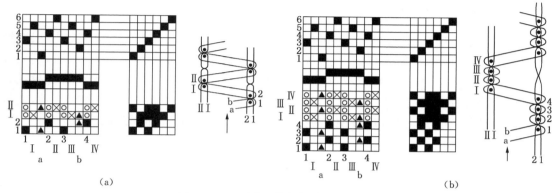

(a)　　　　　　　　　　　　　　　　(b)

图 7-32　二列式双层经起绒组织上机图

（2）绒毛的高度与密度。绒毛高度对绒面的手感、色光和绒毛的整齐度等均有影响。一般绒毛高时,其绒面很难达到平整,易产生倒毛和纬向折痕等疵点,且绒面不够光亮,手感亦较粗糙。绒毛短时,绒毛易于竖立,色光均匀,绒面平整美观,手感柔软有弹性,同时可节约原料用量。因此,绒毛的高度在保证成品质量且不露底的情况下以短为宜。

双层分割经起绒织物的绒毛高度与上、下层地经综眼间垂直距离以及绒经的送出量有关。当绒毛高度确定后,绒经从一层转向另一层时,其送出量可根据绒毛高度及经、纬纱直径求出。

在生产过程中,若发现织物绒毛高度不合要求时,可调节绒经送出量来达到要求。

双层分割经起绒织物的绒毛密度除与织物经纬密度、绒地经排列比有关外,还与绒经组织有关。如图 7-33 所示,绒经与上、下层纬纱全部交织的称为全起毛组织(a),绒经仅与上、下层中一半的纬纱进行交织的称为半起毛组织(b),依次类推。由此可见,对一组绒经同种固结形式而言,全起毛组织的绒毛密度比半起毛组织大一倍。

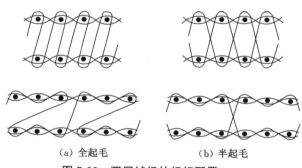

(a) 全起毛　　　　(b) 半起毛

图 7-33　双层绒经的组织配置

双层分割经起绒织物的绒毛密度可按下式计算:

$$X = KP_j P_w / n$$

式中:X——绒毛密度(绒头根数/cm²);

　　　P_j——单层织物地经密度(根/cm);

　　　P_w——单层织物纬纱密度(根/cm);

n——单层地经与绒经的排列比；

K——绒头系数。

K 值大小与绒经的组织有关，$K = \dfrac{绒头数}{纬纱循环数}$。如全起毛单纬固结 $K=2$，半起毛单纬固结 $K=1$，全起毛三纬固结 $K=2/3$，半起毛三纬固结 $K=1/3$。

7.2.4 双层分割拉纬法双面经起绒组织

先设计双层地部组织，再在上下层外侧各设计一组辅助纬纱。辅助纬纱不与上下层地经交织，位于上下层地部织物的外侧。绒经连接上下两层，它们与上下层的纬纱交织时，其上方或下方的其中一方包覆在辅助纬纱外侧，另一方在辅助纬纱内侧，形成双面经起绒双层组织。利用双层织物分割割绒技术先产生内层单面立绒，再通过整纬机拉出织物中的辅助纬纱，使包覆在辅助纬纱外侧的绒经从外层被拉出，形成外层毛绒，最终形成双面绒织物。

1. 地组织选择

因辅助纬纱不与地经交织，而且在拉纬工序中会被抽出，因此成品的纬密将减少。生产中设计的双层分割拉纬双面经起绒组织的地组织一般采用平纹，使织物平整、坚牢，便于割绒拉纬。

2. 绒经固结形式

绒经交替地与上下层地纬交织，形成平纹，通过割绒和拉纬，在织物上呈现 N 型、W 型绒经固结形式。N 型固结是指绒经与 2 根纬纱交织，绒经与地纬的交织点少。N 型绒毛同时在织物两面出现，这提高了绒毛密集性。W 型固结是指绒经与 3 根纬纱交织，绒经与地纬的交织点较多，绒毛固结牢固。W 型绒毛只能出现在织物的一面，必须通过组织设计和组织循环，使割绒织物的正反两面都出现绒头，因此绒毛相对稀疏。

3. N 型固结法双面经立绒组织

地经和地纬组成上下两层地部织物，采用两个绒经系统，两列绒经纱与地部织物的纬纱交织在一起，经割绒拉纬形成立绒，在地部织物的两面形成沿纬纱整体呈 N 型结构的绒毛。设计合理的 N 型组织结构有八纬循环二纬固结、十二纬循环四纬固结、十六纬循环六纬固结等。

以八纬循环二纬 N 型固结组织为例。穿经顺序：2 根地经表经、2 根地经里经、2 根绒经。投纬次序：下层 4 纬、上层 4 纬。地部组织：上下两层地部组织均采用平纹。绒经交替地与上、下层的纬线交织。

图 7-34 为八纬循环二纬 N 型固结组织图及其双面立绒形成剖面图。图 7-34（a）为组织图，有上层经线 1、2，下层经线 Ⅰ、Ⅱ，上层纬线 1、2、3、4，下层纬线 Ⅰ、Ⅱ、Ⅲ、Ⅳ，绒经 a、b，两列绒经的提升顺序相反；符号"⊠"表示上下层地经浮点，符号"◉"表示下层纬线投入时上层地经提升，符号"■"表示辅助纬纱 Ⅰ、Ⅳ织入时下层地经提升，符号"▲"表示绒经浮点。

织造时，在图 7-34（b）所示的经向剖面图中，符号"◉"代表地纬，上层地经 1、2 和绒经 a、b 与上层纬线 2、3 交织，下层地经 Ⅰ、Ⅱ和绒经 a、b 与下层纬线 Ⅱ、Ⅲ交织，都形成平纹组织；符号"⊠"代表辅助纬纱，它们只与绒经 a、b 交织，不与上下地经交织。绒经 a、b 将上下层织物紧紧固结在一起。织物下机后，通过割绒工艺将双层织物从中间割开，此时绒毛只在上下层的内层产生，形成单层单面立绒，如图 7-34（c）所示的割绒后经向剖面图。对单层单面织物进行拉纬处理，辅助纬纱 Ⅰ、Ⅳ、1、4 被拉出，绒头就被带出而在单层织物的另一面形成，最后形成单层双面割绒织物。因此，两列绒经在地部织物的两面形成沿纬纱呈 N 型固结的绒毛，如图 7-

34(d)所示的拉纬后经向剖面图。

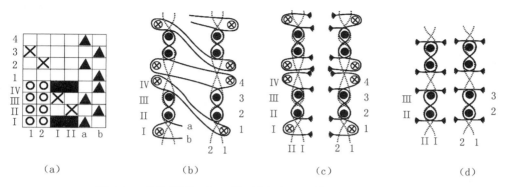

（a）　　　　　　　　（b）　　　　　　　　（c）　　　　　　　　（d）

图 7-34　八纬循环二纬 N 型固结组织图及其双面立绒形成剖面图

4. W 型固结法双面经立绒组织

地经和地纬形成上下两层地部织物，采用两个绒经系统，两列绒经纱与地部织物的纬纱交织在一起，经割绒拉纬后形成立绒，在地部织物的两面形成沿纬纱整体呈 W 型结构的绒毛。设计合理的 W 型组织结构有十四纬循环五纬固结、十纬循环三纬固结等。

以十纬循环三纬 W 型固结组织为例。穿经顺序：2 根地经表经、2 根地经里经、2 根绒经。投纬次序：下层 5 纬、上层 5 纬。地部组织：上下两层地部织物均采用平纹。绒经：交替地与上、下层的纬线交织。

图 7-35 为十纬循环三纬 W 型固结组织图及其双面立绒形成剖面图。图 7-35（a）为组织图，有上层经线 1、2，下层经线 Ⅰ、Ⅱ，上层纬线 1～5，下层纬线 Ⅰ～Ⅴ，绒经 a、b，两列绒经的提升顺序相反，各符号表达的意义与图 7-34（a）相同。

织造时，在图 7-35（b）所示的经向剖面图中，符号"◎"代表地纬，上层地经 1、2 和绒经 a、b 与上层纬线 2、3、4 交织，下层地经 Ⅰ、Ⅱ 和绒经 a、b 与下层纬线 Ⅱ、Ⅲ、Ⅳ 交织，都形成平纹组织；符号"⊗"代表辅助纬纱，它们只与绒经 a、b 交织，不与上下地经交织。绒经 a、b 将上下层织物紧紧固结在一起。织物下机后，通过割绒工艺将双层织物从中间割开，此时绒毛只在上下层内层形成，形成单层单面立绒，如图 7-35（c）所示的割绒后经向剖面图。对单层单面织物进行拉纬处理，辅助纬纱 1、5、Ⅰ、Ⅴ 被拉出，绒头就被带出而在单层织物的另一面形成，最后形成双层双面割绒织物。因此，两列绒经在地部织物的两面形成沿纬纱呈 W 型固结的绒毛，如图 7-35 所示的（d）拉纬后经向剖面图。

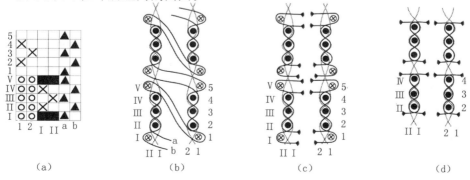

（a）　　　　　　　　（b）　　　　　　　　（c）　　　　　　　　（d）

图 7-35　纬循环三纬 W 型固结组织及其双面立绒形成剖面图

采用上述两种方法织成的双层绒织物,下机后经割绒工序,将连接于上下两层间的绒经割断,形成上下两幅单面经起绒割绒织物;然后,通过拉纬工序将辅助纬纱拉出,此时单面立绒织物的一部分绒头会转移到另一面,形成单层双面立绒织物;最后,经过剪毛、梳毛等其他后整理工艺,便可形成平整、舒适的绒毛效果。

7.3　毛巾组织

毛巾组织(terry weave)是在上机条件配合下,能使织物表面具有毛圈效应的一种组织。由于毛圈的作用,其织物具有良好的吸湿性、保温性和柔软性,常用于制作面巾、浴巾、枕巾、毛巾被、睡衣等。

7.3.1　毛巾分类

毛巾的分类方法可有多种:

(1) 按用途分类,有面巾、浴巾、枕巾、毛巾被、餐巾、地巾、挂巾、毛巾布、干发巾、海滩巾等。

(2) 按毛圈分布分类,有一面起毛的单面毛巾、正反面起毛的双面毛巾、正面与反面交替起毛构成凹凸花纹图案的凹凸毛巾等。

(3) 按生产方法分类,有素色毛巾、彩条格毛巾、提花毛巾、印花毛巾、缎档毛巾、双面毛巾等。

(4) 按原料分类,可用于毛巾织物的原料很多,最常用的有纯棉毛巾、桑蚕丝毛巾、腈纶毛巾、竹纤维毛巾、彩棉毛巾等。

(5) 按毛巾的组织结构分类,有三纬毛巾(一个组织循环中有三根纬纱)、四纬毛巾、五纬毛巾、六纬毛巾等。

7.3.2　毛巾组织的形成

1. 毛巾的基本组织

毛巾组织由两组经纱与一组纬纱构成。地经与纬纱交织成地部作为毛圈附着的基础,毛经与纬纱交织形成毛圈。图 7-36(a)、(b)、(c)、(d)所示分别是三纬毛巾、四纬毛巾、五纬毛巾及六纬毛巾的组织图,"⊠"表示地经经组织点,"■"表示毛经经组织点。最常用的是三纬毛巾,其地组织、毛圈组织均为 $\frac{2}{1}$ 变化经重平,但起点不同,如图 7-36(a)所示,1、2 为地经,a、b 为毛经。

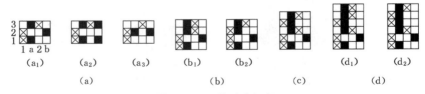

图 7-36　几种毛巾组织

2. 毛圈的形成

毛巾织物的毛圈是借助毛、地组织的合理配合、织机上特殊的送经机构及特殊的打纬机构共同作用而形成的。现以三纬毛巾为例说明毛圈形成的过程。图 7-37 中,(c)为三纬双面毛

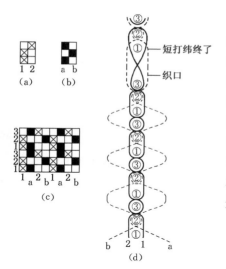

图 7-37　三纬毛巾毛圈的形成

巾的组织图，(a)、(b)分别为地组织和毛圈组织。毛、地经纱分别卷绕在两只织轴上，毛经织轴送经量大，经纱张力较小；地经织轴送经量小，经纱张力较大。毛巾织机的打纬有长打纬与短打纬之分。当织入第 1、2 根纬纱时，打纬动程较小即短打纬，打纬终了时筘距离织口尚有一定的距离，并不与织口接触。当织入第 3 根纬纱后，筘将这三根纬纱一起推向织口。由于第 1、2 根纬纱在地经的同一梭口内，当筘推动第 3 根纬纱时，能同时推动第 1、2 根纬纱。在长打纬时，毛经纱在第 1、2 两根纬纱的夹持下也沿着地经向前滑动，并在织物表面形成毛圈，见图 7-37(d)。

3. 毛、地组织的合理配合

毛、地组织的配合对织物表面形成毛圈影响显著。三纬毛巾的毛、地组织均为 $\frac{2}{1}$ 变化经重平，地组织与毛组织的配合有三种情况，如图 7-38(a)、(b)、(c)所示。正确的配合应满足以下要求：

(1) 打纬阻力。为了易于将纬纱打向织口，打纬阻力要小。图 7-38(a)中，长打纬时 3 根纬纱与地经已交错两次，阻力最大。图 7-38(b)、(c)的打纬阻力较小。

(2) 对毛经的夹持。图 7-38(a)中，纬纱 1 与 2、2 与 3 之间均与地经交叉，纬纱对毛经的夹持力小；(b)中，纬纱 2 与 3 虽能将毛经纱夹住，但纬纱 1 与 2 之间夹持力小，将导致毛圈不齐；(c)中，纬纱 1 与 2 同一梭口，容易将纬纱夹牢。

(3) 纬纱反拨情况。(a)中的纬纱 3 与 1 的梭口相同，长打纬后，筘后退时纬纱 3 容易后退反拨；在(b)的情况下，纬纱 3 与 1 的梭口不同，纬纱 3 的反拨虽不严重，但筘后退时会使纬纱 2 与 3 之间的夹持力减小；而在(c)的配合中，即使纬纱 3 反拨，也不会影响纬纱 1 与 2 对毛经的夹持力，毛圈大小不会改变。

综合以上分析，可知图 7-38(c)所示的毛、地组织的配合最佳。

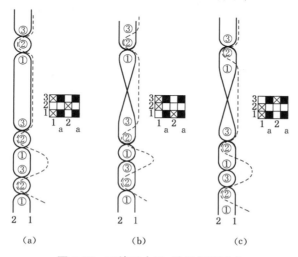

图 7-38　三纬毛巾毛、地组织的配合

7.3.3 地经与毛经的排列比及毛圈高度

1. 地经与毛经的排列比

地经与毛经的排列比影响织物的毛圈密度。常用的排列比(地经:毛经)有:1:1,称单单经单单毛;1:2,称单单经双双毛;2:2,称双双经双双毛。

此外,还有单、双相间的,如单双经单双毛等。

2. 毛圈高度

毛圈高度由长、短打纬之间相差的距离确定,约等于此距离的一半,并配合毛经的送经量来完成。

毛经与地经送经量之比称为毛长倍数,决定毛圈的高度。不同品种对毛长倍数的要求不同,一般餐巾类为3:1,面巾与浴巾为4:1,枕巾与毛巾被为4:1～5:1,螺旋毛巾为5:1～9:1。

7.3.4 毛巾织物的上机要点

为保证织造时梭口清晰,毛、地经纱采用分区穿综,毛经穿前区,地经穿后区。毛经的经位置线应稍高于地经,以避免因地经张力大,升降挂带松弛毛经的现象发生。

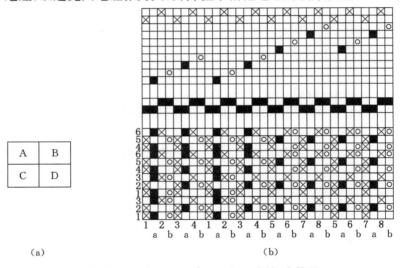

图 7-39　双色格子毛巾组织图和穿综、穿筘图

制织毛巾织物时,筘号不宜太大。同一排列比的毛、地经纱须穿入同一筘齿内。

图 7-39(b)为一双色格子毛巾的组织图和穿综、穿筘图,(a)为模纹图,毛经纱由 a、b 两种颜色组成。在 A 区,毛经 a 在正面起毛圈,毛经 b 在反面起毛圈;在 B 区,毛经 a 在反面起毛圈,毛经 b 在正面起毛圈;在 C 区,一半毛经 a、b 在正面起毛圈,另一半毛经 a、b 在反面起毛圈;D 区为凹毛,毛经 a、b 均在反面起毛圈。

7.4　地毯组织

地毯(carpet)织物表面毛绒簇立,质地厚实而富有弹性,色彩丰富和谐,具有良好的吸音、防潮、保暖作用,是家居中使用的铺设类装饰织物。

地毯的种类较多,按所用原料可分为羊毛地毯、绢丝地毯、锦纶地毯、腈纶地毯、丙纶地毯和混纺地毯等;按生产方式可分为手工编织地毯、机器簇绒地毯和机织地毯;按起绒方式可分为圈绒地毯和割绒地毯;按使用范围可分为星级宾馆、酒店、商务住房用地毯、民用客厅毯、睡房毯、门口毯、座垫毯、电梯毯等。

机织地毯属经起绒织物,分圈绒地毯和割绒地毯两种。圈绒地毯的绒经固结在地组织上,地毯表面密布由绒经形成的毛圈;割绒地毯是通过机械割绒,使被割断的绒经耸立而形成毛绒的毯面。

地毯的质量由纺织纤维的种类、地毯绒头的数量、密度及绒头高度决定。纺织原料中以桑蚕丝和羊毛最为高档;80%羊毛和20%锦纶的混纺纱线,可使羊毛的弹性和锦纶的耐磨性有机地结合在一起,最适于制作地毯。地毯织物的绒头密度越大,则其使用性能越佳。我国地毯以每英尺长度内绒根的纬道数作为绒头密度的指标,常用的高档地毯有90道、120道、160道等。道数越高,地毯编织越精致。如桑蚕丝地毯的品质按编织的道数而定,主要有120道、300道、400道、600道、800道等。

7.4.1 割绒地毯织物的结构类型

地毯织物的植绒方式呈V型,绒毛高度一般为6~12 mm。机织地毯根据组织结构和织造工艺的不同,可分为单层地毯(如阿克斯敏斯特地毯,Axminster carpet)和双层分割地毯(如威尔顿地毯,Wilton carpet)两种。

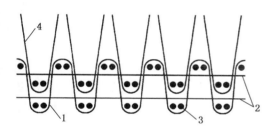

图 7-40 阿克斯敏斯特地毯组织经向剖面图
1—链经 2—紧经 3—纬纱 4—绒经

地毯组织一般由三组经纱与一组纬纱交织而成,如图7-40所示。三组经纱中,链经与纬纱上、下交织成平纹或重平地组织,绒经与纬纱V型固结形成绒毛,紧经呈直线状夹在上、下纬纱之间。

1. 阿克斯敏斯特地毯

阿克斯敏斯特地毯源自英国,因采用阿克斯敏斯特地毯机织造而得名,已有100多年的历史,其最大特点是绒经色彩可达八种甚至更多,地毯花纹华贵艳丽,成品质地厚实、柔软,是各类机织地毯中

的上品。由于是单层织物,织造效率较低,因而该地毯价格昂贵。该地毯织机构造独特,割绒和栽绒一气呵成。织造时,综框将绒经提起后通过咬嘴将绒经根据绒毛高度向前拉出、割断,并以V型固结的方式栽入地部,然后压上纬纱而成。每投纬一次引入两根纬纱,六根纬纱为一个组织循环,其中两根紧经将纬纱分成上、中、下三部分。织物背面由链经浮长垫底,使绒根藏而不露,组织结构的经向剖面图如图7-40所示。

2. 威尔顿地毯

该地毯因起源于英国的威尔顿而得名,产品毛绒丰满,弹性良好,脚感舒适,是铺设房间的理想产品。威尔顿地毯采用双层分割起绒法织造,生产效率较高,其制织原理和双层分割经起绒织物相近,绒经在上、下层间按V型固结。根据纬纱组数不同,威尔顿地毯可分为:单纬起绒地毯,如图7-41(a)所示;二纬起绒地毯,如图7-41(b)所示;三纬起绒地毯,如图7-41(c)所示。

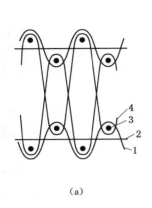 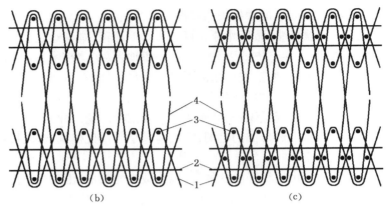

图 7-41　威尔顿地毯组织经向剖面图

1—链经　2—紧经　3—纬纱　4—绒经

7.4.2　单层圈绒地毯组织

单层圈绒地毯质地坚实,毯面平挺,毯形稳定,无脱毛现象。该地毯织物由两组经纱与一组纬纱交织而成,地经组织为平纹,绒经组织为$\frac{3}{1}$经重平,绒根以 V 型固结,地经与绒经的排列比为2:2,采用双经轴、四片综,在普通地毯机上织造。图 7-42 为该地毯织物上机图。其中,a、b 为绒经,由前区综框控制;1、2 为地经,由后区综框控制。两根绒经交叉起圈,使毯面毛圈分布整齐均匀,绒圈的高度由织机的送经、卷取机构控制。也可将绒经按一定比例的色条排列,得到双色或混色圈毯效果。

7.4.3　双层分割法地毯组织

双层割绒地毯织物的织造,可根据起绒结构、开口和投纬方式的不同,分为单梭口织造、双梭口织造和三梭口织造三种方式,分别采用单剑杆、双剑杆和三剑杆引纬机构。素织地毯的地经与绒经的提升均由多臂综框控制;提花地毯的地经提升由多臂机控制,绒经提升由提花龙头控制。

因链经、紧经和绒经各自的原料、组织结构不同,张力不一,织造时应将链经和紧经分别卷绕在两个经轴上,绒经摆放在筒子架上,地经积极送经,绒经消极送经。穿综时,绒经穿在前区,地经穿在后区,每组绒、地经穿入同一筘齿。图 7-43 为双层割绒地毯织机构造示意图。

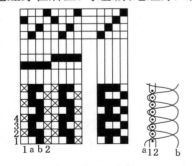

图 7-42　单层素织圈绒地毯上机图

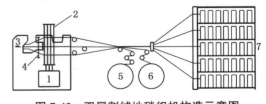

图 7-43　双层割绒地毯织机构造示意图

1—多臂机　2—综框　3—割刀　4—钢筘
5—紧经经轴　6—链经经轴　7—绒经筒子架

以双层分割地毯织物采用三梭口、三剑杆同时引纬织造为例。地组织中,链经为三上三下经重平,紧经为二上一下经重平,两组绒经采用 V 型固结法上、下层交替固结。上、下层经纱的排列比为 4:4,单层地毯中链经、紧经与绒经的排列比为 2:1:1。上、下层纬纱的排列比为 2:1:1:2,第一次投纬时三剑杆分别织入上层 2 根、下层 1 根纬纱,第二次投纬时三剑杆分别织入上层 1 根、下层 2 根纬纱。

为确保梭口清晰,减轻织机提升负荷,综丝的综眼分上、中、下三种位置,综平时上、下层综丝的综眼不在同一水平面,见图 7-44。

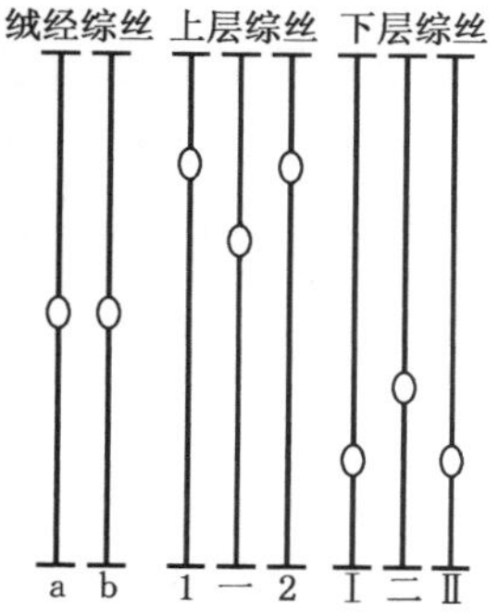

图 7-45 为双层分割地毯织机开口示意图,图中经纱 1、2 及 I、II 分别为上、下层链经,a、b 为绒经,一、二为紧经。开口时,分上、中、下三层梭口,箭头表示综框提升状况,前两片综框控制绒经,后六片综框分别控制上、下层链经、紧经。

图 7-46 为该双层分割地毯织物上机图,图中 1、2、3、4、5、6 为上层纬纱,I、II、III、IV、V、VI 为下层纬纱。采用八片综框,四穿筘。其中,1、2 片综框控制绒经;3、5、6、8 片综框控制链经;4、7 片综框控制紧经,每三纬为一个投纬组,即 1、2、I 纬为一组,3、II、III 纬为另一组,由三把剑杆同时织入。

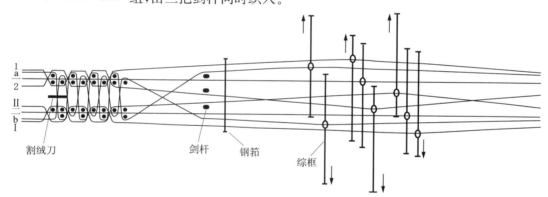

图 7-44　综眼位置示意图

绒经综丝　上层综丝　下层综丝
a　b　1　一　2　I　二　II

割绒刀　　　　　剑杆　钢筘　　　综框

图 7-45　双层分割法地毯织机开口示意图

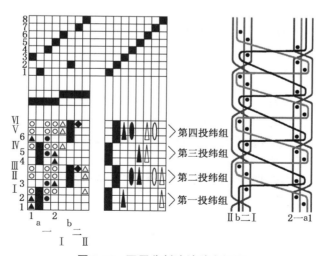

第四投纬组
第三投纬组
第二投纬组
第一投纬组

图 7-46　双层分割法地毯上机图

组织图中的符号："▲"表示上层链经在上层纬纱之上；"△"表示下层链经在下层纬纱之上；"■"表示绒经在上、下层纬纱之上；"●"表示上层紧经在上层纬纱之上；"◆"表示下层紧经在下层纬纱之上；"◎"表示上层链经、紧经在下层纬纱之上；"□"表示上层链经在上层纬纱之下，下层链经在上、下层纬纱之下，绒经在上、下层纬纱之下，上层紧经在上层纬纱之下，以及下层紧经在上、下层纬纱之下。

因为三梭口织造法的上、下层纬纱为同时织入，所以纹板图中的横行数等于组织图中纬纱循环数的 1/3。

纹板图中，"■"表示绒综提升使绒经在上、下层纬纱之上；"▲"表示上层链综提升使上层链经在上层纬纱之上；"△"表示下层链综提升使下层链经在下层纬纱之上；"●"表示上层紧综提升使上层紧经在上层纬纱之上；"◎"表示下层紧综提升使下层紧经在下层纬纱之上；"□"表示绒综、上层链综、下层链综、上层紧综、下层紧综不提升。

思考题

7-1 设计灯芯绒组织时，如何恰当地选择地组织、绒纬组织、地纬与绒纬的排列比？

7-2 试设计地组织为 $\frac{2}{1}\nearrow$、地纬与绒纬的排列比为 1:2、绒根采用 W 型固结、绒纬浮长为 6 的灯芯绒组织上机图，并注明割绒位置。

7-3 设计拷花呢组织时，如何恰当地选择地组织、绒纬组织、地纬与绒纬的排列比？

7-4 比较纬起绒与经起绒织物生产方法的异同及特点。

7-5 经起绒织物的生产方法有哪些？比较单梭口织造法和双梭口织造法的经起绒织物生产特点。

7-6 影响双层分割法经起绒组织织物的毛绒高度与密度的因素有哪些？

7-7 试述毛巾组织的成圈原理和毛、地组织的合理配合及上机要点。

7-8 试述毛巾织物的种类和用途，试从原料、纱线、组织结构、后整理及产品花色等方面讨论毛巾产品开发的思路。

7-9 试述纱线颜色在毛巾织物中的应用。

7-10 地毯组织结构种类有哪些？

7-11 单层圈绒地毯和毛巾的区别与联系是什么？

7-12 制织双层分割地毯时，织机开口、引纬机构有何特点？

实训题

7-1 到企业了解以下灯芯绒织物的外观特点、织造原理及割绒方法：
(1) 粗细条灯芯绒 (2) 间隙割灯芯绒

7-2 参观经起绒织造厂，察看经起绒织机的构造、工作原理，收集经起绒织物，并分析经起绒织物的组织和形成原理。

7-3 设计一款宾馆用地巾，从原料、组织、质量、毛圈高度等方面考虑，如何实现抗菌、防滑、吸湿快干等要求？

7-4 参观地毯生产厂，仔细察看阿克敏斯特地毯和威尔顿地毯的机器构造、工作原理、地毯类别，收集并分析地毯织物的组织与形成原理。

7-5 阅读数字内容 3 和 4，了解绒组织织物的典型品种及外观效果。

第八章　纱罗组织

8.1　纱罗组织的概念

8.1.1　纱罗织物结构特征

相邻经纱交换左右位置,扭绞着与纬纱交织而形成的织物,称为纱罗织物,又称绞纱织物、绞罗织物。常见的纱罗织物有简单纱罗、链式纱罗及四经绞罗,其结构分别如图 8-1(a)、(b)、(c)所示。

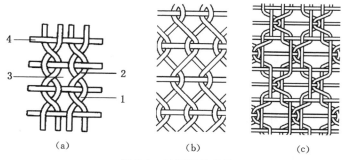

图 8-1　纱罗织物结构

图 8-1(a)所示为双经绞纱织物,由绞经 1(crossing end)和地经 2(ground end)两组经纱与一组纬纱 3 交织而形成。绞经与地经按一定比例配置成组(图中为 1∶1),它们与纬纱交织过程中,同一绞组的绞经有时在地经的左侧,有时在地经的右侧,当绞经从地经的一侧扭转到另一侧时,形成一次扭绞。

纱罗织物有以下特点及应用:

(1)绞经、地经之间或左或右的相互扭绞使同一绞组内的经纱占据更大的空间,相邻绞组则被隔开。同时,这种扭绞使相邻纬纱被隔开而无法紧密贴合。这样,图 8-1(a)中标注位置会形成六角形的纱孔 4。因此,纱罗组织织物表面呈现清晰纱孔,质地稀薄透亮,透气性好,适宜于用作夏季服装、窗纱、蚊帐、筛绢等的面料。

(2)绞经、地经之间的扭绞使经、纬纱之间的交织结构稳定,纱线不易滑移。因此,纱罗组织织物也常用作无梭织机织物的布边或在阔幅织机上制织数幅狭幅织物中间的边组织。

8.1.2　纱罗组织类别

纱罗组织是纱组织(pure gauze weave)与罗组织(leno weave)的总称。

凡每织 1 根纬纱或共口的数根纬纱后,绞经对地经扭绞一次,使织物表面全部呈现均匀分布纱孔的组织称为纱组织,亦称绞纱组织,如图 8-2(a)、(b)所示。

纱组织与平纹组织沿纵向或横向联合,使织物表面呈现纵向或横向纱孔条的组织称为罗组织,有直罗(vertical leno)与横罗(horizontal leno)之分。图 8-2(c)所示为直罗,纱孔呈纵条排列。绞、地经在每织入 3 根或 3 根以上奇数纬的平纹组织后扭绞一次才能形成横罗,纱孔呈横条排列,图 8-2(d)称为三梭罗,(e)为五梭罗。

图 8-3(a)中,一个绞组由 1 根绞经与 1 根地经组成,即绞经:地经=1:1,称为一绞一;(b)中绞经:地经=1:2,称为一绞二;(c)中绞经:地经=2:2,称为二绞二;依此类推。绞组内经纱数少,织物纱孔小而密;绞组内经纱数多,织物纱孔大而稀。

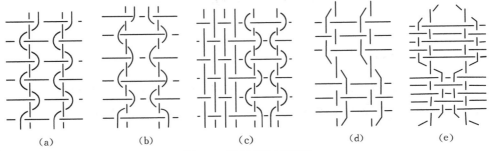

（a）　　　　（b）　　　　（c）　　　　（d）　　　　（e）

图 8-2　纱罗组织示意图

纱组织中,若每织入 1 根纬纱后绞、地经扭绞一次,则称为一纬一绞,如图 8-2 中(a)、(b)所示;若每织入共口的 2 根纬纱后绞、地经扭绞一次,则称为二纬一绞,如图 8-3 中(a)、(b)、(c)所示;依此类推。

各绞组间的绞经与地经的绞转方向均一致的纱罗组织称为一顺绞,如图 8-2 中(a)、(d)和图 8-3 中(a)、(b)、(c)所示。相邻两个绞组内绞经与地经的绞转方向相互对称的纱罗组织称为对称绞,如图 8-2 中(b)、(c)、(e)所示。

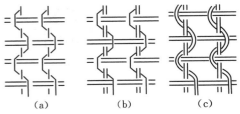

（a）　　　（b）　　　（c）

图 8-3　纱罗组织的几种绞组

不同纱罗组织之间、纱罗组织与各种基本组织之间可以联合,形成复杂纱罗组织(或称花式纱罗组织)。图 8-4 为几种复杂纱罗组织示例。

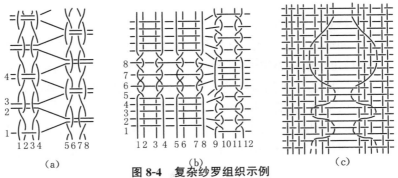

（a）　　　　　（b）　　　　　（c）

图 8-4　复杂纱罗组织示例

8.1.3　典型纱罗织物产品示例

香云纱,本名莨纱,又称拷纱,是用岭南地区的古老手工造与染整技艺制作的真丝纱织物。传统香云纱以桑蚕土丝为经纬原料,平纹为地组织,绞纱组织构成简单几何形花纹,制成坯绸,然后用广东地区特有的富含宁胶和单宁酸的植物薯莨的汁水多次浸泡、晒涂,使织物黏覆一层黄棕色胶状物,再用当地特有的富含多种矿物质的河涌淤泥覆盖,经多次晾晒、水洗、发酵,制成成品。香云纱质地密致,手感硬挺,穿着时会沙沙作响,故最初也叫"响云纱"。

杭罗,因其是采用浙江杭州地区的古老织造技艺制作的真丝罗织物而得名,以纯桑蚕丝为原料,由平纹和纱罗组织联合构成,有横罗和直罗两种,具有等距规律的直条形或横条形纱孔,孔眼清晰,穿着舒适凉快。

8.2 纱罗组织的形成原理

纱罗组织织物的绞经与地经之间的相互扭绞,需要采用特殊的综框装置、穿综方法和梭口形式,并通过三者的配合完成。

8.2.1 绞综装置

制织纱罗组织织物,需要普通综框与特殊综框——绞综(doup mounting)的组合使用。绞综有金属绞综(metalic leno heald)和线制绞综(twine leno heald)两种,一般以使用金属绞综为主,线制绞综在制织提花纱罗织物时使用。

1. 金属绞综

金属绞综的基本结构如图 8-5 所示。一副绞综由两根基综 1(standard heald)和一片半综 2(skeleton heald)组成。每根基综由两片相同的薄钢片组成,中部通过焊接点 4 连为一体。半综由一个中部的半综眼(亦称半综环)3 和两个薄钢片支脚组成。

安装时,同一副绞综的两根基综分别通过基综挂钩(或套环)6 穿套于前后相邻两片(页)综框 7 上,穿套于前一片(页)综框上的基综称为前基综,穿套于后一片(页)综框上的基综称为后基综。半综的两个薄钢片支脚分别伸入前后基综的两片薄钢片之间,半综眼位于基综中间,由基综焊接点托持,呈骑跨状,因此半综

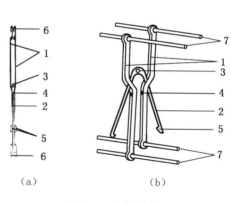

(a)   (b)

图 8-5 金属绞综

不占用综框。这样,无论前后哪一片(页)综框提升,都能由其基综带动半综提升。半综的骑跨方式有下半综和上半综两种,图 8-5 中所示的半综的薄钢片支脚朝下,称为下半综;若半综的薄钢片支脚朝上,则称为上半综。一般采用下半综,形成上开梭口。

2. 线制绞综

线制绞综的结构如图 8-6 所示。一副线综由一根基综 1 与一根半综 2 组合而成,半综在前,基综在后,各占用一片(页)综框 3。

线制绞综的基综一般有金属制和线制两种,常用的是金属基综,即普通综丝,如图 8-6(a)所示。线基综如图 8-6(b)所示,其使用寿命较短,但适用于制织较大经密的纱罗织物。

半综采用尼龙等材质的丝线制成环圈,一端穿过基综的综眼,另一端穿套在半综综框上。若

半综综框在下,上端穿过基综综眼,称为下半综,如图 8-6(a)、(b)所示。若半综综框在上,下端穿过基综综眼,则称为上半综,如图 8-6(c)所示。下半综用于上开梭口和中央闭合梭口的织机,使用较多。上半综用于下开梭口的织机,使用较少。半综按环圈头 4 的伸向不同,又有左半综与右半综之分。半综环圈头伸向基综左侧,即绞经位于基综之左,称为左半综,如图 8-6(b)所示。半综环圈头伸向基综右侧,即绞经位于基综之右,称为右半综,如图 8-6(a)、(c)所示。

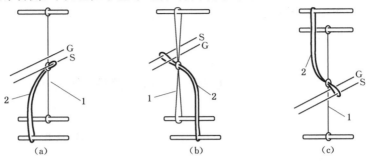

图 8-6 线制绞综

8.2.2 穿综方法

纱罗组织上机时,经纱穿综分两步进行:

(1) 将绞经与地经分别穿入位于机后的普通综,其中绞经所穿的综称为后综,地经所穿的综称为地综。

(2) 将绞经穿入半综圈环,同一绞组的地经跟随绞经从两根基综之间(金属综)或基综与半综圈环之间(线综)的缝隙处穿过。

开机前同一绞组内的绞经与地经的相对位置,称为绞、地经的原上机位置。原上机位置及具体穿法由绞组结构及上机时选用的半综形式决定。下面以下半综一绞一为例来说明其具体穿法。绞经在地经的右侧穿入半综圈环。即机上经线从左至右的排列顺序:第 1 根为地经,第 2 根为绞经。

1. 右穿法

从机前看,绞经与地经的原上机位置:地经在左,绞经在右。即机上经线从左至右的排列顺序:第 1 根为地经,第 2 根为绞经。

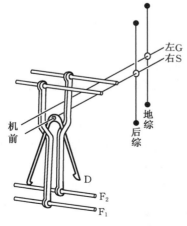

图 8-7 金属绞综右穿法

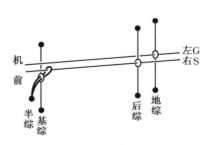

图 8-8 线制绞综右穿法

图 8-7 为金属绞综右穿法示意图。绞经穿入后综时位于地经右侧,然后自后基综的左侧和前基综的右侧之间穿入半综的孔眼。地经穿入地综后,从两基综之间、半综孔眼的上方穿过。前基综提升可使绞经绕过地经下方,从地经右侧绞转到右侧。

图 8-8 为线制绞综右穿法示意图。采用右半综,绞经穿入后综时位于地经右侧,然后穿过半综圈环引到机前。地经穿入地综后,从基综右侧、半综圈环之上引到机前。绞综提升可使绞经绕过地经的下方,从地经右侧绞转到左侧。

2. 左穿法

从机前看,绞经与地经的原上机位置:地经在右,绞经在左。即机上经线从左至右的排列顺序:第 1 根为绞经,第 2 根为地经。

图 8-9 为金属绞综左穿法示意图。绞经穿入后综时位于地经左侧,然后自后基综的右侧和前基综的左侧之间穿入半综的孔眼。地经穿入地综后,从两基综之间、半综孔眼的上方穿过。前基综提升可使绞经绕过地经下方,从地经左侧绞转到右侧。

图 8-10 为线制绞综左穿法示意图。采用左半综,绞经穿入后综时位于地经左侧,然后穿过半综圈环引到机前。地经穿入地综后,从基综左侧、半综圈环之上引到机前。绞综提升可使绞经绕过地经的下方,从地经左侧绞转到右侧。

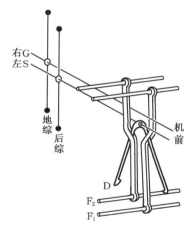

图 8-9　金属绞综左穿法

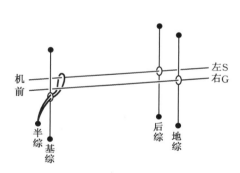

图 8-10　线制绞综左穿法

上机时若采用一排绞综单一穿法(左穿法或右穿法),只能获得一顺绞。若要获得对称绞,则应采用单排绞综左、右对称穿法或者采用双排绞综一顺穿法。

8.2.3　三种梭口形式

制织纱罗织物的三种梭口形式分别为绞转梭口、开放梭口和普通梭口。

(1) 绞转梭口。同一绞组的地经不动,形成梭口下层;绞经从原上机位置地经的一侧转绕到地经的另一侧并提升,形成梭口上层。

(2) 开放梭口。同一绞组的地经不动,形成梭口下层;绞经在原上机位置地经的一侧提升,形成梭口上层。

(3) 普通梭口。同一绞组的地经提升,形成梭口上层;绞经不动,形成梭口下层。绞经与地经的相对位置与前一纬时它们的相对位置相同。

由于金属绞综与线制绞综结构不一样,形成上述三种梭口的提综情况亦有差别,现分别叙述。

1. 金属绞综三种梭口的形成

下面以常用的右穿法为例,说明金属绞综三种梭口的形成。原上机位置为绞经位于地经的右侧。

(1)绞转梭口。后基综、后综及地综不动,前基综和半综提升。如图 8-11(a)所示,绞经从地经下方扭转到地经左侧上升,形成梭口上层;地经不提升,为梭口下层。

(2)开放梭口。前基综和地综不动,后基综、半综及后综提升。如图 8-11(b)所示,绞经在原上机位置(即地经右侧)上升,形成梭口上层;地经不提升,为梭口下层。

(3)普通梭口。除地综提升外,其余综均不动。如图 8-11(c)所示,地经提升形成梭口上层,绞经为梭口下层,绞、地经相对位置与前一纬时相同。

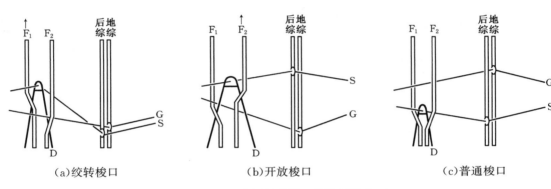

(a)绞转梭口   (b)开放梭口   (c)普通梭口

图 8-11　金属绞综的三种梭口形式

2. 线制绞综三种梭口的形成

(1)绞转梭口。后综与地综静止不动,基综和半综提升。如图 8-12(a)所示,采用右半综右穿法,即原上机位置为绞经在地经右侧。当第 4 纬织入时,基综和半综提升,使绞经从地经下方转绕到地经左侧上升,形成梭口的上层。由于地综不动,地经为梭口的下层。

(2)开放梭口。地综与基综静止不动,后综和半综提升。如图 8-12(b)所示,当第 5 纬织入时,后综和半综提升,使扭绞到地经左侧的绞经从地经下方回到地经的右侧(即原上机位置)上升,形成梭口的上层。地综不动,地经仍为梭口下层。

(3)普通梭口。后综、基综及半综不动,地综提升。如图 8-12(c)所示,当织第 6 纬时,地经由地综带动上升形成梭口上层,绞经形成梭口下层。绞经仍在地经的右侧,它们的相对位置与织第 5 纬时相同。

制织纱组织时,只要交替地使用绞转梭口与开放梭口,使绞经时而在地经的左侧,时而在地经右侧,相互扭绞而形成纱孔。地综不运动,地经始终位于梭口下层。而半综每一梭都要上升,或者随基综上升,或者随后综上升,它不能单独提升形成梭口。

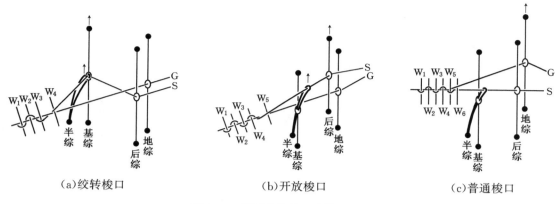

（a）绞转梭口　　　　　　　（b）开放梭口　　　　　　　（c）普通梭口

图8-12　线制绞综的三种梭口形式

制织横罗组织时,地经也要提升,因此三种梭口形式均需使用。例如制织三梭罗,梭口顺序:开—普—开,绞—普—绞;制织五梭罗,梭口顺序:开—普—开—普—开,绞—普—绞—普—绞。

8.3　纱罗组织的上机

8.3.1　组织图与上机图的绘作方法

纱罗组织由于经纬交织结构及其织造条件的特殊性,其组织图与上机图的绘作也与其他各类组织不同。采用不同的绞综装置或不同的穿综方法制织相同的纱罗组织时,上机图也有所不同。下面举例介绍。

图8-13示例中,(a)为织物结构图,组织特征包括:绞经:地经=1:1(一绞一),一纬一绞,一顺绞;(b)为金属绞综左穿法上机图;(c)为线制绞综左穿法上机图;(d)为金属绞综右穿法上机图,(e)为线制绞综右穿法上机图。

1. 组织图

由于纱罗组织中绞经时而在地经左侧,时而在地经右侧,所以绘组织图时,一根绞经需在地经的两侧各占一纵行,并标以同样的序号。每绞组的经线究竟占几纵格,需根据绞组结构而定。如一绞二,一个绞组内有2根地经、1根绞经,则一个绞组需占用四纵行,中间两纵行代表2根地经,两侧的两纵行代表1根绞经;如果是二绞二,一个绞组需占用六纵行,中间两纵行代表2根地经,两侧的四纵行共代表2根绞经。图8-13中,符号"■"表示绞经经组织点。若出现地经经组织点,则可用符号"⊠"区别表示;由于图(b)与(d)及图(c)与(e)上机时采用的穿法不同,同一绞组的绞、地经序号也不同。

2. 穿筘图

与其他组织的穿筘图表示方法相同,但要注意,图8-13中横向连续涂绘的三格,仅代表1根绞经和1根地经穿入同一个筘齿,即每筘齿2穿入。纱罗组织上机时,同一绞组的绞、地经必须穿入同一筘齿。

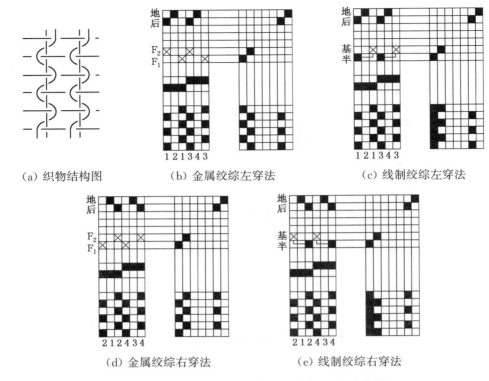

（a）织物结构图　　　　（b）金属绞综左穿法　　　　（c）线制绞综左穿法

（d）金属绞综右穿法　　　　（e）线制绞综右穿法

图 8-13　一绞一、一纬一绞、一顺绞纱罗组织上机图

3. 穿综图

金属绞综上机图中，前两片综代表同一副绞综的前基综 F_1 与后基综 F_2，后综位置与后基综 F_2 相同，在同一纵行上，如图 8-13（b）、（d）所示。不难看出，（b）为左穿法，F_1 在左，F_2 在右，绞经在地经的左侧，穿入半综眼，基综位于地经的右侧，上机时经纱自左向右的排列顺序：绞、地、绞、地……；（d）为右穿法，F_1 在右，F_2 在左，上机时经纱自左向右的排列顺序：地、绞、地、绞……。然后，空出 3～4 片综，分别配置后综与地综，后综在前，地综在后。

线制绞综上机图中，前两片综代表同一副绞综的半综与基综，半综在前，基综在后，用"■"表示半综圈环的位置，用"⊠"代表基综的位置。同一个绞综的半综与基综划上连线。半综与基综的左、右位置根据上机时经纱的穿法而定。图 8-13 中，（c）为绞经在地经的左侧，穿入半综圈环，基综位于地经的右侧，因此采用的是左半综左穿法，上机时经纱自左向右的排列顺序：绞、地、绞、地……；（e）为绞经在地经的右侧，穿入半综圈环，基综位于地经的左侧，采用的是右半综右穿法，上机时经纱自左向右的排列顺序：地、绞、地、绞……。然后，空开 3～4 片综，分别配置后综与地综，后综在前，地综在后。

4. 纹板图

表示方法与其他组织的纹板图绘法相同。值得注意的是：金属绞综起绞转梭口时，仅前基综 F_1 提升，后基综 F_2 不提升，而在起开放梭口时，后综与后基综 F_2 同时提升；线制绞综的基综与半综提升形成起绞转梭口，后综与半综提升形成开放梭口，为此，半综在起绞转梭口和开放梭口时均需提升。

8.3.2 纱罗织物上机要点

（1）纱罗织物的绞经与地经的织造缩率不等，有时差异很大，制织时需要考虑是否采用两个经轴。在绞经与地经的织造缩率相差不大或者经纱原料拉伸弹性好等情况下，应尽可能采用单经轴织造。

（2）同一绞组中的绞经与地经必须穿入同一筘齿，否则无法实现绞、地经之间的扭绞。例如，绞、地经一绞一时应为每筘齿 2 穿入或 4 穿入；一绞二、二绞一时应为每筘齿 3 穿入或 6 穿入，依此类推。有时为了强调纱罗织物扭绞的风格，加大纱孔，采用空筘法或花式穿筘法。

（3）为了保证开口的清晰度，减少断经，绞综位置应尽可能偏向机前，后综与地综布置在机后，绞综与后、地综之间的间隔应在 3～4 片综框（即 6～7 cm）以上，对于单经轴制织的品种，尤其要保证这一间隔距离。

（4）采用金属绞综制织纱罗织物，综平时应使地经稍高于半综的顶部 4～5 mm，以便绞经在地经之下顺利绞转；采用线制绞综制织纱罗织物，综平时应使绞综综眼低于地综综眼，半综环圈头伸出基综综眼 2～3 mm，以便绞经在地经之下顺利地左右绞转，形成清晰梭口。

（5）由于制织纱组织时只需开绞转梭口和开放梭口，地经总不提升，因此无需配置地综，若采用金属绞综也可只用基综，省去后综。实际应用中，无梭织机制织绞边时一般只在两侧各配置一副金属绞综即可。

8.3.3 纱罗组织上机图实例

例 1 如图 8-14 所示，(a) 为织物结构图，组织特征是：一绞一，五梭罗，对称绞；(b)、(d) 为金属绞综上机图；(c)、(e) 为线制绞综上机图。制织对称绞纱罗组织，可以采用绞经对称穿法，也可以采用绞经一顺穿法。

绞经对称穿法：如图 8-14(b)、(c) 所示，相对称绞组的绞、地经使用同一副绞综与同一片后、地综；第一个绞组为左穿法，第二个绞组为右穿法，因此绞经序号分别为 1、4，地经序号分别为 2、3。

织造时，相对称绞组所开梭口形式相同，即为绞—普—绞—普—绞，开—普—开—普—开。对称穿法的优点是用综框数少，适合于多臂织机，但穿综比较麻烦，容易穿错。

绞经一顺穿法：如图 8-14(d)、(e) 所示，相对称绞组的绞经分别使用前后不同的两副绞综与两片后综，采用相同的穿综方法。图中采用左穿法，因此绞经序号分别为 1、3，地经序号为 2、4。地经交织规律相同，因此穿于相同的地综内。绞经 1 穿入后综 1 和前一副绞综的半综，绞经 2 穿入后综 2 和后一副绞综的半综。织造时，相对称绞组所开梭口形式相反，即第一个绞组起绞转梭口时，第二个绞组则起开放梭口；第一绞组起开放梭口时，第二绞组则起绞转梭口。一顺穿法操作简单，但用综框数大。

例 2 如图 8-15 所示，(a) 为织物结构图，其组织特征是：普通平纹组织与绞纱组织左右并列构成的直罗组织，绞纱部分为一绞一、一纬一绞的对称绞；(b) 为金属绞综上机图。上机时，绞组中的地经穿入地综 5，平纹中的经线分别穿入地综 1、2、3、4，绞经采用右穿法。织造过程中，地综 1、2、3、4 按平纹规律运动。纱组织的绞、地经采用对称穿法，织造时地综 5 不提升，绞综对应起绞转梭口或开放梭口。为增强纱孔效果，适当采用了空筘措施，穿筘图中的"○"表示空一筘齿。

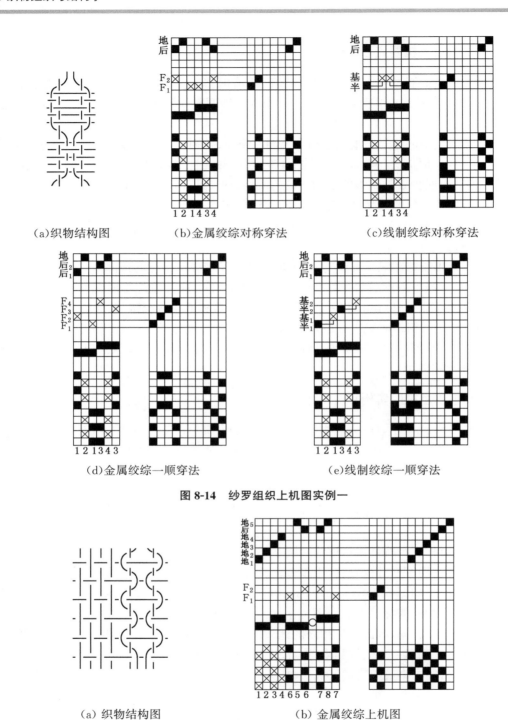

（a)织物结构图　（b)金属绞综对称穿法　（c)线制绞综对称穿法

（d)金属绞综一顺穿法　（e)线制绞综一顺穿法

图 8-14　纱罗组织上机图实例一

（a）织物结构图　（b）金属绞综上机图

图 8-15　纱罗组织上机图实例二

思考题

8-1　比较说明纱罗组织与透孔组织成"孔"原因的不同之处。

8-2　说明纱罗组织织物的特点及其应用。

8-3　比较说明金属绞综与线制绞综形成纱罗组织机理的不同之处。

8-4　根据下列复杂纱罗织物结构图，作上机图。

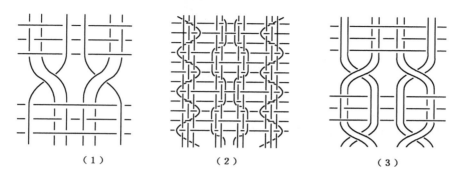

（1）　　　　　　（2）　　　　　　（3）

8-5　举例说明线制绞综上机图与金属绞综上机图绘制上的区别。

8-6　要保证绞、地经良好地扭绞，织造时应采取哪些措施？

8-7　自行设计一复杂纱罗组织，作织物结构图与上机图。

实训题

8-1　应用 flash 等计算机相关动画制作软件，编制演示金属绞综和线制绞综制织纱罗组织三种梭口形式的动画。

8-2　查阅了解香云纱、杭罗等传统纱罗产品的相关知识，提出改进与创新开发的思路。

第九章　三维组织

由三组或更多组纱线在 $X—Y—Z$ 立体面上取向,三个方向的纱线从一个平面到另一个平面在空间相互交织或连接,形成的结构稳定且具有一定厚度的组织,称为三维组织(three dimensional weave),用此类组织形成的织物称为三维机织物。

以三维机织物为增强体的复合材料具有比强度高、比模量大、特殊力学偶合性好、可设计性好等一系列优点,克服了传统二维织物增强复合材料层间强度低、易冲击损伤的缺点,是发展航空航天和国防尖端技术必不可少的高性能技术材料,已成为全球关注的增强骨架材料,也是目前各国纺织界卓有成效的研究热点。

9.1　三维组织的结构特征与分类

9.1.1　三维组织的结构特征

对于三维组织而言,厚度方向(Z 向)上的尺寸和纤维交织形式不可忽略。通过接结经纱(或纬纱)在厚度方向上引入纤维,构成三维机织物,并获得优良的结构整体性,是三维组织的结构特征。图 9-1(a)、(b)分别为三维分层正交组织和三维贯穿角联锁组织的立体结构示意。

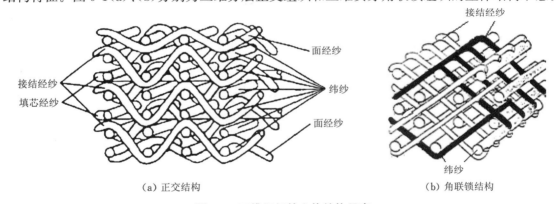

（a）正交结构　　　　　　　　　　　　　（b）角联锁结构

图 9-1　三维组织的立体结构示意

9.1.2　三维组织的分类

用于纺织复合材料预制件的三维组织,按其形状及结构特征可归纳为四类。

1. 三维正交组织

三维正交组织(three dimensional orthogonal weave)包含三维贯穿正交组织和三维分层正交组织两种。

(1)三维贯穿正交组织。三维贯穿正交组织包含三个系统的纱线,即地经纱、纬纱和接结经纱(或称缝经纱),接结经纱贯穿三维正交组织的整个厚度,且三个系统的纱线呈正交状态配置,并组成一个整体。图9-2所示为三维贯穿正交组织的立体结构。

(2)三维分层正交组织。三维分层正交组织包含面经纱、纬纱、接结经纱、填芯经纱等,接结经纱不发生厚度方向的贯穿,只是在相邻两列纬纱间进行层与层的斜向交联,并组成一个整体,其立体结构如图9-1(a)所示。

2. 三维角联锁组织

三维角联锁组织(three dimensional angle-interlock weave)包含三维贯穿角联锁组织和三维分层角联锁组织两种。

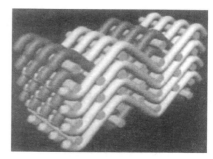

图9-2 三维贯穿正交组织的立体结构示意

(1)三维贯穿角联锁组织。三维贯穿角联锁组织是指经纱穿透结构的整个厚度,并和各层纬纱呈斜角度(45°)依次交织,其立体结构如图9-1(b)所示。

(2)三维分层角联锁组织。三维分层角联锁组织是指接结经纱不发生厚度方向的贯穿,只是在层与层之间进行斜向交联,其立体结构如图9-3所示。

3. 三维间隔组织

三维间隔组织(three dimensional interval

图9-3 三维分层角联锁组织的立体结构示意

weave)按照不同的织造原理,可分为接结法三维间隔组织和压扁-织造-还原法三维间隔组织两种。

(1)接结法三维间隔组织。接结法三维间隔组织是指采用类似于接结经接结多层织物的原理,通过一组经纱(垂纱)或一层织物(垂向织物)连接三维机织物的上、下两个平面。图9-4所示为接结法三维间隔组织的立体结构。

(2)压扁-织造-还原法三维间隔组织。压扁-织造-还原法三维间隔组织是指采用类似于管状织物成形原理,首先假想三维间隔组织被压扁,成为一平面状多层结构织物,然后进行多层织物织造,最后将织好的织物进行还原,得到所要求的立体形状。

(a)垂纱接结法三维间隔组织

(b)织物接结法三维间隔组织

图9-4 三维间隔组织的立体结构示意

4. 三维异型组织

三维异型组织(three dimensional allotype weave)是指具有各种不同截面形状的三维组

织。如图 9-5 所示，有截面为方形、工形、T 形、槽形、回形、十形、预留孔板形等异型件。

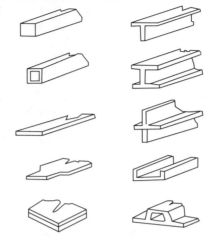

图 9-5　异型截面三维组织的立体结构示意

9.2　三维正交组织

在三维组织中，三维正交组织是使用较多的一种，其结构简单，三个系统的纱线呈正交状态配置而组成一个整体，这有利于充分利用纱线的固有特性，也可以提高织物在外力作用下均匀承载的能力。三维正交组织按接结经纱与纬纱接结交联的深度，分为三维贯穿正交组织和三维分层正交组织两种。图 9-6 为三维贯穿正交织物的织造示意图。

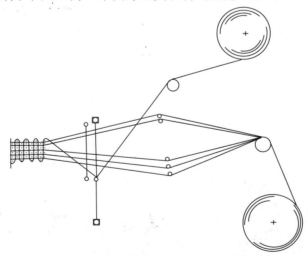

图 9-6　三维贯穿正交织物的织造示意

9.2.1　三维贯穿正交组织

三维贯穿正交组织是指接结经纱贯穿织物的整个厚度方向，其结构特征包括：地经纱和纬纱呈无弯曲、伸直状态，承载时变形小，强力大；地经纱和纬纱不交织，但交替重叠为多层，以此来增加织物的厚度;地经纱和纬纱的相对位置,不是靠经、纬纱自身的相互交织,而是利用一组起缝纫作用的接结经纱沿织物厚度方向反复穿透,使各层经纬纱连接为一个整体。由于接结经纱的存在,使组织中的三个方向(经向、纬向和厚度方向)均有纱线存在,这保证了复合材料在各个方向的力学性能,尤其是提高了厚度方向的性能。

图 9-7(a)为三维贯穿正交组织的经向剖面图,$D_1 \sim D_3$ 表示地经纱,F_1 和 F_2 表示接结经纱(又称缝经),圆圈中的 1~8 表示一个组织循环的纬纱序号。三维贯穿正交组织突破了传统的多层织物的概念,但和二维织物一样,可以改变纱线的交织形式,产生不同的三维立体效果。从组织经向剖面图可以猜想,当三维正交织物厚度较小时,长度方向的地经纱与厚度方向的缝经纱实质上均可沿一个方向即织物长度方向延伸,因而可以在普通织机上制织,其织造示意见图 9-6,采用两个经轴分别控制地经和缝经。

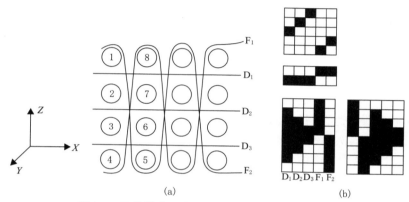

图 9-7 三维贯穿正交组织的经向剖面图和上机图

图 9-7(b)为图 9-7(a)所示的四层三维贯穿正交组织的上机图。若织物的层数以纬重数 n 表示,完全组织经纱循环数 $R_j = (n-1) + 2 = (4-1) + 2 = 5$,其中地经 2 根,缝经 2 根,纬纱循环数 $R_w = 2n = 2 \times 4 = 8$。上机穿综采用分两区顺穿,缝经穿前区,地经穿后区。将一个重组中的缝经与地经穿入同一个筘齿,便于经纱重叠。

设组织中经纬纱直径相等,则织物厚度计算式:

$$T = \eta(2n+1) \times d \qquad (9-1)$$

式中:T——织物的厚度(mm);

$\quad\quad d$——纱线的直径(mm);

$\quad\quad n$——纬纱层数;

$\quad\quad \eta$——纱线在织物中的压扁系数。

三维机织物的结构设计一般可根据织物厚度要求预选经纬纱层数,然后确定各层经纬纱与接结经纱的交织规律,画出织物的结构示意图,并由此画出织物组织图和上机图。

9.2.2 三维分层正交组织

由于三维贯穿正交组织的接结经纱与地经纱在织造时张力差异过大,三维机织物的厚度受到限制。在保证织物力学性能基本相同时,为了大大增加厚度,三维分层正交组织得到开发和运用。三维分层正交组织的特征包括:接结经纱不发生厚度方向的贯穿,只是穿越若干层经纱和纬纱,在层与层之间进行正交即纱线弯曲接近 90° 的连接。图 9-1(b)为分层正交三维组织的立体结构示意图。图 9-8 为三维分层正交组织的经向剖面图。

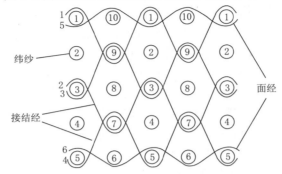

图 9-8   三维分层正交组织的经向剖面图

在组织剖面图上对经纱(包括接结经纱、填经纱和面经纱,图 9-8 中无填经纱)进行编号,建立它们与综框的对应关系,同时对纬纱编号,用以表示引纬的顺序。为确保织造过程中综框始终能够处于相对稳定的升降状态,纬纱宜按其层数依次从上而下,再依次从下而上,如此反复,直至一个组织循环结束的方式进行编号。根据穿筘的基本原则,同一筘齿内不宜出现不同层次间经纱的上下翻动现象,故对经纱进行编号之前,应根据织物结构中每根纱线的屈曲交织情况将经纱进行分类,无交织作用的经纱如衬经纱归为一类,同一类别的经纱穿入同一筘齿。然后按照穿筘顺序,依次绘制出图 9-7 中每根纱线在不同截面位置的交织形态,如图 9-9 所示,较直观地给出织物中经纬纱之间的交织关系。再据此绘制出该结构的上机图,经纱编号按绘图顺序,如图 9-10 所示。图 9-11 给出了两个接结深度变化的三维分层正交组织经向剖面图实例,(a)为三层,(b)为四层。

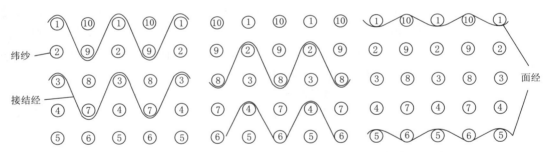

图 9-9   对应于图 9-8 所示组织的经向剖面图分解

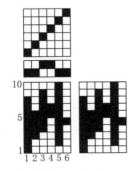

图 9-10   三维分层正交组织的上机图

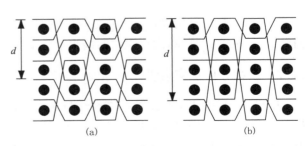

图 9-11   接结深度不同的三维分层正交组织的经向剖面图

9.2.3　三维正交组织的上机要点

三维正交组织具有较大的厚度,故需要较多的经纱和纬纱层数。一般是根据织物的厚度要求预选经、纬纱层数,应尽可能用较少的经纱层交织更多的纬纱层。这样可使织造时使用的综框数减少,织造顺利。

穿综视经纱组数和密度的多少,采用顺穿法、飞穿法或分区穿法。穿综过程中,复合材料预制件的纱线由于比普通织物的纱线粗得多,在纱线通过综丝眼时,内外层纤维极易产生剥离现象,应尽量克服。有效的方法是:在纱线穿过综眼之前,用手先把纱线头端捻细,然后一手捏着此纱线头,把它送入综眼,再用细铁丝撅住纱线,往机前输送,同时,另一手拽拉纱线,使纱线顺利通过综眼。

筘号的选择比较难,由于纱线的线密度大,现有筘号中适用的不太多。一个筘齿内穿入经纱根数太多则纱线不能自由移动,这会增加纱线的摩擦;穿入经纱根数太少,又不能满足需要。三维正交织物的总经根数为 156 时可采用 10 穿入。

由于布边组织与布身组织的差异,导致经纱在布边结构中的织造缩率均小于布身结构中同一类型纱线系统。为保证织造工艺顺利进行,对边经张力与布身张力应分别控制、调节。此外,为使织物布边较为平直,每侧边经应尽量穿入同一筘齿,以减少边部经纱断头。

三维正交织物可在改造后的普通织机上织造。开口机构的改造,主要是为了改善梭口的清晰度。送经机构的改造,一般采用筒子架送经或多轴送经,便于很好地控制经纱的上机张力。实际织造中,有很多因素会直接影响三维正交织物的品质,其中最主要的问题及克服方法如下:

(1)经纱张力。在普通的织机上,对每个经轴上的纱线进行两次分绞,并让其通过一个四罗拉式控制钳口(此钳口位于织机后梁稍靠前的位置),然后再进行穿综,能明显改变片纱张力的不匀状况。同时,由于接结经纱和经纱用量不一致,故采用双轴织造或接结经纱用筒子架送经。三维正交织物一般用玻璃纤维、碳纤维、芳纶等高强低伸型长丝织造而成。

(2)开口清晰度。由于织物层数较多,实际织造过程中,由于在机经密很大,经纱在机后易出现重叠、交缠、黏结现象,织造玻璃纤维和碳纤维时尤为严重。可在后梁前方加装分层定位装置,使不同层的经纱分别通过各自的通道,使经纱在送入综眼之前已经分层。同时可采用上浆、包缠、网络等方法,提高玻璃纤维、碳纤维、芳纶等高性能纤维的可织性。

(3)卷取。三维正交织物织造时,因为经纱根数多,上机张力大,若采用原机的卷取机构,往往会出现卷不动、拉不动现象,不能及时有效地卷取织物,造成纬纱密度达不到要求,并使织口位移偏大,严重时甚至产生织口与筘相击,造成经纱大量断头。可采取的措施,一是采用铁刺皮作为刺毛辊包裹物,以增加卷取时刺毛辊与织物之间的摩擦;二是将卷取机构改装为卷布辊积极传动的差速双刺辊卷取机构。

9.3　三维角联锁组织

三维角联锁组织是三维机织物广泛应用的另外一种结构,其经纬纱线的分布不仅增加了织物厚度,且具有易于变形的特点,按接结经与纬纱接结交联的深度不同,分为三维贯穿角联锁组织和三维分层角联锁组织两种。图 9-12 中,(a)、(b)所示分别为 6 层、11 层三维贯穿角联锁组织,(c)、(d)所示分别为 2 层、3 层三维分层角联锁组织。此外,三维角联锁组织可根据复合材料的用途需要添加衬经或衬纬纱,图 9-12 中,(e)、(f)所示分别为带衬经纱、衬纬纱的 2 层三维分层角联锁组织。三维分层角联锁组织除了图 9-12 中相邻两层或三层相勾联的结构外,也可($n-1$)层相勾联,这已成为三维角联锁组织的一个拓展方向。

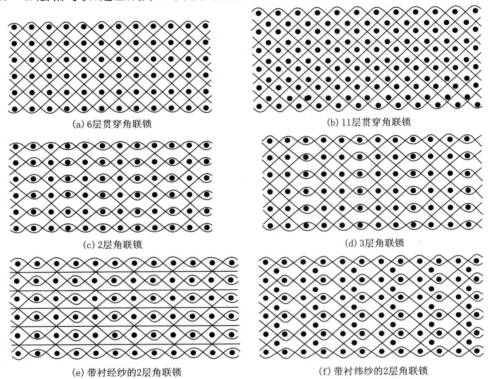

(a) 6层贯穿角联锁 (b) 11层贯穿角联锁

(c) 2层角联锁 (d) 3层角联锁

(e) 带衬经纱的2层角联锁 (f) 带衬纬纱的2层角联锁

图 9-12　三维角联锁组织的经向剖面图

9.3.1　三维贯穿角联锁组织

三维贯穿角联锁组织的经纱穿透织物的整个厚度,和各层纬纱呈斜角度(45°)依次交织,层数(即纬重数)可根据实际使用要求进行设计,使三维角联锁组织中两根经纱形成的斜交叉口中均织入且只织入一根纬纱,形成正则贯穿角联锁组织。这里的正则类似于缎纹组织中的正则缎纹,意指当给定组织参数后,能唯一地确定其组织图。该结构的层数 n 与经纱循环数 R_j、纬纱循环数 R_w、经纱飞数 S_j、组织最大浮长 F_m 之间的关系:

$$R_j = n+1 \tag{9-2}$$
$$R_w = n \times R_j = n \times (n+1) \tag{9-3}$$
$$S_j = n \tag{9-4}$$
$$F_m = 2n-1 \tag{9-5}$$

若经、纬纱的直径 d 相等,织物理论厚度 $T=(2n+1)d$。

当层数保持不变时,若 $R_j < n+1$,便会出现两根纬纱在一个交叉口中的共纬结构;若 $R_j > n+1$,便会出现纬纱空缺的交叉口,即空口结构,如图 9-12(a)所示。结构中空口的存在使预制件的充填能力和压缩能力有所提高,只要适当配置经纱循环数和交织规律,便能使空口在织物中均匀排列,保证整体结构均匀。倘若在图9-12(a)的空口中也织入纬纱,便形成每一交叉口中均有纬纱织入的实口结构,成为 $n=11$ 的正则贯穿角联锁结构,如图9-12(b)所示。该结构稳定并增加了预制件中的纤维含量和强度。

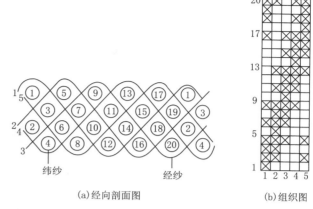

(a)经向剖面图　　(b)组织图

图9-13　四层贯穿角联锁组织的经向剖面图和组织图

正则贯穿角联锁结构式(9-2)~(9-5)的建立,有助于参照结构示意图画出唯一确定的组织图。图9-13所示为一个4层正则贯穿角联锁组织的经向剖面图和组织图,其结构参数: $n=4$; $R_j=n+1=5$; $R_w=R_j \times n=n(n+1)=20$; $S_j=n=4$;最大经浮长 $F_m=2n-1=7$ 。

三维贯穿角联锁组织,其各根经纱的交织次数相同,采用单经轴织造。上机采用顺穿或飞穿法,综框数等于经纱循环数。为了增加组织的厚度,该类组织的经纬密度均较大。当经纱循环不大时,宜将一个循环的经纱穿入一个筘齿,便于经纱重叠。

9.3.2　带衬经纱的三维贯穿角联锁组织

图9-14中,(a)、(b)所示为带衬经纱的4层三维贯穿角联锁组织的经向剖面图与组织图,图中衬经纱(或称填芯经纱)序号用罗马数字标注。

由图9-14可知其结构参数: $n=4$; $R_w=n(n+1)=20$;接结经纱循环数仍为 $(n+1)$;衬经纱既要将各层纬纱分隔开,同时要将各根接结经纱分开,因此完全组织中衬经纱循环数应等于 $(n+1) \times (n+1)$,即 $3 \times 5=15$,则完全组织的经纱总循环数 $R_j=15+5=20$ 。实际织造时,带衬经纱的三维角联锁织物整个幅宽方向的最后一个组织循环应将接结经纱5放在最边上,后边不再加衬经纱。

9.3.3　三维分层角联锁组织

三维分层角联锁组织的特征:接结经纱不发生厚度方向的贯穿,只是在层与层之间进行斜向即经纱弯曲45°的交联。图9-15所示为一个5层角联锁组织,(a)为

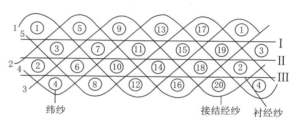

(a)经向剖面图

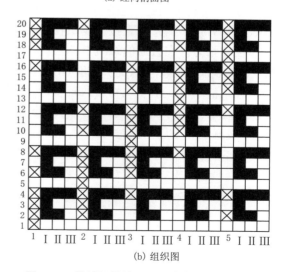

(b)组织图

图9-14　带衬经纱的4层贯穿角联锁组织的经向剖面图与组织图

经向剖面图,接结经纱 1、2、3、4 为一类,5、6、7、8 为另一类,9、10 为面经纱,经纱循环数 R_j = 10,纬纱循环数 R_w = 20;(b)为上机图,10 片综,顺穿。

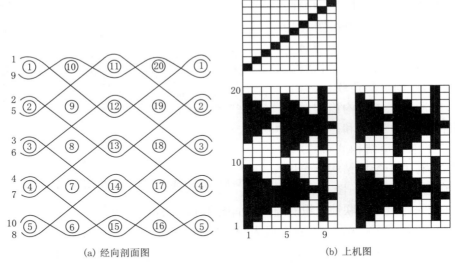

(a) 经向剖面图　　　　　　　　　　　　(b) 上机图

图 9-15　5 层角联锁组织的经向剖面图与上机图

9.3.4　三维角联锁组织的上机要点

三维角联锁组织的上机要点与三维正交组织类似。

三维角联锁组织一般根据织物的厚度要求预选经纬纱层数,应尽可能用较少的经纱层交织更多的纬纱层。穿综视经纱组数和密度的多少,采用顺穿法、飞穿法或分区穿法。三维角联锁织物的纱线线密度一般比较大,因此宜选用小筘号,且每筘穿入数不宜多,以减少纱线之间的摩擦。为保证织造工艺顺利进行,对边经张力与布身张力应分别控制、调节。

三维角联锁织物可在改造后的普通织机上织造。开口机构的改造主要是为了改善梭口的清晰度。送经机构的改造一般采用筒子架送经或多轴送经,便于很好地控制经纱的上机张力。实际织造中,有很多因素会直接影响织物的品质,其中最主要的问题及克服方法如下:

(1)经纱张力。在普通的织机上,对每个经轴上的纱线进行两次分绞,然后再进行穿综,能明显改变片纱张力的不匀状况。同时,由于织物层数较多,故可采用多轴织造或筒子架送经。

(2)开口清晰度。由于织物层数较多,实际织造过程中,经纱在机后易出现重叠、交缠、黏结现象,可在后梁前方加装分层定位装置,使不同层的经纱分别通过各自的通道,使经纱在送入综眼之前就已经分层。同时可采用上浆、包缠、网络等方法,提高高性能纤维的可织性。

(3)卷取。由于三维角联锁织物厚重,采用传统的卷取方式易出现卷不动、拉不动现象,不能及时有效地卷取织物,造成纬纱密度达不到要求,并使织口位移增大。有效措施,一是采用铁刺皮作为刺毛辊包裹物,以增加卷取时刺毛辊与织物之间的摩擦;二是将卷取机构改成牵引机构。

9.4　三维间隔组织

三维间隔组织是指在两个平行的织物平面结构之间由一组垂向纱线或垂向织物相连接而形成的立体结构形式。三维间隔组织形成的间隔空间,是由众多纱线在垂直织物的方向上按一定规律支撑起来的。这种特殊的空间结构赋予三维间隔织物很多特殊的性能,使其在制鞋、汽车内装饰、功能服装、衬垫材料、医疗保健等方面得到广泛应用。

9.4.1　接结法三维间隔组织

1. 设计原理

图 9-16 为三维间隔组织的结构示意图。三维间隔组织由上、下面板和垂向结构 3 个部分组成。图 9-16 中,2、4 形成上面板,1、3 形成下面板,L 表示垂向纱或垂向织物的跨距,H 表示间隔织物上、下面板之间的间距;为了使设计的结构(a)下机后能回弹到(b)所示的结构,必须采用分段织造,其织造顺序为 1→2→3→4。

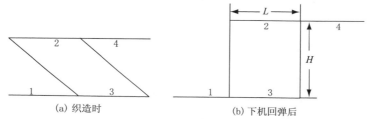

(a) 织造时　　　　　　　　　　(b) 下机回弹后

图 9-16　接结法三维间隔组织的结构及织造顺序示意

2. 影响接结法三维间隔组织的因素

(1)面板组织:可以是二维组织,如简单的三原组织或复杂组织;也可以是三维组织。

(2)垂纱结构:可以是单根的垂纱,也可以采用垂纱交织物的形式。

(3)垂纱跨距:指单根垂纱或垂向织物在上(下)面板单次所横跨的宽度,用该横跨宽度内与单根垂纱交织的单层纬纱数表示,如图 9-16(b)中的 L 所示。垂纱跨距将直接影响三维间隔组织的高度 H。

(4)垂纱密度:用一个组织循环内垂纱根数表示。垂纱密度越大,最后形成的织物垂向越牢 5,可以避免因垂向断裂而导致的两层面板脱开的现象。

3. 垂纱接结法三维间隔组织

图 9-17 所示为一个垂纱接结法三维间隔组织的实例,它的结构特征:上、下面板均由两层纬纱形成简单的三维正交组织;垂向部分为单根垂纱;垂纱密度为 1,即一个组织循环内只有 1 根垂纱;垂纱跨距 L 为 3。很明显,在图 9-17 的基础上,改变垂纱跨距 L 可得到一系列的三维间隔织物,在上机张力一致的情况下,最终形成的三维间隔织物高度 H 不同。

图 9-18 所示的垂纱接结法三维间隔组织结构,与图 9-17 所示结构的区别,首先是面板面积不同,它没有采用三维组织,而是采用简单的平纹交织;其次,该结构的垂纱密度大,一个组织循环内有 5 根垂纱,如图中序号为 3~7 的纱,垂纱跨距为 5。

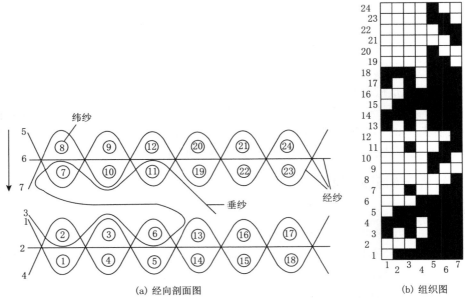

(a) 经向剖面图　　　　　　　　　　(b) 组织图

图 9-17　垂纱接结法三维间隔组织的经向剖面图与组织图

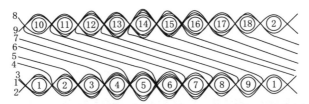

图 9-18　加大垂纱密度的接结法三维间隔组织的经向剖面图

4. 织物接结法三维间隔组织

　　织物接结法三维间隔组织的立体空间可视为多层网状结构,其经向剖面图的立体结构网眼有矩形、Ⅱ矩形、三角形、菱形、圆形等形状,如图 9-19～图 9-22 所示。

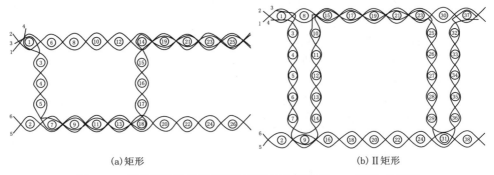

(a)矩形　　　　　　　　　　　　　(b)Ⅱ矩形

图 9-19　织物接结法三维间隔组织的经向剖面图——矩形、Ⅱ矩形

　　图 9-20 中,织物接结后的网眼呈菱形状,各层组织均为平纹,(b)较(a)的复杂之处在于前者由上、中、下三个面板组成。

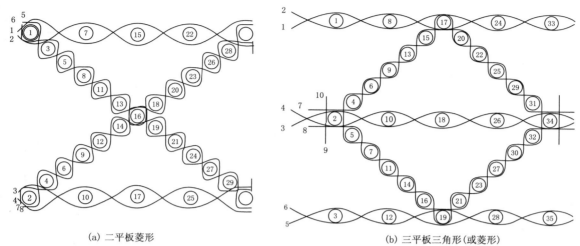

(a) 二平板菱形　　　　　　　　　　　　　　　　　(b) 三平板三角形(或菱形)

图 9-20　织物接结法三维间隔组织的经向剖面图——X 形、菱形

图 9-21 和图 9-22 分别给出了三角形、圆形织物接结法三维间隔组织的经向剖面图和组织图。图 9-20 所示可视为三层网状结构,经纱 1、2 织上层面板,经纱 5、6 织下层面板,经纱 3、4 织中间的接结层,将上、下面板层按三角形方式连接为一个整体。图 9-21 所示可视为四层网状结构,其中,经纱 1、2 和经纱 7、8 分别织最上层(即第一层)和最下层(即第四层)的面板,经纱 3、4 织中间的第二层,经纱 5、6 织中间的第三层,在第一、二层之间,第二、三层之间,以及第三、四层之间,均有一个接结点,展开后构成一个圆形织物接结的三维间隔组织。

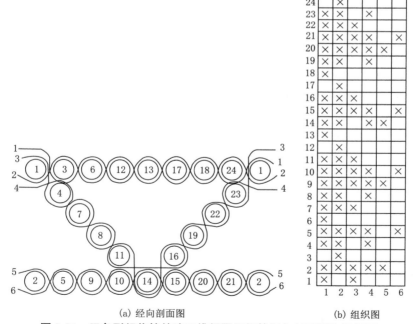

(a) 经向剖面图　　　　　　　　　　(b) 组织图

图 9-21　三角形织物接结法三维间隔组织的经向剖面图和组织图

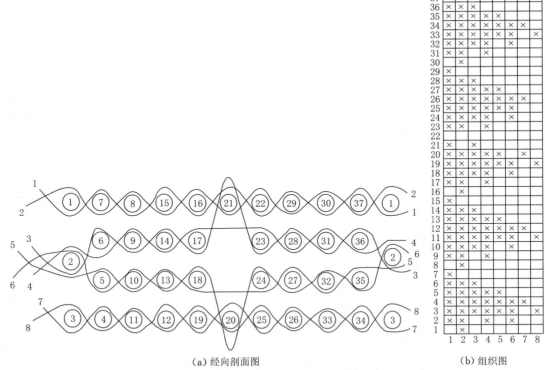

（a）经向剖面图 （b）组织图

图 9-22 圆形织物接结法三维间隔组织的经向剖面图和组织图

9.4.2 接结法三维间隔组织的上机要点

接结法三维间隔组织可在双经轴单梭口有梭织机上织制。但是,由于接结法三维间隔组织的接结经纱跨越织物上下表面,在一个织造周期内,张力波动剧烈,并且这种张力波动随织物间隔加大而增加。这种剧烈的张力波动将使织机原有的定张力积极送经系统难以稳定、正常地起作用。因此,在普通有梭织机上织造三维间隔织物时,采用机械式定长送经装置,即在经轴或纱筒架与织口之间,加装能对经纱进行定长摩擦传动的四牵拉辊式机械定长送经装置,使经纱送出速度不受经轴直径由大变小的影响,获得平稳均匀的定长积极送经,保证三维间隔织物的上下表面之间的间隔距离恒定不变,确保织物质量。

另外,普通有梭织机的引纬机构每引一根纬纱,卷取机构动作一次。采用此方式生产三维间隔织物,则无法在织物厚度方向实现三维间隔织物结构对重叠引纬的要求,从而导致实际的织物结构与设计结构发生偏离。从织机机构方面进行分析,对现有的卷取机构进行适当的改造,达到让卷取机构按纬纱重叠而不是按引纬根数发生卷取动作。

现以三角形接结为例,分析接结法三维间隔织物上机织造时应注意的问题:

(1)绘制剖面图时,应给出经纱和纬纱的顺序,目的在于给每根经、纬纱定位。由图 9-21可知,完成一个完整的循环三角形接结需要 6 根经纱,分为三组(1、2 表层经纱为第一组,3、4接结层经纱为第二组,5、6 里层经纱为第三组),因此,上机采用 6 穿筘;而且,第一、三组即表层和里层的送经量与第二组即接结层的送经量不等,表层、里层织入 8 纬时,接结层织入 10纬,织造需采用两个经轴,并按比例增加接结层的送经速度。

(2)由剖面图绘制纹版图时,注意掌握:当投表层纬纱时,因其只与表层经纱交织,接结层、里层的经纱都沉于表层经纱下方;当投接结层纬纱时,因其只与接结层经纱交织,表层经纱浮于接结层经纱上方,而里层经纱沉于其下方;当投里层纬纱时,因其只与里层经纱交织,表层、接结层经纱都浮于里层经纱上方。各层纬纱织入时,此层经纱如何运动,则取决于织物的基本组织。

(3)由于三维间隔织物要求下机后表、里层能拉开,因此要用各自的梭子织表层、接结层和里层。如果用一把梭子同时织表层、波形层、里层,在织物的边沿处,三层会连接在一起,下机后无法拉开成三维间隔织物。梭子的把数应与经纱组数一致,并且其投纬顺序应符合剖面图所示的纬纱排列序号。在有梭织机上织三角形接结织物用 3×3 梭箱,织圆形接结织物用 4×4 梭箱。

(4)织布边时,应该采用双层边,即表层和里层有各自的边,这样才能将织物拉开。如果采用单层边,会将表层与里层连在一起,而接结层被裹在表、里层之间,达不到所要求的间隔效果。

9.4.3 压扁-织造-还原法三维间隔组织

压扁-织造-还原法三维间隔组织的形成原理与普通织机上制织管状组织的形成原理很相似,不同的是梭口的起点、终点、梭子的路径及织物层间的接结方式均有很大变化,其设计思路可归纳为:首先对三维间隔组织进行假想的压扁,使其成为一种平面状(即厚度极为有限)多层结构的织物;然后利用管状织物的织造原理在普通织机上织造,织完后将织物展开,还原为压扁前所要求的立体形状。

1. 三维间隔组织的压扁

将三维间隔组织的立体结构进行充分的压扁,使其能够在普通织机上制织,是该方法的第一个关键技术。压扁之前,应绘制三维间隔组织的横截面图,被简化为由厚度可以忽略的直线段组,如图 9-23(a)、(b)所示。实际应用中,作为复合材料预制件的三维间隔织物,这些线段是具有一定厚度的双层或多层的二维织物。

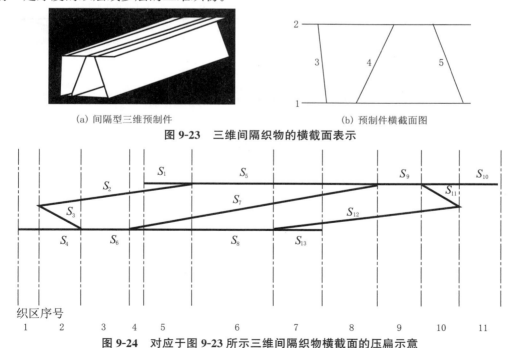

(a) 间隔型三维预制件　　　　　　　　　　(b) 预制件横截面图

图 9-23　三维间隔织物的横截面表示

图 9-24　对应于图 9-23 所示三维间隔织物横截面的压扁示意

压扁时,选择横截面中的某一水平线为压扁后的基准面,确定两水平线中间的某一连线为压扁时的主动杆,其余为从动杆,并确定主动杆旋转方向,然后使主动杆向选定的方向旋转,带动从动杆和上平面向基准面靠合。理论上说,可以全部靠合在一个平面上,但为了便于观察和后续的设计,须留一定的间隔。在压扁过程中应保证原有结构的尺寸,从动杆无拉长和缩短但允许折断,以产生新的折点。图 9-24 为图 9-23 所示结构压扁后的示意图。图 9-23(b)所示横截面中,上水平线 2 向下水平线 1 压扁,连线 4 为主动杆向右旋转,从动杆 3 和 5 压扁后折断,产生新折点。

为了便于织造,压扁应遵循两条原则:一是压扁后各部分层数相差要尽量少,因层数相差少时上机织造经密比较容易安排,较少出现纱线张力不均匀的问题;二是压扁后的结构宽度应小于或等于织机筘幅,因为大于筘幅就不能上机织造,远小于筘幅也会增加织造难度和资源浪费或造成不可织现象。

2. 投梭路径组合的确定

根据压扁图,确定合理的投梭路径组合,是该方法的第二个关键技术。投梭路径组合的确定须保证各组成部分均符合织品要求及可连续织造为一个整体的要求。投梭路径组合如不合理,则难于织成一个完整的形状,或使用综框数过多而不能使用多臂机进行织造。现以田字形三维间隔组织为例,说明投梭路径的参数分析、所需最小投梭路径数的计算和投梭路径组合的确定。

图 9-25 为标有参数的田字形压扁图:N 表示节点,S 表示连线,a 表示织区。此图中共有 9 个节点,12 条连线,4 个织区。当 N_1 向 N_9 投梭时,N_1、N_2、N_3 分别可能成为投梭口,N_7、N_8、N_9 分别可能成为停梭口。所需投梭路径数的计算见表 9-2。由于每一连线完成平纹组织至少织两次,故连线为平纹组织时共需的最少投梭路径数应该乘"2"。

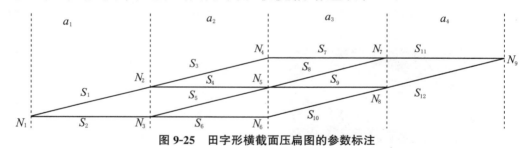

图 9-25 田字形横截面压扁图的参数标注

表 9-2 田字形压扁图所需最小投梭路径数计算

结点	起始连线	终止连线	所需投梭路径数
1	2(1,2)	0	2
2	2(3,4)	1(1)	1
3	2(5,6)	1(2)	1
4	1(7)	1(3)	0
5	2(4,5)	2(8,9)	0
6	1(10)	1(6)	0
7	1(11)	2(7,8)	0
8	1(12)	2(9,10)	0
9	0	2(11,12)	0
共需的最少投梭路径数		4×2	

当投梭口 N_1 向节点 N_9 投梭时,其中跨过 4 个织区的称为长径,跨过 3 个织区的称为中区,跨过 2 个织区的称为短径,分别以 x、y、z 表示。由于每一投梭路径组合有 8 条投梭路径,需跨过 12 条连线,而且每一连线织两次(一个完全平纹),则它们之间的关系:

$$\begin{cases} x+y+z=8 \\ 4x+3y+2z=24 \end{cases} \tag{9-6}$$

解上述联立方程得 $x=z$,即投梭路径组合中的长径数应该等于短径数。

确定合理的投梭路径时应遵循的原则:

(1)所有起始于同一个节点的连线都分别需要一条单独的投梭路径。

(2)所有终止于同一个节点的连线都分别需要一条单独的投梭路径。

(3)所有的节点在整个路径图中,作为上一梭的终点同时也是下一梭的起点。

(4)每一根连线(即一层织物)织的次数必须相同,完成一个组织循环的交织,保证各连线的纬密均匀,若为平纹交织,每根连线至少织两次。

(5)每一路径只能从左至右或从右至左,不能出现先左后右或先右后左的逆转方向的路径,保证拥有共同节点的不同连线的接结。

3. 田字形三维间隔组织

图 9-25 所示的田字形压扁图可以采用一把或两把梭子织造。图 9-26 所示为采用一把梭子织造的投梭路径组合,由图可知:长径 1 条,短径 1 条,中径 6 条;上一梭的出口便是下一梭的入口,且每一连线均织两次,符合合理投梭路径组合的原则。图 9-27 所示为另外三种合理投梭路径组合。

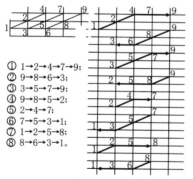

① $1\rightarrow2\rightarrow4\rightarrow7\rightarrow9$;
② $9\rightarrow8\rightarrow6\rightarrow3$;
③ $3\rightarrow5\rightarrow7\rightarrow9$;
④ $9\rightarrow8\rightarrow5\rightarrow2$;
⑤ $2\rightarrow4\rightarrow7$;
⑥ $7\rightarrow5\rightarrow3\rightarrow1$;
⑦ $1\rightarrow2\rightarrow5\rightarrow8$;
⑧ $8\rightarrow6\rightarrow3\rightarrow1$。

图 9-26　田字形三维间隔织物的投梭路径组合

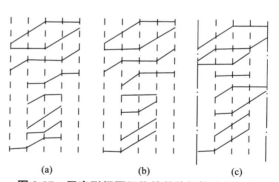

(a)　　　　　(b)　　　　　(c)

图 9-27　田字形间隔织物的其他投梭路径组合

图 9-28 为田字形三维间隔组织的上机图。本例中,基础组织为平纹,$R_j=2$,有 4 个织区。每一织区的层数:$L_1=L_4=2$,$L_2=L_3=4$;N_i 的大小取决于每一织区中连线的长短,应视具体要求按"$N_i=$ 每层织物的经纱密度 × 每个织区的箱幅 ÷ R_j"进行计算。图 9-28 中只给出每一织区每一层完成一个平纹组织交织的经纱数,即:a_1、a_4 织区为 4 根,a_2、a_3 织区为 8 根。4 个织区的上机箱穿数之比为 $4:8:8:4$。组织图中经纱标序:1、2 为第一层,Ⅰ、Ⅱ 为第二层,A、B 为第三层,α、β 为第四层。

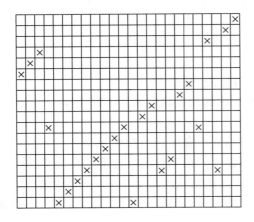

图9-28 对应于图9-25所示田字形三维间隔组织的上机图

9.4.4 压扁-织造-还原法三维间隔组织的上机要点

满足上述要求的投梭路径组合有若干种,从中优选出节点交织处坚牢的组合,按三维间隔织物要求制定上机织造说明,是该方法的第三个关键技术。上机织造说明涵盖:设计并填绘各层织物的组织,计算组织的经、纬纱循环数,绘作上机图,制定上机织造说明等工作。其上机织造要点如下:

(1)各织区整经根数及总径根数。为了保证各织区的每层织物的经纱数为整循环,各织区的整经根数和合成后的总经根数按下式计算:

$$m_{ij}=R_j\times L_i\times N_i \tag{9-7}$$

$$m_J=\sum_{i=1}^{n} m_{ij}=\sum_{i=1}^{n}(R_j\times L_i\times N_i) \tag{9-8}$$

式中:m_{ij}——每一个织区中的整经根数;

R_j——织物基础组织的经纱根数;

L_i——每一个织区中包含的织物层数;

N_i——每一个织区中完全组织的循环次数;

m_J——总经根数;

n——织区数。

(2)织区的划分。按同一区域连线长度近似相等的原则,把压扁图分为不同的织区。压扁图中各织区层数沿宽度方向变化,则各织区织入的纬线数随之变化。如果相邻织区的层数差异较大,则连接处纬密趋向减少,这会影响层与层交接处的连接牢度。为此,各织区的织物层数应尽量一致。

（3）各区的层数。横截面图压扁后，大部分织区是 2 层以上。为了保证各织区内每层的经密一致，各织区的总经密与层数成正比例关系。能进行织造的最大层数值取决于纱线粗细、经纬密度和组织等因素。一般认为层数在 5 层以内可以织造。

（4）上机筘穿入数。按各织区紧密度的要求确定筘穿入数。因各织区的织物层数不同，上机经密不同。层数多，经密大，则筘穿入数大。为了使每个织区的各层织物的经密一致，每个织区的上机筘穿入数应为 m_{ij} 的约数。上机时，先确定一层织物的筘穿入数，各织区根据层数相应增加筘入穿数。

（5）上机综框数。横截面图压扁后的织造上机图分为几个织区，每个区所需的综框数为该区内的织物层数与组织经纱循环数的乘积。各区用综框数之和便为织造该三维织物所需要的总综框数。当然，具有相同层数和组织的织区，不得重复计算。

9.5 三维异型组织

三维异型组织的设计与开发充分体现了三维机织物具有良好的结构设计性、能满足纺织复合材料用途要求这一优点。在三维异型组织的设计过程中，一般可根据织物的厚度要求预选经、纬纱层数，画出能直观展示三维异型组织经、纬纱交织关系的结构剖面图；并以结构图为设计依据，确定各层经、纬纱的交织规律，画出纹板图；再根据异型件的尺寸要求设计穿综图，最后得到组织图和上机图。在确定经、纬纱层数时，应尽可能用较少的经纱层交织更多的纬纱层，减少织造时使用的综框数。异型件各部分的结构可选用上述的三维正交组织或三维角联锁组织，本节以三维 T 型组织和三维工型组织为例，介绍由已知三维机织物的纵（横）向剖面图，设计绘作三维异型组织各部分的经、纬纱交织图和上机图的方法。

9.5.1 三维 T 型组织

三维 T 型组织主要用于需要加强的覆盖材料上。图 9-29 为三维 T 型组织的纵向剖面图，图中的 H_1 和 H_2 尺寸受综框数限制，A_1、A_2 尺寸可任意设计。

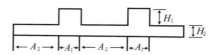

图 9-29 T 型件纵向剖面图

图 9-30 中，(a)为上述三维 T 型组织的经向剖面图，(b)为其纹板图。若 H_1 有 n_1 层纬纱，H_2 有 n_2 层纬纱，上机共用综框数为 n_1+n_2+1，每筘 8 穿入，织造时采用两个经轴，图 9-30(a)中，经纱 1、2、3 为一个经轴，经纱 4、5、6、7、8 为另一个经轴。

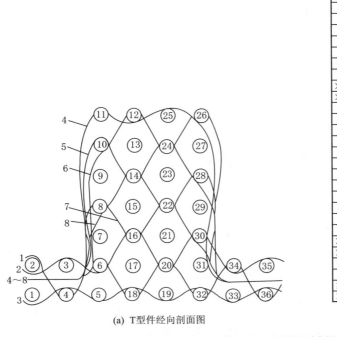

(a) T型件经向剖面图　　　　　　　(b) T型件的纹板图

图 9-30 三维 T 型组织的经向剖面图和纹板图

9.5.2　三维工型组织

三维工型组织主要用作工程构件中的工型梁。图 9-31 中，(a)为三维工型组织的横向剖面图，(b)、(c)为三维工型组织各组成部分的经向剖面图。A_1、A_3 区的 H_1、H_3 均为 2 层纬纱，各需 3 片综框；A_2 区共 9 层纬纱，用 10 片综框。各区都采用三维分层正交组织，这种组织在纬纱层数一定时最省综。图 9-32 为三维工型组织的上机图，穿综采用分区间断穿法：A_1H_1 处穿第 1、2、3 片综，A_1H_3 处穿第 4、5、6 片综；由于组织相同，A_3H_1 处的穿综顺序为 3、2、1，A_3H_3 处的穿综顺序为 6、5、4，每筘 6 穿入。A_2 区另用 10 片综(第 7~16 片)顺穿，每筘 5 穿入。设 A_1、A_2、A_3 区的宽度相等，A_1、A_3 区各排 48 根经纱(A_1H_1、A_1H_3、A_3H_1、A_3H_3 各 24 根经纱)，A_2 区排 40 根经纱；纬纱循环数为 18。为了织好布边，H_1、H_2、H_3 各采用 1 把梭子，即：织第 1、2 纬用第 1 把梭子，第 3、4、5、6、7 纬用第 2 把梭子，第 8、9、10、11 纬用第 3 把梭子，第 12、13、14、15、16 纬为第 2 把梭子，第 17、18 纬用第 1 把梭子。根据结构图先绘出纹板图，再画出其上机图。

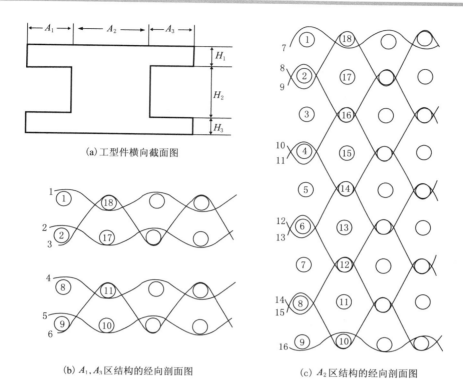

(a) 工型件横向截面图

(b) A_1, A_3 区结构的经向剖面图　　　　(c) A_2 区结构的经向剖面图

图 9-31　三维工型组织的横向截面图和部分三维分层正交组织的经向剖面图

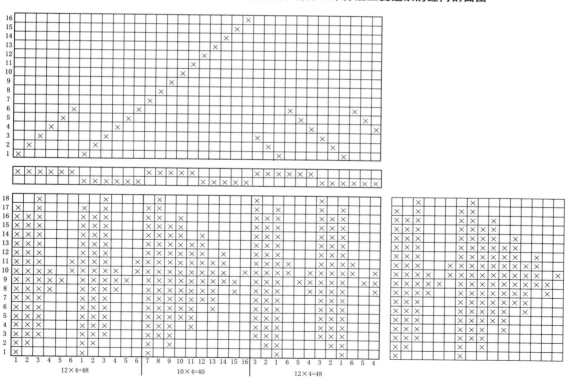

$12 \times 4 = 48$　　　　$10 \times 4 = 40$　　　　$12 \times 4 = 48$

图 9-32　对应于图 9-30 所示的三维工型组织的上机图

9.5.3 三维口型组织

纤维增强复合材料通常采用增加纤维含量的方法来提高复材的强度,但纤维含量增加后,基质材料便很难注入密集的纤维之间。图 9-33 所示为三维口型组织的经向剖面图。这种组织能提供一种类似迷宫曲径的通道,使环氧树脂等基质材料很容易地渗透到增强材料(玻璃纤维、碳纤维或 Kevlar 纤维)之间,而且不损伤复合材料的强度。图 9-33 所示的经向剖面图是由 7 层三维贯穿角联锁组织演变而来的,图中标注了经、纬纱序号,由此可方便地绘出其组织图,如图 9-34 所示。鉴于一个组织循环的纬纱数为 62,组织图绘制成两个纵行表示。上机时采用 8 片综顺穿,筘穿入数为 4 或 8。

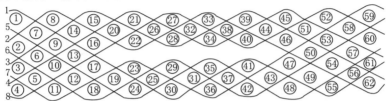

图 9-33　三维口型组织的经向剖面图

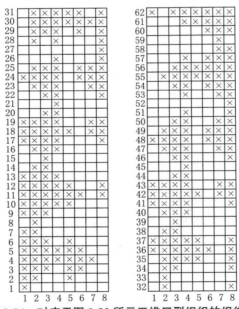

图 9-34　对应于图 9-32 所示三维口型组织的组织图

9.5.4 三维 T 型衍生组织

1. 三维 T 型衍生组织的结构

三维异型组织一般分为管状结构和非管状结构两种。管状结构异型件实质上可看作为一种两边缘接结的双层结构,而非管状异型件中的 T 型衍生结构,在织造状态下可看作为由两个部分组成:一是主干(stem)部分,二是边缘(flange)部分。图 9-35(a)所示是以纵截面形式表达的三维 T 型衍生组织的结构。

设计三维 T 型衍生组织时,主干部分可以使用任何结构(如三维贯穿正交组织或三维分层正交组织)来织制,只要能够形成符合要求的三维 T 型衍生结构即可。织制主干部分使用的经纱若视为同一组的话,那么织制边缘部分时,这一组经纱将被拆分成两组:一组重叠在另一组之上。上、下边缘部分可以是单层结构或者是自身独立的三维结构。三维 T 型衍生组织的经、纬循环由主干、边缘两部分的经、纬循环来确定,各部分的循环可以根据采用的具体结构进行计算。设计时必须确定主干部分中哪些经纱用来形成上层边缘,哪些经纱形成下层边缘,绘出经纬交织结构示意图。

2. 三维 T 型衍生组织最小单元的经纬循环数

设主干部分的经纱循环数为 R_j^s,纬纱循环数为 R_w^s;边缘部分的经纱循环数为 R_j^f,纬纱循环数为 R_w^f。则 T 型结构件最小单元的经、纬纱循环数可以用下式计算:

$$R_j = \mathrm{lcm}(R_j^s, R_j^f) \tag{9-9}$$

$$R_w = R_w^s + R_w^f \tag{9-10}$$

式中:1cm 表示最小公倍数。

当主干和边缘两个部分的组织确定之后,将它们按序移入 T 型结构件,便可形成三维 T 型衍生组织。以图 9-35(a)所示的三维 T 型衍生组织为例,其主干部分采用平纹组织的三维贯穿正交组织(中间为 2 根伸直的增强经纱),上、下边缘均采用单层平纹组织。由图可知,联合后的三维 T 型衍生组织由 4 根经线、10 根纬线组成。因为 $R_j^s=4$,$R_w^s=6$,$R_j^f=4$,$R_w^f=4$,按式(9-9)、(9-10)计算得 $R_j = 1\mathrm{cm}(4,4)=4$,$R_w=6+4=10$,与图 9-35(b)所示相符。织完后,将边缘部分上下展开形成的三维 T 型衍生组织如图 9-35(c)所示。

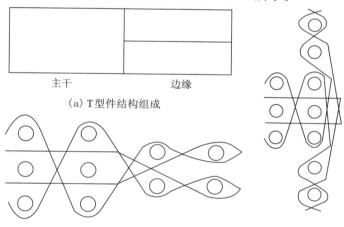

(a) T型件结构组成

(b) T型件结构图　　　　　　　(c) T型件展开图

图 9-35　三维 T 型衍生组织的结构组成与结构设计

根据使用要求,若需改变异型结构件主干和边缘部分的比例,在两者密度一定的情况下,只需改变边缘或主干部分的纬纱根数。

3. 其他三维 T 型衍生组织

将三维 T 型组织作为一个基本单元,通过基本单元 T 型的变化与组合,则可形成另外一些三维 T 型衍生组织。例如:在 T 型件主干的另一侧增加一个边缘结构,再将其两侧边缘部分展开,就可以形成 I 型结构,如图 9-36(a)所示;将两个 T 型件的边缘部分相连,下机后从中间即可得到十字型结构,如图 9-36(b)所示。根据异型件结构图,依次标注经、纬纱的顺序,即可绘制出相应的组织图或纹板图。图 9-36(b)中已依次标注经、纬顺序,绘制的组织图如图

9-36(c)所示。

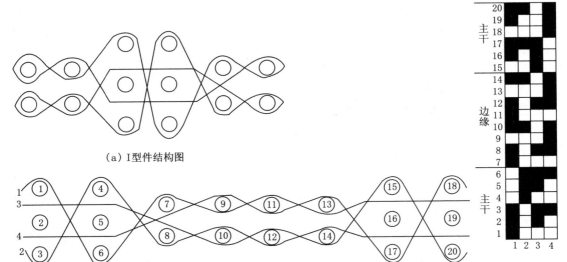

（a）I型件结构图

（b）十字型件结构图

（c）十字型件组织图

图 9-36　T 型衍生结构件设计举例

　　将 T 型件进行拼接，再做一些变化，即可形成蜂窝型结构，如图 9-37 所示。同理，山字型、格子型等三维非管状织物的结构，也可以通过对 T 型件结构的变化而形成。在变化过程中，T 型衍生件结构最小单元的经、纬纱循环数始终遵循式（9-9）和式（9-10）所示的规律。

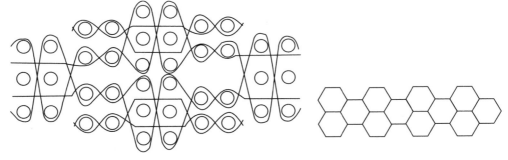

（a）结构图

（b）整体示意图

图 9-37　蜂窝型结构件的设计示意

　　表 9-3 给出了利用式（9-9）和式（9-10）计算得到的图 9-36（a）、（b）所示的三维 T 型衍生组织最小单元的组织循环数，均与图示结构吻合，表明 T 型结构件最小单元的经、纬纱循环数计算公式也适用于 T 型衍生结构件。

表 9-3　三维 T 型衍生组织最小单元的经、纬纱循环数

结构图	主干		边缘		异型件	
	R_j^s	R_w^s	R_j^f	R_w^f	R_j	R_w
图 9-35（a）	4	6	4	8	4	14
图 9-35（b）	4	8	4	12	4	20

思考题

9-1 比较三维机织物与二维机织物的不同之处,简述三维机织物的结构类别与特征。

9-2 何谓实柱状 Noobed 三维机织物? 阐述其结构特征。为什么这类织物不能在普通织机上织造?

9-3 普通织机制织正交接结三维组织的构成原理、结构特征、上机要点及注意事项。

9-4 三维组织是在二维组织的基础上发展而来的,谈谈你对这句话的理解,试举例说明。

9-5 试述平板状三维机织物正交结构与角联锁结构的主要区别、贯穿结构与分层结构的主要区别。

9-6 绘作层数为 6 的贯穿正交结构三维机织物的经向剖面图和上机图。

9-7 绘作层数为 7 的如图 9-1(b)所示的分层正交结构的经向剖面图和上机图。

9-8 绘作层数为 5 的贯穿角联锁结构的经向剖面图(标注经、纬纱序号)和组织图。

9-9 绘作层数为 6 的如图 9-11(d)所示的分层(3 层)角联锁结构的经向剖面图(标注经、纬纱序号)和组织图。

9-10 参考图 9-16,假设上、下两平板层的组织不变,绘作垂纱跨距为 5 的经向剖面图(标注出经、纬纱序号)和组织图。

9-11 已知某密度加大的垂纱接结间隔织物的经向剖面图如图 9-17 所示,绘制对应的组织图和上机图。

9-12 画出间隔型接结三维机织物中,如图 9-19 所示的菱形接结的剖面图,并写出经、纬纱序号,画出组织图。

9-13 分析比较田字型采用一把梭子和两把梭子织造时的投梭路径组合、织造所出现的问题以及节点处的牢度。

9-14 给出图 9-23 所示的压扁—织造—还原法间隔型三维结构的最小路径数、合理的投梭路径组合,并画出组织图。

9-15 设计纬向截面为回形的三维异型结构件的横向剖面图和各部分的组织结构,绘作经向剖面图、纹板图和上机图。

实训题

9-1 就实验室上机条件设计一间隔型(接结法或压扁-织造-还原法)三维机织物,绘出其结构图、组织图和上机图,在老师指导下进行实际制作,讨论这种类型织物织造时的注意事项。

9-2 通过查阅文献或市场调研,收集更多的三维异型件,思考其织造原理和方法。

9-3 完善图 9-35 所示的蜂窝间隔三维机织物的结构设计,有条件的可进行上机试织。

第十章 织物几何结构参数

织物中经、纬纱线交织的空间形态关系,称为织物结构(fabric structure);采用几何方法研究的织物结构,则称为织物几何结构(geometry of fabric structure)。由于构成织物的经、纬纱线属粘弹性材料,在形成织物之前,它们都可在一定的张力下呈伸直状态;但交织成织物后,便会由原来的伸直状态变为波形屈曲状态,从而形成不同结构的织物。图 10-1 为织物中经、纬纱空间屈曲形态的示意图。由于经、纬纱原料、线密度、上机张力及织物组织、密度的不同,使经、纬纱之间有各种各样的屈曲配合关系。如果再考虑经、纬纱受力变形等影响,织物中经、纬纱的空间形态显然极为复杂。

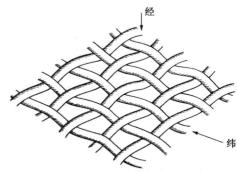

图 10-1 织物中经、纬纱的空间屈曲形态

为了研究织物几何结构,经、纬纱的弯曲阻力忽略不计,并被假设为是可以弯曲但不可压缩与伸长的圆柱体。这种简化虽与经、纬纱在织物中的实际形状存在较大差异,但由此而得到的织物几何结构的概念和模型,对于定性地描述织物结构与织物抗弯曲性、抗剪切性、透通性、耐磨性、尺寸稳定性以及织物能达到的最大可织密度等是有用的,且可作为织物设计中概算织物经、纬密度与经、纬纱线密度及经、纬纱缩率等参数的依据。

10.1 织物结构的 Peirce 模型

用建立数学方程的方法研究织物几何结构,最早期、最经典的论说是 Peirce 理论。它是在一定的假设条件下,从纯几何学的角度建立模型和解决问题的,虽然与织物内纱线的实际状态有一定的差异,但对推动当时纺织科学的进步起到了突破性作用,成为概算织物结构参数的理论基础。解读 Peirce 模型有利于深刻理解织物中的纱线形象及各织物参数的含义。

10.1.1 Peirce 模型

Peirce 模型(Peirce's model)可以用图 10-2 进行解说。Peirce 假设织物中的经、纬纱线是具有圆形截面、既不可伸长又不可压缩、但可充分弯曲的物体。因此,在经、纬纱线相互包覆屈曲之处,应具有圆弧形状,而其余部分为直线段。

图 10-2 所示是平纹织物一个交叉单元的

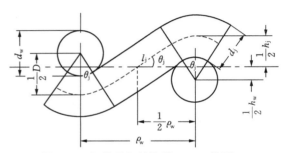

图 10-2 织物几何结构的 Peirce 模型

经向剖面图,图中列出了 13 个独立变量:屈曲波高 h_j、h_w,几何密度 ρ_j、ρ_w,屈曲纱线的长度 l_j、l_w,交织角(屈曲纱线相对于织物中心平面的最大倾角)θ_j、θ_w,经、纬纱线缩率 C_j、C_w,以及经、纬纱线直径 d_j 与 d_w 之和 D。各个变量之间按所假设的屈曲模型建立了下列 7 个关系式:

$$C_j = \frac{l_j}{\rho_w} - 1 \tag{10-1}$$

$$\rho_w = (l_j - D\theta_j)\cos\theta_j + D\sin\theta_j \tag{10-2}$$

$$h_j = (l_j - D\theta_j)\sin\theta_j + D(1 - \cos\theta_j) \tag{10-3}$$

$$D = h_j + h_w = d_j + d_w \tag{10-4}$$

$$C_w = \frac{l_w}{\rho_j} - 1 \tag{10-5}$$

$$\rho_j = (l_w - D\theta_w)\cos\theta_w + D\sin\theta_w \tag{10-6}$$

$$h_w = (l_w - D\theta_w)\sin\theta_w + D(1 - \cos\theta_w) \tag{10-7}$$

10.1.2 Peirce 的近似式及其应用

上述 7 个关系式中,若已知其中的 4 个变量,便可解出方程组中其他所有变量。为了简捷地给出这些参数间的关系,且便于应用,可将上述方程组中的 ρ 和 h 用级数展开。因 θ 角很小时,其高次方项可以略去,则 h、ρ 和 C 有如下关系:

$$h_j = \frac{4}{3}\rho_w\sqrt{C_j}, \quad h_w = \frac{4}{3}\rho_j\sqrt{C_w} \tag{10-8}$$

$$\theta_j = 106\sqrt{C_j}, \quad \theta_w = 106\sqrt{C_w} \tag{10-9}$$

式(10-8)、(10-9)被称为 Peirce 模型的近似式。实际应用中,ρ_j、ρ_w 和 C_j、C_w 比较容易获得,所以使用 Peirce 近似式可以对织物结构参数做出估算。

例 1 某平纹丝织物的经、纬丝均采用 55 dtex 涤纶丝,经密 $P_j = 80$ 根/cm,纬密 $P_w = 55$ 根/cm,经丝缩率 $C_j = 12\%$,纬丝缩率 $C_w = 7\%$,试计算其经、纬丝的屈曲波高和交织角。

解 由于 $\rho_j = \frac{1}{P_j} = \frac{1}{80} = 0.0125$ cm,$\rho_w = \frac{1}{P_w} = \frac{1}{55} = 0.0182$ cm

由 Peirce 近似式(10-8)、(10-9)可得:

$$h_j = \frac{4}{3}\rho_w\sqrt{C_j} = \frac{4}{3} \times 0.0182 \times \sqrt{0.12} = 0.0084 \text{ cm}$$

$$h_w = \frac{4}{3}\rho_j\sqrt{C_w} = \frac{4}{3} \times 0.0125 \times \sqrt{0.07} = 0.0044 \text{ cm}$$

$$\theta_j = 106\sqrt{C_j} = 106 \times \sqrt{0.12} = 36.7°$$

$$\theta_w = 106\sqrt{C_w} = 106 \times \sqrt{0.07} = 28.1°$$

10.1.3 Peirce 模型的修正与发展

20 世纪 50 年代,许多研究者致力于织物几何结构的研究,使 Peirce 模型得到了发展和应用。其中较有影响的有 Painten(1952 年)和 Adams(1956 年)建立的 Peirce 关系方程的诺谟图解术,大大简化了 Peirce 方程的求解;Love(1954 年)根据 Peirce 提出的平纹织物紧密结构条件,将纱线截面修正为跑道形,发展建立了非平纹织物紧密结构的最大可织图解;Dickson(1954 年)阐明了 Love 可织性图解在织造过程中的实际应用;Hamilton(1964 年)在此基础上提出了织物织紧度的概念及其算术图解。归纳起来,对 Peirce 理论的修正主要表现在对纱线的截面形态和屈曲形态的修正上。

1. 织物中纱线的截面形态

如图 10-3 所示,织物中纱线的截面形态除了 Peirce 假设的圆形(a)外,还有椭圆形(b)、跑道形(c)、凸透镜形(d)、矩形-圆弧并联形(e)等假设。这些假设考虑了纱线在织物中实际受到交织正压力的作用而引起的压扁变形,其目的是使模型模拟的织物结构与织物的实际结构更为吻合。

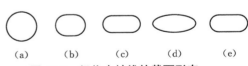

图 10-3 织物中纱线的截面形态

观察织物切片实样图 10-4 可知,低捻复丝纱在织物中大多呈现为不同压扁度的椭圆形截面,如(a)所示;加强捻的单根或多根纱线大多呈圆形截面,如(b)所示。而两根或多根中强捻纱线并合后加弱捻,大多呈现跑道形截面。在讨论织物几何结构概念时,可以采用圆形截面作为各参数概算的依据,并充分考虑纱线在织物中被压扁这一实际情况,给予修正。

(a)	(b)

图 10-4 平纹织物切片照片

如图 10-5 所示,d 为纱线理论计算直径,$d = Y_d\sqrt{T_{dt}}$,a 为纱线压扁后的长径,b 为短径,则压扁系数 $\eta = \dfrac{b}{d}$,延宽系数 $\delta = \dfrac{a}{d}$,压扁度 $e = \dfrac{b}{a}$。织物中纱线的压扁系数 η 值一般取 0.65~0.80。由于织物中纱线的实际形态并非圆形,一般近似于椭圆形。为便于研究,将椭圆面积折算成具有同样面积的圆形截面时的直径称为相当直径 $d_{相}$(又称概算直径)。其经、纬纱的相当直径表示为 $d_{j相}$ 和 $d_{w相}$,则:

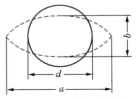

图 10-5 织物中纱线的
压扁示意

$$d_{j相} = \sqrt{a_j b_j}$$

$$d_{w相} = \sqrt{a_w b_w}$$

若要表示纱线在织物中的挤压情况,还可用挤压面积系数 K_A 表示。设织物中纱线的实际面积和理论面积分别为 A_p 和 A_t,则挤压面积系数 $K_A = \dfrac{A_p}{A_t}$。

当织物紧密度提高时,纱线受压程度增加,挤压面积系数随之降低。纱线在织物中变形会引起织物厚度、紧度和屈曲波高的变化。经、纬纱压扁变形大,对应的经、纬纱屈曲波高有所降低,织物变薄,盖覆紧度增加。纱线变形的大小与纤维类别、织物组织、经纬密度、纱线结构、织造及后处理工艺等因素有关。不同类型织物,其纱线的变形程度可以通过织物显微切片进行观测。

2. 织物中纱线的屈曲形态

每根纱线在织物中的屈曲形态,无论何种组织,均是由经、纬纱交叉区域与非交叉区域两个部位的屈曲形态所组成。在经、纬纱非交叉区域即浮长段,纱线的屈曲形态,不论织物紧密与否,均可假设为呈直线状态;而在经、纬纱交叉区域,纱线的屈曲形态却因受纤维原料、织物组织、经纬密度与经、纬纱线密度以及织造、后处理工艺等影响,在织物中所表现出的屈曲形态也各不相同。研究者们为了能真实地反映织物中纱线的屈曲形态,用于计算纱线的真实长度及缩率,对织物中交叉处纱线的屈曲形态作了假设。例如,假设交叉纱线屈曲形态为抛物线时,经推导,Peirce 近似式修正为:

① 平纹织物:$h_j = 1.256\rho_w\sqrt{C_j}$, $h_w = 1.256\rho_j\sqrt{C_w}$。

② 斜纹织物:$h_j = 1.732\rho_w\sqrt{C_j}$, $h_w = 1.732\rho_j\sqrt{C_w}$。

假设交叉纱线屈曲形态为正弦线时,经推导得到:

① 平纹织物:$h_j = 1.273\rho_w\sqrt{C_j}$, $h_w = 1.273\rho_j\sqrt{C_w}$。

② 非平纹织物:$h_j = 1.273\rho_w\sqrt{\dfrac{R_w}{t_j}C_j}$, $h_w = 1.273\rho_j\sqrt{\dfrac{R_j}{t_w}C_w}$。

上述近似式表明:不管用什么模型去模拟织物中交叉处纱线的屈曲形态,其屈曲波高、几何密度和缩率之间的函数关系是相同的,只是在幅度上有些差别。从系数的大小上看,差别还是不容忽视的。到底选用什么样的数学模型,应根据织物中纱线的真实屈曲形态特征来定,主要取决于织物中经、纬纱线本身的性质(如模量、刚性与变形回复能力)、织物组织和经、纬密度等参数。例如,用柔软的熟桑蚕丝织成的塔夫绸织物,织物剖面中的纱线屈曲具有极为明显的正弦波特征,其波形十分规整,即使不断调整上机张力等工艺参数,对这种函数曲线的特征也没有什么影响。而经、纬密度稀疏的织物,例如用黏胶人丝经与棉纱纬织成的线绨类织物中,由于棉纱的直径较大,且比较刚硬,因此织物剖面中的棉纱屈曲明显具有 Peirce 模型中圆弧与直线段组合的特征。可见选用什么样的数学模型来进行分析,并不是可以随意臆想的,而需以实验的结果为依据。

由于纱线在织物中的截面形态和屈曲形态受到诸多因素的影响,又随原料、品种的变化而变化,假设的数学模型与实际状态总存在着一定的差异。其原因在于:

① 织物中纱线会发生压缩、伸长等各种变形而改变其原来形态。

② 模型没有考虑织物的成形过程、工艺参数,以及原料种类和性能的影响。

经、纬纱线在织造过程中经常处于许多外力的作用下,因此,纱线蓄积着一定的弹性变形和塑性变形。例如,测量证明纱线在织物中的长度比其从织物中抽出的长度要长,这是由纱线从织物中被抽出后便发生松弛而回复了一部分弹性形变所致的。用数学模型计算织物中经、纬纱线缩率时,都未能反映纱线蓄积的弹性变形和塑性变形。因此,这表明从纯几何学模型来研究织物结构有着较大的局限性。20 世纪 60 年代,Ollaffson(1964 年)和 Grosberg(1966 年)等致力于从织物成形时的力学条件和经、纬纱线相互作用产生变形的观点去建立织物结构的数学力学模型,摆脱了在建立织物几何结构模型时纱线截面形态和交叉屈曲形态的影响,着眼于探求织物结构机理和效果之间的内在联系,使织物结构的研究又深入了一步。

10.2 屈曲波高与几何结构相

10.2.1 经、纬纱的屈曲波高

织物中经、纬纱的屈曲程度是影响织物结构的一个重要因素。屈曲波高(yarn bending wave height)便是描述这种屈曲程度的一个基本特征数。长期的生产经验和科学研究表明，屈曲波高与织物的外观效应、耐磨性能等均有一定的关系。

图 10-6 所示为平纹织物经、纬向剖面图，(a)、(c)为纬向剖面图，(b)、(d)为经向剖面图。经、纬纱直径分别以 d_j、d_w 表示。经、纬纱屈曲的波峰与波谷的横截面中心之间的垂直距离，称为该系统纱线的屈曲波高，以 h_j 表示经纱的屈曲波高，h_w 表示纬纱的屈曲波高。图 10-6 中(a)、(b)表示织物经纱无屈曲($h_j=0$)，而纬纱为最大屈曲($h_w=d_j+d_w$)。假如给织物的纬纱施以轴向张力或减小经纱轴向张力，使纬纱的屈曲波高减小一个 Δ 值，即 $h'_w=h_w-\Delta$。由于织物中经、纬纱总是紧贴着的，因此，经纱的屈曲波高必然会增加一个 Δ 值，即 $h'_j=h_j+\Delta$，使织物结构状态从图(a)、(b)所示变为图 10-6(c)、(d)所示。比较这两种结构状态，可以得到下列关系式：

$$h'_j-h_j=h_w-h'_w$$

式中：h'_j，h'_w——变化后的经、纬纱屈曲波高。

移项得：

$$h'_j+h'_w=h_j+h_w$$

由于 $h_j+h_w=d_j+d_w$，因此：

$$h'_j+h'_w=h_j+h_w=d_j+d_w \tag{10-10}$$

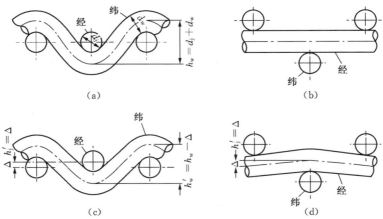

图 10-6　平纹织物经、纬屈曲波高

推导可见，织物中经、纬纱屈曲波高无论怎样变化，但其和为一常数，即等于经、纬纱直径之和。这是织物几何结构中屈曲波高的一个很重要的性质。

10.2.2 织物厚度与支持面

织物厚度等于织物正、反表面之间的垂直距离，用 τ 表示，计量单位为"mm"。图 10-7 和图 10-8 分别表示经、纬纱直径相等($d_j=d_w$)与不相等($d_w=2d_j$)时织物的三种交织状态。由

图可知：当构成织物正、反表面的纱线都是经纱时，其几何结构条件为 $h_j + d_j > h_w + d_w$，织物的厚度 $\tau = h_j + d_j$，称之为经支持面织物；当构成织物正、反表面的纱线都是纬纱时，其几何结构条件为 $h_w + d_w > h_j + d_j$，织物的厚度 $\tau = h_w + d_w$，称之为纬支持面织物；当经、纬纱同时构成织物的正、反表面时，其几何结构条件为 $h_j + d_j = h_w + d_w = \tau$，称之为等支持面织物。

当 $d_j = d_w = d$ 时，如图 10-7 所示，(a)为纬支持面，$\tau = 3d$；(b)为等支持面，$\tau = 2d$；(c)为经支持面，$\tau = 3d$。由此可见，织物厚度 τ 的变化范围在 $2d \sim 3d$ 之间。

当 $d_j \neq d_w$ 时，如图 10-8 所示，(a)为纬支持面，$\tau = 2d_w + d_j$；(b)为等支持面，$\tau = d_j + d_w$；(c)为经支持面，$\tau = 2d_j + d_w$。由此可见，当 $d_w > d_j$ 时，织物厚度在 $(d_j + d_w) \sim (2d_w + d_j)$ 之间变化；若 $d_j > d_w$ 时，织物厚度在 $(d_j + d_w) \sim (2d_j + d_w)$ 之间变化。

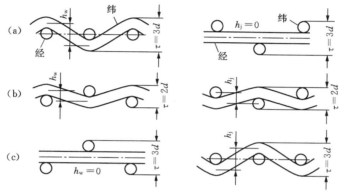

图 10-7 织物经、纬纱直径相同$(d_j = d_w)$的三种结构状态

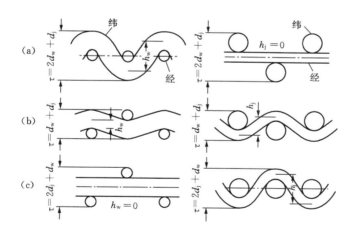

图 10-8 织物经、纬纱直径不同$(d_w = 2d_j)$的三种结构状态

等支持面的织物厚度值为最小，等于经、纬纱直径之和。表 10-1 列出了各类原料织物的厚度值范围，供设计时参考。

表 10-1 各类织物厚度值参考表 单位：mm

织物种类	丝织物	棉织物	精梳毛织物	薄型粗梳毛织物
轻 薄 型	<0.14	<0.24	<0.40	<1.10
中 厚 型	0.14~0.28	0.24~0.40	0.40~0.60	1.10~1.60
厚 重 型	>0.28	>0.40	>0.60	>1.60

10.2.3 织物的几何结构相

织物中经、纬纱屈曲波高 h_j 和 h_w 是互相制约的一对参数。经、纬纱屈曲波高的配合状况,称为织物的几何结构相(structure phase in geometry)。这里"相"的含义即状态。

为了便于研究,以经、纬纱直径之和(d_j+d_w)的 $\frac{1}{8}$ 或 $\frac{1}{10}$ 为 h_j 与 h_w 变化的一个阶差,则 h_j 与 h_w 互相配合能构成 9 个结构相或 11 个结构相。

在 $d_j=d_w=d$ 时,9 个或 11 个结构相与相应的 h_j、h_w 以及 τ 值的关系如表 10-2 和表 10-3 所示。在表 10-2 中的第 5 结构相和表 10-3 中的第 6 结构相时,$h_j=d_w=h_w=d_j$,$\tau=h_j+d_j=h_w+d_w=2d$,这种条件下的织物剖面如图 10-7(b)所示,织物的经、纬纱共同构成织物的支持面。

当 $d_j\neq d_w$ 时,居中结构相的 $h_j\neq d_w$,$h_w\neq d_j$,$\tau\neq d_j+d_w$。只有在满足 $h_j=d_w$、$h_w=d_j$ 的条件时,才能使 $h_j+d_j=h_w+d_w$,构成经、纬等支持面织物,织物的理论厚度最小,$\tau=d_j+d_w$,如图 10-8(b)所示。这种结构相称为"0 结构相",这个阶序称零位阶序。显然,在 $d_j=d_w=d$ 时,其居中结构相便是第 0 结构相。

表 10-2 织物结构相与经纬屈曲波高($d_j=d_w=d$)

结构相	h_j	h_w	h_j/h_w	τ	结构相	h_j	h_w	h_j/h_w	τ
1	0	$2d$	0	$3d$	6	$1\frac{1}{4}d$	$\frac{3}{4}d$	$\frac{5}{3}$	$2\frac{1}{4}d$
2	$\frac{1}{4}d$	$1\frac{3}{4}d$	$\frac{1}{7}$	$2\frac{3}{4}d$	7	$1\frac{2}{4}d$	$\frac{2}{4}d$	$\frac{3}{1}$	$2\frac{1}{2}d$
3	$\frac{2}{4}d$	$1\frac{2}{4}d$	$\frac{1}{3}$	$2\frac{1}{2}d$	8	$1\frac{3}{4}d$	$\frac{1}{4}d$	$\frac{7}{1}$	$2\frac{3}{4}d$
4	$\frac{3}{4}d$	$1\frac{1}{4}d$	$\frac{3}{5}$	$2\frac{1}{4}d$	9	$2d$	0	∞	$3d$
5	d	d	1	$2d$	0[1]	d_w	d_j	d_w/d_j	d_j+d_w

① 称零位阶序,表示经、纬纱直径不等时等支持面织物的几何结构状态。

表 10-3 11 个织物结构相与经纬屈曲波高($d_j=d_w=d$)

结构相	h_j	h_w	$\dfrac{h_j}{h_w}$	τ	结构相	h_j	h_w	$\dfrac{h_j}{h_w}$	τ
1	0	$2d$	0	$3d$	7	$1\frac{1}{5}d$	$\frac{4}{5}d$	$\frac{3}{2}$	$2\frac{1}{5}d$
2	$\frac{1}{5}d$	$1\frac{4}{5}d$	$\frac{1}{9}$	$2\frac{4}{5}d$	8	$1\frac{2}{5}d$	$\frac{3}{5}d$	$\frac{7}{3}$	$2\frac{2}{5}d$
3	$\frac{2}{5}d$	$1\frac{3}{5}d$	$\frac{1}{4}$	$2\frac{3}{5}d$	9	$1\frac{3}{5}d$	$\frac{2}{5}d$	$\frac{4}{1}$	$2\frac{3}{5}d$
4	$\frac{3}{5}d$	$1\frac{2}{5}d$	$\frac{3}{7}$	$2\frac{2}{5}d$	10	$1\frac{4}{5}d$	$\frac{1}{5}d$	$\frac{9}{1}$	$2\frac{4}{5}d$
5	$\frac{4}{5}d$	$1\frac{1}{5}d$	$\frac{2}{3}$	$2\frac{1}{5}d$	11	$2d$	0	∞	$3d$
6	d	d	1	$2d$	0[1]	d_w	d_j	d_w/d_j	d_j+d_w

① 称零位阶序,表示经、纬纱直径不等时等支持面织物的几何结构状态。

对于某一具体织物而言,结构相序号 φ 并不一定恰好为整数值,结构相序与屈曲波高之间的数学关系见表 10-4。

表 10-4　结构相序与屈曲波高的关系

9 个结构相时	11 个结构相时
$h_j=\dfrac{\varphi-1}{8}(d_j+d_w)$,则 $\varphi=\dfrac{8h_j}{d_j+d_w}+1$	$h_j=\dfrac{\varphi-1}{10}(d_j+d_w)$,则 $\varphi=\dfrac{10h_j}{d_j+d_w}+1$
$h_w=\dfrac{9-\varphi}{8}(d_j+d_w)$,则 $\varphi=9-\dfrac{8h_w}{d_j+d_w}$	$h_w=\dfrac{11-\varphi}{10}(d_j+d_w)$,则 $\varphi=11-\dfrac{10h_w}{d_j+d_w}$
已知 $\dfrac{h_j}{h_w}$,则 $\varphi=\dfrac{9\times\frac{h_j}{h_w}+1}{\frac{h_j}{h_w}+1}$	已知 $\dfrac{h_j}{h_w}$,则 $\varphi=\dfrac{11\times\frac{h_j}{h_w}+1}{\frac{h_j}{h_w}+1}$

各类产品所属的几何结构相范围,可通过织物的切片得出。一般地讲,高相位几何结构的织物仅由经纱构成织物的支持面。如棉府绸、丝塔夫绸,其经纱密度远大于纬纱密度,经纱的屈曲波高大,织物经向织缩大,经向断裂伸长大。在实际穿着中,经纱常受到摩擦、拉伸和疲劳等机械作用,而纬纱除受一定的拉伸作用外,很少受磨损,时常出现经纱已磨损断裂而纬纱仍较完好的现象(在中厚织物中尤为明显)。这种情况下,设计者可选用质量较次的纬纱原料进行交织,达到既对织物耐磨性无明显影响又适当降低原料成本的目的。

高经密平纹织物是以织物表面呈现饱满的颗粒外观为其特征的。这类织物不要求经、纬纱同等地浮于织物表面,而需要确定合理的经、纬纱屈曲波高之比。

如果在经、纬密度都比较小的条件下,如棉纱布、薄纺绸类织物,几何结构相就比较低。对于要求经、纬向性能差异小、织物表面平整、耐磨性能好的织物,一般采用居中结构相或 0 相的几何结构,以增加织物支持面的面积,使外观比较丰满。

还应指出,织物结构相的变化与经、纬纱的线密度以及织物经、纬密度的配置是密切相关的。在经、纬纱同线密度的情况下,一般说来,经密大、纬密小的,为高结构相、经支持面;经密小、纬密大的,则为低结构相、纬支持面;经、纬密度相等的,则为居中结构相、等支持面。当经、纬纱的线密度不同时,一般可以适当调整经、纬密度,使经、纬纱屈曲波高接近等支持面,达到织物表面平整、耐磨的目的。当然,也可有意使其构成不等支持面,改变产品的外观风格。

10.2.4　临界几何密度与极限结构相序

织物中相邻两根纱线的中心距,称纱线的几何密度。经纱的几何密度为经密的倒数,纬纱的几何密度为纬密的倒数。

上述织物的 9 个或 11 个结构相,实际应用中并非都能得到,当经、纬纱几何密度减小到相当程度以后,织物将只能获得有限的结构相序。织物可以不受限制获得任何结构相序的最小几何密度,称之为临界几何密度(critical geometric density)。当几何密度小于临界值后所获得的结构相序,称为该几何密度条件下织物结构的极限相序。若纬纱的几何密度小于临界几何密度,则纬纱屈曲波高增加,经纱的屈曲波高减小,产生极限最高相序。同理,若经纱的几何密度小于临界几何密度,则经纱屈曲波高增加,纬纱的屈曲波高减小,产生极限最低相序。

鉴于织物划分为 11 个结构相的相位差比 9 个结构相的小,对织物结构相变化的描述较为细致,为此下面以 11 个结构相为例进行讨论。

图 10-9 所示为经、纬纱线密度相同($d_j = d_w = d$)的平纹织物,图中(a)的上半部分为第 11 结构相织物的经向剖面图,下半部分为沿织物中心平面处的剖面图,示出了经、纬纱间的相互位置,其纬纱几何密度 $\rho_w = 2d$,$h_j = 2d$,$h_w = 0$。

若纬纱几何密度 ρ_w 逐渐减小,当 $\rho_w < 2d$ 时,若仍然要获得第 11 相序的织物结构,则经、纬纱之间必然会出现挤压变形,这与前述纱线是可弯曲但不可压缩与伸长的圆柱体的假设不符,如图 10-9(b)所示。这时,第 9 相序是得不到的,实际的变化应该是纬纱沿着经纱滑动上抬(或下移),如图 10-9 中(c)所示。鉴此,纬纱的临界几何密度为 $2d$。当 ρ_w 继续减小时,不仅得不到第 11 相序,而且第 10、第 9 等相序也不可能获得,这便出现了一个极限最高相序的概念。为了从数值上进

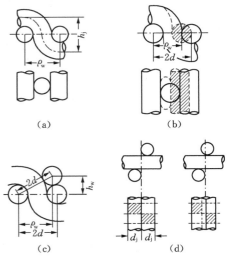

图 10-9 织物极限结构相序的分析

一步说明几何密度与极限结构相序之间的定量关系,根据图 10-9(c)可得 $h_w^2 = \sqrt{(2d)^2 - \rho_w^2}$,并由此式求出当 ρ_w 逐渐减小时织物的极限最高结构相序,结果列于表 10-5 中。

表 10-5 纬纱几何密度与极限最高相序($d_j = d_w = d$)

纬线几何密度 ρ_w	纬线屈曲波高 h_w	极限最高相序 φ_{max}	纬线几何密度 ρ_w	纬线屈曲波高 h_w	极限最高相序 φ_{max}
1.75d	0.97d	6～7 相序接近于 6	1.25d	1.56d	3～4 相序接近于 3
1.50d	1.33d	4～5 相序接近于 4	1.00d	1.73d	2～3 相序接近于 2

令织物的极限几何密度等于 d,当 $\rho_w = d$ 时,织物只可能获得由 1 到 2～3 之间的结构相序。$\rho_w < d$ 的情况如图 10-9(d)所示,纱线有压溃变形,与假设矛盾,不可能得到。同理,可以讨论当 $\rho_j < 2d$,并逐渐减小时,织物的极限最低结构相序。

10.3 交织次数与平均浮长

织物中经、纬纱屈曲交织形成交织(interlacing)和浮长(floating)两部分,交织次数和平均浮长便是描述这两部分结构特征的参数,它们直接影响织物的交织坚牢度与手感。

10.3.1 描述织物交织状态的参数

1. 完全组织中的交织次数

在一个完全组织中,每根经(纬)纱与纬(经)纱交织,由浮到沉,再由沉到浮,称为一次交织。j_{ji} 为第 i 根经纱的交织次数,j_{wi} 为第 i 根纬纱的交织次数。一次交织包含着由浮到沉和由沉到浮的两次交叉。令 t_{ji} 为第 i 根经纱的交叉次数,t_{wi} 为第 i 根纬纱的交叉次数,则 $t_{ji} = 2j_{ji}$,$t_{wi} = 2j_{wi}$。

一个完全组织中,R_j 根经纱的总交织次数 $J_j = \sum_{i=1}^{R_j} j_{ji}$,$R_w$ 根纬纱的总交织次数 $J_w = \sum_{i=1}^{R_w}$

j_{wi}。因为经纱每沉浮一次,纬纱必然相应地产生一次浮沉,故织物的总交织次数 $J_f = \frac{J_j + J_w}{2}$。其他条件相同的情况下,交织次数 J_j、J_w 和 J_f 值愈大,则表示经、纬纱交织愈紧,反之亦然。

2. 单位面积中的交织次数

织物中纱线按一定的密度排列,不同的经、纬密度表示织物单位长度和单位面积中所涵盖的完全组织数是不同的,则单位长度和单位面积中织物的交织次数,即交织密度,是不同的。为此,有必要建立以下三个在密度基础上表示织物交织状态的参数:

① 单位宽度(cm)中经纱的交织次数 $J_{mj} = J_j P_j / R_j$。

② 单位长度(cm)中纬纱的交织次数 $J_{mw} = J_w P_w / R_w$。

③ 单位面积(cm^2)中经、纬纱的交织总次数,亦称织物的交织密度 $J_{mf} = J_f P_j P_w / R_j R_w$。

上式中,P_j、P_w 为织物的经、纬密度(根/cm);R_j、R_w 为完全组织中的经、纬纱根数;J_{mf} 表征不同组织、不同密度织物的交织程度。

由于织物的交织程度直接与织物的服用性能有关,利用织物组织和经、纬密度来控制交织程度上的差异,调控织物的手感与性能,对于织物设计是十分必要的。若织物经、纬密度受制约而不宜调整时,便可通过适当改变织物组织,即改变 J_j、J_w 和 J_f 来实现织物性能指标的调整。

3. 交织面积

相互交织的经、纬纱每沉浮交织一次,便会沿着垂直于织物平面的方向,从织物的一面穿到另一面,然后再从另一面穿回这一面。假设沿织物平面剖开,就会发现一次交织有两个纱线截面。这里定义的交织面积是指织物单位面积中所有交织连接纱线的总截面积。

设纱线具有圆形截面,单位面积(cm^2)中经、纬纱的交织面积:

$$A_f = J_{mf} \times 2 \times \frac{\pi}{4} d^2 = J_{mf} \times 2 \times \frac{\pi}{4} Y_d^2 \times T_{dt}$$

上式中的 Y_d 为纱线线密度单位为"dtex"时的直径系数。不同的纤维类别和线密度单位,其直径系数有不同的取值。

上式表明,交织面积主要取决于交织密度和纱线的粗细,同时与纱线的直径系数有关。单位面积中交织次数愈多,则交织面积越大;反之亦然。交织面积大的织物,不管是手感还是视觉感,都显得比较紧密,但是细腻光滑的表面效果会受到一定的影响。

10.3.2 描述织物浮长状态的参数

1. 平均浮长

规则组织中,由于每根经、纬纱的交叉次数相同,则:

$$F_j = R_w / t_j, \quad F_w = R_j / t_w$$

式中:$F_j(F_w)$——规则组织的经(纬)纱平均浮长(average float),即每交叉一次所占的平均浮点数。

对于非规则组织,由于组织循环中各根经、纬纱交叉次数不等,可以用求和的方法计算出一个完全组织中一根经(纬)纱的平均浮长:

$$F_j = \frac{\sum_{i=1}^{R_j} \dfrac{R_w}{t_{ji}}}{R_j}, \quad F_w = \frac{\sum_{i=1}^{R_w} \dfrac{R_j}{t_{wi}}}{R_w}$$

F 值愈大,表示织物组织愈松;反之亦然。该参数的不足之处在于对平均浮长相等而组织不同的松紧程度缺乏区别能力。假如考虑织物的经、纬密度,欲求经、纬纱线的平均浮起长度(average float length)L_j、L_w(mm),其算式为:

$$L_j = \frac{F_j \times 10}{P_w}, L_w = \frac{F_w \times 10}{P_j}$$

式中:P_j、P_w 的单位为根/cm。

2. 平均浮点数(组织系数)

平均浮点数又称组织系数(weave coefficient),它是描述织物组织松紧程度的又一指标,有经组织系数 ϕ_j、纬组织系数 ϕ_w 和织物组织系数 ϕ_f 之分。

经组织系数是指一个完全组织中,经纱每交叉一次所占的组织点个数,故亦称为经纱平均浮点数。同理,纬组织系数表示一个完全组织中,纬纱每交叉一次所占的组织点个数,也称为纬纱平均浮点数。织物组织系数是指一个完全组织中,经纱和纬纱每交叉一次所占的组织点个数。

$$\phi_j = \frac{R_j R_w}{2 J_j}, J_j = \sum_{i=1}^{R_j} j_{ji} ; \phi_w = \frac{R_j R_w}{2 J_w}, J_w = \sum_{i=1}^{R_w} j_{wi} ; \phi_f = \frac{R_j R_w}{\dfrac{2(J_j + J_w)}{2}} = \frac{R_j R_w}{J_j + J_w}$$

显然,ϕ 值愈大,表示组织愈松;ϕ 值愈小,表示组织愈紧。运用 ϕ 值的大小,可以描述任意组织的经、纬纱松紧程度,但没有涵盖飞数 S 对组织松紧程度的影响。

10.3.3 参数计算举例

例 1 $\dfrac{2\ 1\ 1}{1\ 1\ 1}$↗复合斜纹织物,经密为 65 根/cm,纬密为 50 根/cm;经丝组合为 2/22.2/24.4 dtex 桑蚕丝,纬丝组合为 3/22.2/24.4 dtex 桑蚕丝。计算其交织与浮长两个状态的参数。

解 (1)完全组织中交织次数的计算

由于该组织为规则组织,如图 10-10 所示,$R_j = R_w = 7$,完全组织中每根经丝交织次数 $j_j = 3$,交叉次数为 $t_j = 6$;每根纬丝交织次数 $j_w = 3$,交叉次数为 $t_w = 6$。为此:

图 10-10 $\dfrac{2\ 1\ 1}{1\ 1\ 1}$↗

$$J_j = R_j j_j = 7 \times 3 = 21$$

$$J_w = R_w j_w = 7 \times 3 = 21$$

$$J_f = \frac{J_j + J_w}{2} = 21$$

(2)单位面积中交织次数的计算

$$1\ cm\ 宽织物中经丝总交织次数\ J_{mj} = \frac{J_j P_j}{R_j} = \frac{21 \times 65}{7} = 195\ 次/cm$$

$$1\ cm\ 长织物中纬丝总交织次数\ J_{mw} = \frac{J_w P_w}{R_w} = \frac{21 \times 50}{7} = 150\ 次/cm$$

$$1\ cm^2\ 织物中经、纬丝总交织次数\ J_{mf} = \frac{J_f P_j P_w}{R_j R_w} = \frac{21 \times 65 \times 50}{7 \times 7} = 1\ 392.86\ 次/cm$$

以上三个参数中,J_{mf} 综合反映了织物组织、经纬密度对织物交织程度的贡献。

（3）交织面积的计算

$1\ cm^2$ 织物中，当桑蚕丝的线密度单位采用"dtex"时，直径系数 $Y_d = 0.001\ 2$，则：

$$A_f = J_{mf} \times 2 \times \frac{\pi}{4} \times Y_d^2 \times \frac{T_{dtj} + T_{dtw}}{2}$$

$$= 1\ 392.86 \times 2 \times \frac{3.1416}{4} \times 0.001\ 2^2 \times \frac{46.6 + 69.9}{2} = 18.36\ mm^2$$

（4）平均浮长 F 和平均浮起长度 L 的计算

因是规则组织，每根经、纬纱的浮长相等，平均浮长 F 和平均浮起长度 L 分别为：

$$F_j = \frac{R_w}{t_j} = \frac{7}{3 \times 2} = 1.167\ mm$$

$$F_w = \frac{R_j}{t_w} = \frac{7}{3 \times 2} = 1.167\ mm$$

$$L_j = F_j \times 10/P_w = 1.167 \times 10/50 = 0.223\ mm$$

$$L_w = F_w \times 10/P_j = 1.167 \times 10/65 = 0.179\ mm$$

（5）组织系数 ϕ 的计算

$$\phi_j = \frac{R_j R_w}{2J_j} = \frac{7 \times 7}{2 \times 21} = 1.167$$

$$\phi_w = \frac{R_j R_w}{2J_w} = \frac{7 \times 7}{2 \times 21} = 1.167$$

$$\phi_f = \frac{R_j R_w}{J_j + J_w} = \frac{7 \times 7}{21 + 21} = 1.167$$

10.4 盖覆紧度与盖覆系数

10.4.1 盖覆紧度

织物经、纬密度是以单位长度内纱线根数来表示的，它并未涉及纱线的原料类别、线密度及织物的组织等。当纱线原料相同而线密度不同时，纱线的直径不同，即使经、纬密度相同，但纱线在织物中排列的紧密程度并不相同。当纱线的原料不同而线密度相同时，纱线的直径也未必相同。可见，织物经、纬密度这一指标并不能准确地反映织物中纱线的紧密程度。

如图 10-11(a)、(b)所示，虽然两块织物的经纱密度相同，即 ρ_j 相同，(a)所示织物仅部分地被经纱盖覆，而(b)所示织物完全被经纱盖覆，相邻经纱之间没有空隙，显然两者的紧密程度不同。为了比较组织相同而纱线线密度不同之织物的紧密程度，引入盖覆紧度（cover tightness）这一结构参数。盖覆紧度通常简称为紧度。

盖覆紧度有经向盖覆紧度、纬向盖覆紧度和织物总盖覆紧度之分。织物经（纬）向盖覆紧度是指经（纬）纱直径与相邻两根经（纬）纱间的平均中心距之比，以百分数表示。

$$E_j = \frac{d_j}{\rho_j} \times 100\% = \frac{d_j}{\frac{1}{P_j}} \times 100\% = d_j P_j$$

$$E_w = \frac{d_w}{\rho_w} \times 100\% = \frac{d_w}{\frac{1}{P_w}} \times 100\% = d_w P_w$$

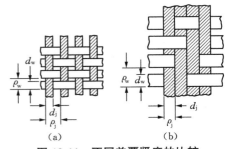

图 10-11　不同盖覆紧度的比较

式中：E_j、E_w——经、纬向盖覆紧度(%)；

d_j、d_w——经、纬纱直径(cm)；

P_j、P_w——经、纬纱密度(根/cm)；

ρ_j、ρ_w——相邻两根经纱间、纬纱间的平均中心

距(cm)。

织物经、纬向盖覆紧度的理论最大值为 100%，一般均小于 100%。由于纱线在织物中发生挤压变形和重叠，在某种情况下有可能超过 100%。

大多数情况下，只需分别使用经向盖覆紧度和纬向盖覆紧度，而不计及织物的总盖覆紧度。但在某些时候，如研究织物的透通性时，需计算织物的总盖覆紧度 E_f(%)。织物总盖覆紧度的物理意义为织物表面被经、纬纱线覆盖的面积与织物总面积之比。显然，它不能简单地表示为经向盖覆紧度与纬向盖覆紧度之和，这是因为经、纬纱互相重叠部分的面积在相加时被计算了两次。如图 10-7 所示，织物内每一根经纱与每一根纬纱互相重叠的面积为 $d_j d_w$，根据定义得：

$$E_f = \frac{d_j \times \frac{1}{P_w} + d_w \times \frac{1}{P_j} - d_j d_w}{\frac{1}{P_j} \times \frac{1}{P_w}} \times 100\%$$

$$= (d_j P_j + d_w P_w - d_j d_w P_j P_w) \times 100\%$$

$$= E_j + E_w - E_j E_w$$

式中，若 $E_j = 100\%$ 时，不论 E_w 取任何数，$E_f = 100\%$。实际上，当 $E_j = 100\%$ 时，E_w 取不同的数值，对织物的手感与性能还是有影响的，但 E_f 无法给予反映，这是织物盖覆紧度参数的局限性。

10.4.2　纱线的直径系数

在计算盖覆紧度时，涉及到纱线的 d_j、d_w。由于纺织用纱线很纤细，直径 d 不用长度单位直接表示，而是用线密度单位间接表示。假定纱线的截面为正圆形，T_t 表示纱线线密度以特(tex)为单位，纱线直径 d 与 T_t 的关系式：

$$T_t = \frac{\pi \times d^2}{4} \times 1000 \rho_f \times P_f \times 100$$

则：

$$d = 3.57 \sqrt{\frac{T_t}{\rho_f \times P_f}} \times 10^{-3}(cm) \tag{10-11}$$

T_{dt} 表示纱线线密度以分特(dtex)为单位，此时：

$$T_{dt} = \frac{\pi \times d^2}{4} \times 10\,000 \rho_f \times P_f \times 100$$

则：

$$d = 1.13 \sqrt{\frac{T_{dt}}{\rho_f \times P_f}} \times 10^{-3} \text{(cm)}$$

T_D 表示纱线线密度以旦尼尔(D)为单位，此时：

$$d = 1.19 \sqrt{\frac{T_D}{\rho_f \times P_f}} \times 10^{-3} \text{(cm)}$$

T_N 表示纱线线密度以公支为单位，此时：

$$d = 112.8 \sqrt{\frac{1}{T_N \times \rho_f \times P_f}} \times 10^{-3} \text{(cm)}$$

上式中，P_f 为纤维的密度(g/cm³)，ρ_f 为纤维成纱后纱线的多孔性系数即填充系数。F. T. Peirce 假设 $\rho_f = 0.60$。后来的研究得出织物中 ρ_f 值在 $0.55 \sim 0.75$ 范围内变化。如果纱线由高度蓬松的硬纤维组成，则 $\rho_f = 0.55$；若纱线由低捻柔软的复丝组成，则 $\rho_f = 0.75$。通常取平均值 $\rho_f = 0.65$，该值用于一般的纱线计算还是比较精确的。将 $\rho_f = 0.65$ 代入式(10-11)，则纱线直径的算式：

$$d = 4.44 \times 10^{-3} \sqrt{\frac{T_t}{P_f}} \text{(cm)}$$

或

$$d = 1.40 \times 10^{-3} \sqrt{\frac{T_{dt}}{P_f}} \text{(cm)}$$

几种常用纤维的密度(P_f)值见表 10-6。

用定义直径系数 Y 来表达纱线直径与线密度之间的关系，式(10-11)便改写为：

$$d = Y \sqrt{T_t}$$

则

$$Y = 3.57 \times 10^{-3} \times \sqrt{\frac{1}{\rho_f \times P_f}} \tag{10-12}$$

表 10-6　常用纤维的密度(P_f)表

纤维名称	纤维密度(g/cm³)	纤维名称	纤维密度(g/cm³)
精练蚕丝	1.25～1.37	腈纶	1.17～1.18
生丝	1.30～1.37	丙纶	0.91
黏胶丝	1.50	棉	1.47～1.55
锦纶	1.14	羊毛	1.28～1.33
涤纶	1.38	亚麻	1.46～1.50

纱线直径系数是织物结构的重要参数之一，受成纱方法、纤维种类和纤维在纱线中的填充度等因素的影响，其值大小还与纱线线密度的单位有关。

各种常用纤维的纱线在不同线密度单位时的直径系数(Y)值如表 10-7 所列。

表 10-7　常用纤维的纱(丝)线直径系数(Y)①

纤维名称	$Y\times10^3$			纤维名称	$Y\times10^3$		
	tex	dtex	D		tex	dtex	D
棉	3.57~3.66	1.13~1.16	1.19~1.22	黏胶丝	3.62	1.14	1.21
羊毛	3.85~3.92	1.22~1.24	1.28~1.31	涤纶	3.50~3.78	1.11~1.20	1.17~1.26
精练蚕丝	3.79~3.96	1.20~1.25	1.26~1.32	腈纶	4.08~4.09	1.29	1.36
生丝	3.79~3.89	1.20~1.23	1.26~1.29	丙纶	4.64	1.48	1.55
绢丝	4.04~4.12	1.28~1.30	1.35~1.37	涤/棉 (65/35)	3.60~4.10	1.14~1.30	1.20~1.37
亚麻	3.62~3.66	1.14~1.16	1.21~1.22	涤/黏 (65/35)	3.90~4.30	1.23~1.36	1.30~1.43
苎麻	3.62~3.72	1.15~1.18	1.21~1.24				

① 该表直径单位为"cm"时的概算值。

10.4.3　盖覆系数

将 $d=Y\sqrt{T_t}$ 代入盖覆紧度 E 的算式,得 $E=YP\sqrt{T_t}$。

令,$K=P\sqrt{T_t}\times10^{-1}$,称之为盖覆系数(cover factor)。同样也有经盖覆系数 K_j 与纬盖覆系数 K_w 之分。即:

$$K_j=P_j\sqrt{T_{tj}}\times10^{-1} \tag{10-13}$$

$$K_w=P_w\sqrt{T_{tw}}\times10^{-1} \tag{10-14}$$

式中:P_j、P_w——经、纬密度(根/cm)。

则: $$E=10YK$$

显然,经、纬盖覆系数 K_j、K_w 的计算仅与织物中经、纬密度和经、纬纱的线密度有关,排除了纺纱(丝)方法、纤维类别及其表面形态等因素的影响。

当 $E=100\%$ 时,K 达到最大值,$K_{max}=\dfrac{1}{Y}\times10^{-1}$。

10.4.4　计算实例

例 2　经丝采用 13.33 tex 黏胶丝,制织经向盖覆紧度为 50% 的织物,估算其经丝密度。

解　查表 10-7 取黏胶丝 $Y=3.62\times10^{-3}$,则:

$$E_j=3.62\times10^{-3}P_j\sqrt{T_{tj}}$$

$$P_j=\frac{50\%}{3.62\times10^{-3}\sqrt{13.33}}=37.8\ \text{根/cm}$$

经丝密度估算为 37.8 根/cm。

例 3　已知某桑蚕丝织物纬密为 42 根/cm,需制织纬向盖覆紧度为 48% 的织物,估算其纬丝线密度。

解　查表 10-7 取桑蚕丝 $Y=3.79\times10^{-3}$,则:

$$E_w = YP_w \sqrt{T_{tw}}$$

$$T_{tw} = \left(\frac{E_w}{YP_w}\right)^2 = \left(\frac{48\%}{3.79 \times 10^{-3} \times 42}\right)^2 = 9.09 \text{ tex} = 90.9 \text{ dtex} \approx 82 \text{ D}$$

宜采用 4/22.2/24.4 dtex(4/20/22 D)桑蚕丝作纬线。

例 4 已知某尼丝纺经丝为 77 dtex 锦纶丝,纬丝为 121 dtex 锦纶丝,织物经密为 51.8 根/cm,纬密为 31.6 根/cm,概算织物的经、纬向盖覆系数和盖覆紧度。

解 $$K_j = P_j \sqrt{T_{tj}} \times 10^{-1} = 51.8 \times \sqrt{7.7} \times 10^{-1} = 14.37$$

$$K_w = P_w \sqrt{T_{tw}} \times 10^{-1} = 31.6 \times \sqrt{12.1} \times 10^{-1} = 10.99$$

查表 10-7,取锦纶 $Y = 4.15 \times 10^{-3}$,则:

$$E_j = 10YK_j = 10 \times 4.15 \times 10^{-3} \times 14.37 = 59.6\%$$

$$E_w = 10YK_w = 10 \times 4.15 \times 10^{-3} \times 10.99 = 45.6\%$$

$$E_f = E_j + E_w - E_j E_w = 59.6\% + 45.6\% - 59.6\% \times 45.6\% = 78\%$$

几种桑蚕丝平纹织物的盖覆系数和盖覆紧度值如表 10-8 所列。

表 10-8 几种纯桑蚕丝平纹织物的盖覆系数与盖覆紧度

品号品名	经密(根/cm)	纬密(根/cm)	K_j	K_w	$E_j(\%)$	$E_w(\%)$	$E_f(\%)$	紧密序列
11102 洋纺	69.0	47.0	10.49	7.41	40.28	27.42	56.56	3
11103 洋纺	50.0	39.6	8.93	6.02	34.29	23.12	49.48	4
11186 电力纺	63.7	42.5	16.77	12.92	64.39	49.61	82.05	1
11206 电力纺	50.0	45.0	10.75	9.67	41.28	37.13	63.08	2

表 10-8 中,从工艺密度看,无论是经密或纬密,都以 11102 洋纺为最大,但是却以 11186 电力纺的盖覆紧度为最大,这是织物中经纬纱的线密度不同所致的。可见,织物的工艺密度不及盖覆紧度更能反映纱线在织物中的紧密程度。

10.5 织物平衡系数与结构区域

不同品种由于所用原料或织物结构的不同而具有不同的外观效应、风格特征及服用性能。在原料相同的情况下,经纬纱的线密度、经纬密度和织物组织是影响织物结构的主要因素,三者不同的配合,可以得到多种多样的品种。

同一大类品种可以具有多个规格,而不同的规格主要反映在经、纬纱的线密度和经、纬密度的变化上,以获得不同的平方米克重而满足不同用途的需要。经、纬纱的线密度和经、纬密度的变化,实质上反映了织物盖覆紧度的变化。同一品种、不同规格的织物,它们的结构变化会具有一定范围。在这个范围内,经、纬纱线密度和经、纬密度的相互配合,使织物具有该品种的几何结构特征和外观风格。从这一理念出发,提出"结构区域"的概念,作为某大类品种不同规格织物的"集合"。集合内的织物具有类似的几何结构特征和外观风格。

10.5.1 织物平衡系数

将织物经、纬向紧度之比定义为织物平衡系数(fabric balance ratio),以 α 表示,

即 $\alpha = \dfrac{E_{j}}{E_{w}}$。

织物经、纬向紧度之比直接影响织物的结构和风格特征,是判断织物属于何类产品的一个关键参数。当 $E_{j} \gg E_{w}$ 时,经、纬向紧度比愈大,织物平衡系数 $\alpha \gg 1$。这说明经向的紧密程度比纬向大,致使经纱的屈曲波高比纬纱大,构成高结构相、经支持面织物。这种结构的平纹织物,经纱浮点高出纬纱浮点,织物表面呈现明显的由经纱凸起的颗粒效应,即府绸风格。这种结构的斜纹织物,由经纱构成的斜纹凹凸分明、纹路清晰,即卡其风格。相反,当 $E_{j} \approx E_{w}$ 时,织物平衡系数 $\alpha \approx 1$,经、纬向紧度比较接近,构成第 5 结构相附近的等支持面织物。等支持面的平纹织物,表面平整;等支持面斜纹织物,经、纬纱的斜纹线同时存在,构成平坦的人字形。当 $E_{j} \ll E_{w}$ 时,织物平衡系数 $\alpha \ll 1$,纬纱的屈曲波高比经纱大,构成低结构相、纬支持面织物,如 5 枚横贡缎织物。

10.5.2 织物结构区域概念与应用

在 E_{j}—E_{w} 的直角坐标中,将各个品种不同规格的 E_{jmax} 和 E_{jmin}、E_{wmax} 和 E_{wmin} 及 α_{max} 和 α_{min} 所围成的多边形区域,定义为该品种的结构区域(structure range)。它便是具有类似几何结构特征和外观风格的同一品种、不同规格织物的集合。

表 10-9 列出了棉织物几个大类品种的结构区域参数值。图 10-12~图 10-14 所示为表 10-9 参数所定义的品种结构区域图。

表 10-9 棉织物大类品种的结构区域参数值

织物品种	$E_{j}(\%)$	$E_{w}(\%)$	α
粗平布	48~56	46~53	1.00~1.07
中平布	40~55	40~53	0.97~1.09
细平布	34~54	44~47	1.00~1.15
府 绸	65~79	37.5~45	1.58~2.00
哔 叽	62~66	46~51	1.25~1.42
华达呢	78~95	45~50	1.60~2.00
卡 其	78~107	44~56	1.40~2.18
斜纹布	63~72.5	43~50	1.47~1.59
直贡缎	69~76	45~51.5	1.38~1.52
横贡缎	45~55	65~80	0.67~0.69

由表 10-9 和图 10-12~图 10-14 可以看出,平布与府绸的结构区域以及哔叽与华达呢的结构区域均有较大的差别,说明它们的结构特征和外观风格有较大的差异。显然,府绸比平布、华达呢比哔叽的结构紧密,布面纹路清晰,手感硬挺。由此而来的启发是运用结构区域的概念来定义织物品种,具有简单明了的特点,在织物规格的计算机辅助设计方面具有较好的应用前景。

三张结构区域图也反映了目前在棉品种分类方面存在的一些问题。例如,有些品种的结构区域过大,使同一品种之间差异过大;不同品种的结构区域严重重叠。例如,$\dfrac{2}{1}$ 斜纹布和直贡缎的组织松紧、手感相差很大,但两者的结构区域却有重叠,如图 10-14 所示;同样,卡其与华达呢比较(图 10-13),华达呢的结构区域坐落在卡其织物的结构区域内,使两者混淆不清,甚至会发生某些卡其织物反而不如华达呢织物紧密的反常现象。在品种规格配套设计中,应特别注意品种之间结构区域的界线,以确保每个品种具有各自独特的风格。

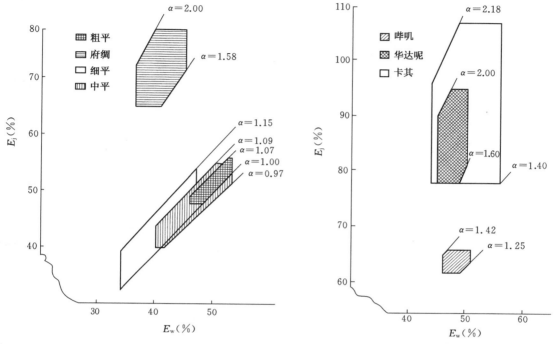

图 10-12 平纹棉品种结构区域比较

图 10-13 斜纹棉品种结构区域比较

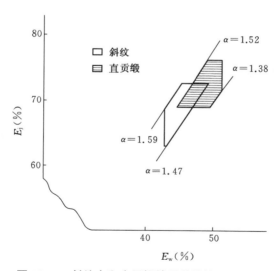

图 10-14 斜纹布和直贡缎棉品种结构区域比较

思考题

10-1 简述织物几何结构 Peirce 理论的假设条件的主要内容及其在织物设计中的应用。

10-2 由 Peirce 模型图推导 Peirce 理论的 7 个方程式。

10-3 比较纱线取不同截面时屈曲波高、几何密度和缩率三者之间的关系。

10-4 简述经、纬屈曲波高的概念、性质及其对织物表面效应的影响。

10-5 织物的几何结构相是如何划分的？何谓"0"结构相？当 $d_j = d_w$ 时，第"0"结构相就是第几结构相？当 $d_w = 2d_j$ 时，第"0"结构相又是第几结构相？

10-6 分别说明要使织物的厚度为最小或最大，织物经、纬纱直径和屈曲波高应如何配置。

10-7 图解分析当经纱的几何密度 ρ_j 小于临界几何密度时，出现极限最低结构相的相互关系。

10-8 比较不同组织织物的交织松紧程度有哪些参数？织物交织面积与组织系数的物理意义何在？

10-9 盖覆紧度与盖覆系数是如何定义的？举例说明它们在织物设计中的实用意义。

10-10 纱线直径系数的取值与哪些因素有关？简述直径系数的正确取值对织物设计的影响。

10-11 比较织物平衡系数值接近于 1 和远大于 1 或远小于 1 对织物结构的影响。

10-12 某 $\dfrac{2}{1}$ 左斜纹织物的规格为"25 tex×25 tex，420.5 根/10 cm×336.8 根/10 cm"，直径系数 $Y = 0.037$。试：(1) 判断织物的几何结构状况；(2) 计算该织物屈曲波高和理论厚度(mm)。

实训题

10-1 收集几种有代表性的织物(含单纱,复丝,弱、中、强捻复丝,股线),制作织物的切片,观察各种纱线的截面形状和交织屈曲形态的差异,思考 Peirce 模型的修正。

10-2 查阅《出口绸缎统一规格(最新版)》大类品种电力纺、塔夫绸的规格,计算 E_j、E_w 并绘制其结构区域图,说明织物结构区域概念对织物分类的积极意义。

10-3 搜寻具有横贡缎风格($E_w > E_j$)的棉(或毛、丝、麻)织物规格,计算 E_j、E_w 并绘制其结构区域图,与府绸类品种进行比较,讨论该类品种的风格特征。

10-4 搜寻一种新型纺丝(或纺纱)法形成的新原料(如涤纶或锦纶),列出该原料体积质量和填充系数的变化引起的直径系数的变化,并进一步以实例演算织物设计中由于直径系数变化对原料用量(即产品成本)带来的影响。

第十一章　紧密织物及其盖覆紧度

盖覆紧度仅是对织物中一组平行均匀排列的纱线进行讨论,而未涉及织物的组织,所得的结果仅简单地表达为纱线在织物中垂直投影盖覆的面积与织物总面积之比。而且当一个系统纱线紧密排列其紧度达到100%时,另一个系统纱线的密度无论怎样变化,织物盖覆紧度值均恒等于100%,因此无法反映这种变化。实际上,织物的盖覆紧度与织物组织之间有着密切的关系,因为经、纬纱线相互交织时的屈曲形态会影响经纱或纬纱之间的紧密排列。不同组织的织物在其他条件均相同的情况下,可能达到的最大紧密程度却是不同的;同理,不同组织的织物,即使具有相同的盖覆紧度,但也不能说明它们在达到各自最大紧密的程度上(即相对紧密率)是一样的。为了客观地对不同组织织物的紧密程度进行设计和比较,有必要引入紧密织物的概念,讨论紧密织物各结构相下盖覆紧度的计算、盖覆紧度与织缩率的关系及基于覆盖度的织物密度设计方法。

11.1　紧密织物的概念——直径交叉理论

11.1.1　紧密织物

紧密织物(jammed fabric)是指经、纬纱两个系统纱线的相邻纱线之间或经纬纱交织处紧密接触而不产生力的作用与反作用状态下的织物。图 11-1 所示为某 $\frac{3}{1}$ 斜纹经纬等支持面紧密织物,(a)为纬向剖面图,(b)为经向剖面图。由图可见,紧密织物的特征是:在浮长下的纱线相互贴紧排列;在经、纬纱交叉处,某一系统纱线被另一系统纱线交叉分开的距离等于另一系统纱线的直径,即交叉处纱线的中心距为两系统纱线直径之和。根据这种交织状态对织物结构进行的分析,称之为直径交叉理论。换言之,紧密织物是指交织状态符合直径交叉理论的挤紧态织物。若某织物仅经纱呈挤紧态排列,具有紧密织物的特征,称为经向紧密织物;同理,仅纬纱呈挤紧态结构,称为纬向紧密织物;若经、纬纱线同时呈挤紧态结构,则称双向紧密织物。

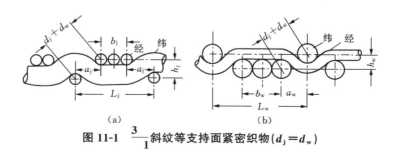

图 11-1　$\frac{3}{1}$ 斜纹等支持面紧密织物 $(d_j = d_w)$

11.1.2 挤紧态结构的模型表达

织物的挤紧态结构可以用一个说明交织单元中经、纬纱空间位置的几何模型直观地给出挤紧时的结构状况和各结构要素之间的本构关系,假设条件是织物中纱线为一个不可压缩但可弯曲的圆柱体。

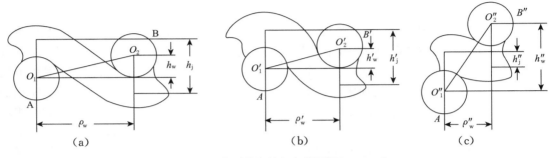

图 11-2　交织单元的经向截面图($d_j = d_w$)

现以图 11-2 为例,来说明挤紧态的结构特征。图中:

(a) 给出的是一个未挤紧时的结构状态,这时纬纱 A、B 之间的几何密度 ρ_w 比较大,而且中心距离 $O_1O_2 > d_j + d_w$,屈曲波高为 h_j 和 h_w。

(b) 给出的是(a)图中纬纱 B 在保持屈曲波高不变的情况下,左移到 B' 处使得两纬纱间中心距离 $O'_1O'_2 = d_j + d_w$,此结构的特点是:织物中的经、纬纱已开始互相紧贴,其交织状态符合直径交叉理论。

(c) 给出的是纬纱 B 继续左移,因纱线不可压缩,左移的纬纱将以 $(d_j + d_w)$ 为半径沿着经纱的表面向上移动。从理论上讲,它可到达图中给出的与纬纱 A 相紧贴的 B'' 处,此时的 $\rho''_w = d$,$h''_w > h''_j$,$O'_1O'_2 = d_j + d_w$。

从以上纬纱致密过程的分析可知,图 11-2(b)中,(b)的两纬纱间中心距离等于经、纬纱直径之和,它表明经纬纱之间已紧密接触,达到挤紧态结构;之后,由(b)向(c)的演变,表明了经、纬纱在保持紧贴的状态下向更紧密的结构过渡。从图 11-2(b)开始,给出的就是织物进入挤紧态后的结构状态,这时,织物中各结构参数间应有以下的关系:

$$\begin{cases} h_w^2 + \rho_w^2 = (d_j + d_w)^2 \\ h_j + h_w = d_j + d_w \\ \rho_w \leqslant (d_j + d_w) \end{cases}$$

换言之,当交织单元中经、纬纱线的位置形成以上的函数关系时,织物即已进入挤紧态结构;而具有挤紧态结构的织物,仍会因为纬纱沿经纱表面移动后所在的位置不同而有多种结构状态。

11.1.3 挤紧态结构的宏观判定

挤紧态结构是织物设计中一个非常重要的结构状态,除去有轻薄、透通专门要求的织物外,大多数织物都是取挤紧态结构的,这对保证织物结构稳定、质感符合服用要求具有非常重要的价值。

上述挤紧态结构式中出现屈曲波高和纱线直径等接近细观的结构参数,应用时会有较大的困难,若能转换为用宏观的结构参数来表征,实用意义就更大。实际设计时,通常需要判定所设计织物是否已经进入挤紧态和挤紧的程度究竟有多大。将藉助工艺密度和纱线的线密度这两个宏观的结构参数来满足这一需要的方法,称之为挤紧态结构的宏观判定。

　　用图 11-3 给出的挤紧态结构来说明这种判定方法,(a)图取的是一个 $h_w=0$ 的极端第 11 阶序,相邻纬纱间的几何密度应该是 $\rho_w=(d_j+d_w)$,在所有 11 个阶序的挤紧态结构中,这个阶序的几何密度值应该是最大的。因为这时,如果继续减小纬纱

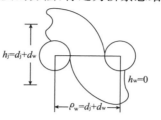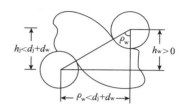

图 11-3　织物的挤紧态结构(经向截面图)

的几何密度,图中右侧的这根纬纱就要沿经纱上移,如(b)图,使 $h_w>0$,织物进入其他阶序的结构相,纬纱的几何密度小于第 11 阶序时的 ρ_w 值,应该为:

$$\rho_w=\sqrt{(d_j+d_w)^2-h_w^2}\leqslant(d_j+d_w)$$

为此,$\rho_w\leqslant(d_j+d_w)$ 可以作为判定织物是否进入挤紧态结构的标志。织物几何密度和经纬纱直径和之间的差值 $\Delta\rho=\rho-(d_j+d_w)$,则可以作为衡量挤紧程度的一个简易尺度。

　　把这两个函数关系式归纳在一起,就构成了织物挤紧态结构的宏观表征形式:

$$\begin{cases}\rho\leqslant(d_j+d_w)\\\Delta\rho=|\rho-(d_j+d_w)|\end{cases}$$

值得注意的是:

　　(1) 当纬纱进入挤紧态以后并沿经纱表面滑动而产生 $h_w>0$ 的情况时,h_w 和 ρ 之间是一个正切函数的比例关系,提升 h_w 值,最初的增密效果比较好,但到达相当数值后,增密的作用即明显减弱。

　　(2) 对有紧密织物要求的设计来说,从经、纬向同时增密才是理想的致密手法。但是,如果要从两个方向同时增密,那么任何一个方向的最小几何密度值 $(\rho_w)_{min}=d_w$ 和 $(\rho_j)_{min}=d_j$ 都是不能得到的。以 $d_j=d_w=d$ 的交织单元为例,如果在经、纬两个方向同时增密并进入挤紧态,可以从理论上证明,最后得到的一定是 $h_j=d_w$、$h_w=d_j$、$h_j=h_w=d$ 的第 6 结构相织物,这时的经、纬几何密度值将是:

$$\rho=\rho_j=\rho_w=\sqrt{(d_j+d_w)^2-h_w^2}=\sqrt{(d_j+d_w)^2-h_j^2}$$
$$=\sqrt{(2d)^2-d^2}=\sqrt{3}d$$

从理论上讲,这表明在经纬双向紧密织物中,相邻经纱或相邻纬纱之间因为有交织点的存在,而必然有 $0.732d$ 的孔隙。说明织物即使取得挤紧状态,孔隙仍然是存在的。把握好进入挤紧态后织物的紧密程度,是很有价值的设计手法。

11.2　紧密织物的盖覆紧度与结构相

11.2.1　经纬等支持面紧密织物的盖覆紧度

　　紧密织物的盖覆紧度随织物组织与结构相序的不同而不同。图 11-1 所示的织物为"0"结

构相（$h_j=d_w$、$h_w=d_j$）构成的经纬等支持面织物，由于经纬纱线同时达到紧密状态，系双向紧密织物。由图中（a）、（b）可得以下关系式：

$$L_j=2a_j+b_j=t_w a_j+(R_j-t_w)d_j$$

$$L_w=2a_w+b_w=t_j a_w+(R_w-t_j)d_w$$

由紧密织物经纬交叉处的直角三角形关系，可以得出：

$$a_j=\sqrt{(d_j+d_w)^2-h_j^2}=\sqrt{(d_j+d_w)^2-d_w^2}=\sqrt{d_j^2+2d_j d_w}$$

$$a_w=\sqrt{(d_j+d_w)^2-h_w^2}=\sqrt{(d_j+d_w)^2-d_j^2}=\sqrt{d_w^2+2d_j d_w}$$

因此，
$$L_j=t_w\sqrt{d_j^2+2d_j d_w}+(R_j-t_w)d_j \tag{11-1}$$

$$L_w=t_j\sqrt{d_w^2+2d_j d_w}+(R_w-t_j)d_w \tag{11-2}$$

式中：L_j、L_w——织物一个组织循环的经、纬纱排列宽度；

R_j、R_w、t_j、t_w、d_j、d_w 的意义同前。

根据织物经、纬向盖覆紧度的定义得：

$$E_j=\frac{R_j\times d_j}{L_j}\times100\%$$

$$E_w=\frac{R_w\times d_w}{L_w}\times100\%$$

当经、纬纱的线密度相等时，$d_j=d_w=d$，几种规则组织紧密织物的经、纬向盖覆紧度计算如下：

$\frac{1}{1}$平纹组织：$R_j=R_w=2$，$t_j=t_w=2$，所以 $E_j=E_w=\dfrac{2d}{2\sqrt{3}d}\times100\%\approx57.5\%$

$\frac{2}{1}$与$\frac{1}{2}$斜纹组织：$R_j=R_w=3$，$t_j=t_w=2$，所以 $E_j=E_w=\dfrac{3d}{d+2\sqrt{3}d}\times100\%\approx67.2\%$

$\frac{2}{2}$、$\frac{1}{3}$、$\frac{3}{1}$斜纹组织：$R_j=R_w=4$，$t_j=t_w=2$，所以 $E_j=E_w=\dfrac{4d}{2d+2\sqrt{3}d}\times100\%\approx73.2\%$

$\frac{5}{2}$或$\frac{5}{3}$缎纹组织：$R_j=R_w=5$，$t_j=t_w=2$，所以 $E_j=E_w=\dfrac{5d}{3d+2\sqrt{3}d}\times100\%\approx77.4\%$

上述计算也可运用于经、纬纱的线密度不等（即 $d_j\neq d_w$），因而经、纬密度也不同的紧密织物中。图 11-4 中（a）、（b）为经、纬纱直径不等的平纹紧密织物的经、纬向剖面图。因为是"0"结构相等支持面紧密织物，其 $R_j=R_w=2$，$t_j=t_w=2$，且 $d_w=2d_j$，所以：

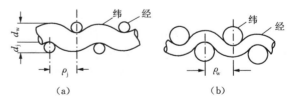

图 11-4　平纹等支持面紧密织物（$d_w=2d_j$）

$$L_j=t_w\sqrt{d_j^2+2d_j d_w}+(R_j-t_w)d_j=2\sqrt{d_j^2+2d_j(2d_j)}=2\sqrt{5}d_j$$

$$L_w=t_j\sqrt{d_w^2+2d_j d_w}+(R_w-t_j)d_w=2\sqrt{(2d_j)^2+2d_j(2d_j)}=4\sqrt{2}d_j$$

$$E_j = \frac{R_j d_j}{L_j} \times 100\% = \frac{2d_j}{2\sqrt{5}\,d_j} \times 100\% = 44.7\%$$

$$E_w = \frac{R_w d_w}{L_w} \times 100\% = \frac{4d_j}{4\sqrt{2}\,d_j} \times 100\% = 70.7\%$$

计算结果表明了经、纬纱直径不同,对紧密织物经、纬向盖覆紧度的影响。较粗的纬纱穿过较细的相邻经纱,促使经纱间距增大,从而使经向盖覆紧度低于纬向。

11.2.2　规则组织紧密织物各结构相的盖覆紧度

由于紧密织物的交织状态符合直径交叉理论,图 11-1 所示的 $\frac{3}{1}$ 斜纹紧密织物在任意结构相下其盖覆紧度的计算公式为:

$$E_j = \frac{R_j d_j}{L_j} \times 100\% = \frac{R_j d_j}{t_w \sqrt{(d_j+d_w)^2 - h_j^2} + (R_j - t_w)d_j} \times 100\% \qquad (11\text{-}3)$$

$$E_w = \frac{R_w d_w}{L_w} \times 100\% = \frac{R_w d_w}{t_j \sqrt{(d_j+d_w)^2 - h_w^2} + (R_w - t_j)d_w} \times 100\% \qquad (11\text{-}4)$$

规则组织中,$R_j = R_w = R$,$t_j = t_w = 2$,若 $d_j = d_w = d$,将各结构相下的 h_j 和 h_w 值代入式(11-3)和(11-4),便可计算出规则组织紧密织物各结构相下的盖覆紧度值,列于表 11-1 中。

按表 11-1 中的数据绘制成图 11-5,将图中各组织织物相同结构相的结构点连成等结构相线。图 11-5 给出了四种组织紧密织物的结构相与盖覆紧度的关系,并有如下规律:

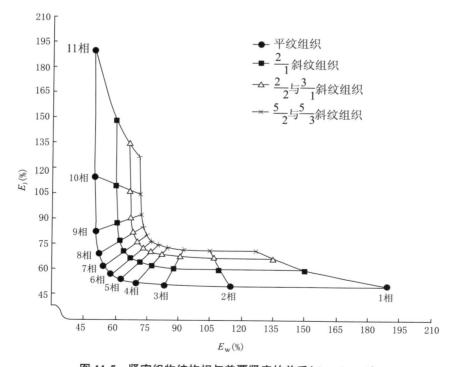

图 11-5　紧密织物结构相与盖覆紧度的关系($d_j = d_w = d$)

（1）位于等支持面附近的结构相，以平纹组织的紧度为最小，说明平纹组织易于使织物达到紧密结构；以缎纹组织的紧度为最大，且同样变化一个结构相时，缎纹组织紧度的变化值为最小，说明缎纹组织经、纬紧度的变化最易导致结构相的变化，在此情况下，缎纹组织易于使织物获得经（或纬）支持面结构。

（2）对于经支持面织物结构相，由第 6 相升到第 7 相与由第 9 相升到第 10 相，虽然都是变动了一个结构相，但经向紧度变化的大小却相差很大。随着结构相的逐步递增，所需增加的经向紧度值亦逐渐递增；在高结构相附近，每变动一个结构相需要改变较大的经向紧度才能达到，这种现象称为至相效应的滞后性。对于纬支持面织物，亦可作类似的分析，即随着结构相的逐步递减，所需增加的纬向紧度亦逐步递增；在低结构相附近，每变动一个结构相需要改变较大的纬向紧度才能达到。以表 11-1 中 4 枚斜纹织物为例，结构相由第 6 相变到第 7 相，仅需增加经向紧度 3.7%，而结构相由第 9 相变到第 10 相，却需增加经向紧度 16.1%。由此可知，对于经支持面的各类织物，增加经向紧度并不会等比例地促使结构相增加，而且经向紧度过大，必然会增加原料的消耗和织造的困难，甚至使织物的手感过于硬挺。

表 11-1 规则组织紧密织物各结构相下的盖覆紧度值（$d_j = d_w = d$）

结构相	$\dfrac{h_j}{h_w}$	h_j	h_w	盖 覆 紧 度*（%）							
				平 纹		3 枚斜纹		4 枚斜纹		5 枚缎纹	
				E_j	E_w	E_j	E_w	E_j	E_w	E_j	E_w
1	0	0	2d	50.0	100 (∞)	60.0	100 (300)	66.7	100 (200)	71.4	100 (166.6)
2	1/9	0.2d	1.8d	50.3	100(15)	60.2	100 (109)	66.9	100 (107)	71.6	100 (105)
3	1/4	0.4d	1.6d	51.0	83.3	61.0	88.2	67.6	90.9	72.3	92.6
4	3/7	0.6d	1.4d	52.4	70.0	62.3	77.8	68.8	82.4	73.4	85.4
5	2/3	0.8d	1.2d	54.6	62.5	64.3	71.4	70.6	76.9	75.0	80.7
6	1	d	d	57.7	57.7	67.2	67.2	73.2	73.2	77.4	77.4
7	3/2	1.2d	0.8d	62.5	54.6	71.4	64.3	76.9	70.6	80.7	75.0
8	7/3	1.4d	0.6d	70.0	52.4	77.8	62.3	82.4	68.8	85.4	73.4
9	4	1.6d	0.4d	83.3	51.0	88.2	61.0	90.9	67.6	92.6	72.3
10	9	1.8d	0.2d	100 (115)	50.3	100 (109)	60.2	100 (107)	66.9	100 (105)	71.6
11	∞	2d	0	100 (∞)	50.0	100 (300)	60.0	100 (200)	66.7	100 (166.6)	71.4

* 表中盖覆紧度值是假设纱线在织物中不受挤压及截面为圆形情况下计算所得，纱线轴心不产生左右横移，故极限紧度为 100%；凡紧度值大于 100% 的也用 100% 表示，其计算值列于括号内。

11.2.3 任意结构相紧密织物的盖覆紧度

将屈曲波高 h 与结构相序 φ 的关系式 $h_j = \dfrac{\varphi-1}{10}(d_j + d_w)$、$h_w = \dfrac{11-\varphi}{10}(d_j + d_w)$ 代入式（11-3）和（11-4），可得到：

$$E_j = \frac{R_j d_j}{L_j} \times 100\% = \frac{R_j}{(R_j - t_w) + \frac{1}{10} \times (1 + \frac{d_w}{d_j}) \times t_w \sqrt{(11-\varphi)(9+\varphi)}} \times 100\% \quad (11\text{-}5)$$

$$E_w = \frac{R_w d_w}{L_w} \times 100\% = \frac{R_w}{(R_w - t_j) + \frac{1}{10} \times (1 + \frac{d_j}{d_w}) \times t_j \sqrt{(21-\varphi)(\varphi-1)}} \times 100\% \quad (11\text{-}6)$$

例1 某平纹织物,经、纬纱的线密度相等,求其第5、第6和第7结构相的盖覆紧度。

解 利用式(11-5)和式(11-6),则:

第5结构相:

$$E_j = \frac{2}{(2-2) + \frac{1}{10} \times (1+1) \times 2\sqrt{(11-5)(9+5)}} \times 100\% = \frac{5}{2\sqrt{21}} \times 100\% = 54.6\%$$

$$E_w = \frac{2}{(2-2) + \frac{1}{10} \times (1+1) \times 2\sqrt{(21-5)(5-1)}} \times 100\% = \frac{5}{8} \times 100\% = 62.5\%$$

第6结构相:

$$E_j = \frac{2}{(2-2) + \frac{1}{10} \times (1+1) \times 2\sqrt{(11-6)(9+6)}} \times 100\% = \frac{1}{\sqrt{3}} \times 100\% = 57.7\%$$

$$E_w = \frac{2}{(2-2) + \frac{1}{10} \times (1+1) \times 2\sqrt{(21-6)(6-1)}} \times 100\% = \frac{1}{\sqrt{3}} \times 100\% = 57.7\%$$

第7结构相:

$$E_j = \frac{2}{(2-2) + \frac{1}{10} \times (1+1) \times 2\sqrt{(11-7)(9+7)}} \times 100\% = \frac{5}{8} \times 100\% = 62.5\%$$

$$E_w = \frac{2}{(2-2) + \frac{1}{10} \times (1+1) \times 2\sqrt{(21-7)(7-1)}} \times 100\% = \frac{5}{2\sqrt{21}} \times 100\% = 54.6\%$$

计算结果与表11-1相同。可见该公式的意义在于建立了结构相与盖覆紧度的关系。在织物组织和经、纬纱的线密度之比确定后,便可进行结构相与盖覆紧度之间的换算。

11.2.4 极端结构相紧密织物的密度计算

根据织物交织的直径交叉理论,当织物处于极端结构相(即第1相或第11相)时,由图11-6可见,当$d_j = d_w = d$,$R_j = R_w = R$,$t_j = t_w = t$时,织物的最大密度可由下式计算:

$$P_{max} = \frac{R}{d(R+t)} \times 100$$

令$n = \frac{1}{d}$,$F = \frac{R}{t}$,则上式改写为:

$$P_{max} = \frac{nF}{F+1} \times 100 \quad (11\text{-}7)$$

当织物经、纬纱的线密度不相等时:

$$P_{jmax}=\frac{R_j}{R_jd_j+t_wd_w}, P_{wmax}=\frac{R_w}{R_wd_w+t_jd_j} \tag{11-8}$$

式中：P_{jmax}、P_{wmax}——经、纬密度最大值；

$\quad R_j$、R_w、d_j、d_w、t_j、t_w 的意义同前。

上述计算公式不能区别平均浮长相同而组织不同时织物的密度变化。实际生产中，如果考虑组织的变化，式(11-7)可修正如下：

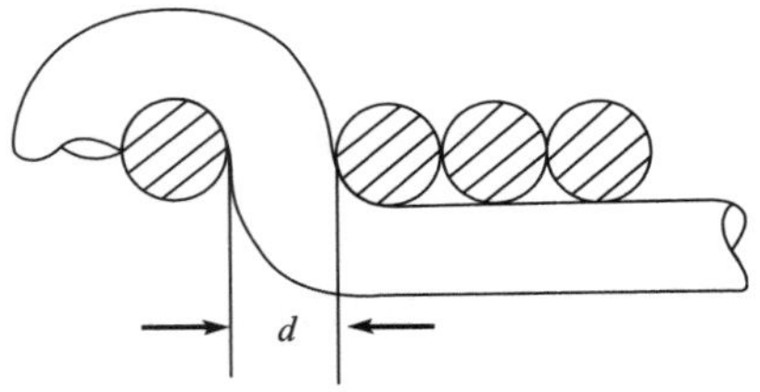

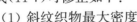

图 11-6　织物极端结构相示意图

（1）斜纹织物最大密度

$$P_{max}=\frac{nF\times100}{F+1}\times100\,[1-0.05(F-2)]$$

（2）缎纹织物最大密度

$$P_{max}=\frac{nF\times100}{F+1}\times(1+0.055F)$$

（3）方平织物最大密度

当 $F=2$ 时，
$$P_{max}=\frac{nF\times100}{F+1}\times(1+0.045F)$$

当 $F>2$ 时，
$$P_{max}=\frac{nF\times100}{F+1}\,[1+0.095\times(F-2)]$$

11.3　紧密织物的盖覆紧度与织缩率

11.3.1　紧密织物织缩率与结构相的关系

图 11-7 是 $\frac{3}{1}$ 斜纹织物紧密结构的纬向剖面图，X_j 是织物的长度，而织造长度为 X_j 的织物所需要的纱线长度为 L_w，织物纬纱织缩率 $C_w=1-\dfrac{X_j}{L_w}$，而：

$$X_j=t_wa+b$$
$$b=(R_j-t_w)\times d_j$$
$$L_w=t_w\times\overset{\frown}{ABC}+(R_j-t_w)\times d_j$$

对于紧密结构织物：

$$\overline{OO_1}=\overline{OO_2}=d_j+d_w$$
$$a=\sqrt{(d_j+d_w)^2-h_j^2}$$
$$\overset{\frown}{ABC}=\frac{Q_j\times\pi\times(d_j+d_w)}{180}$$
$$\cos\theta_j=\frac{h_j}{d_j+d_w}, \cos\theta_w=\frac{h_w}{d_j+d_w}$$
$$L_w=\frac{\pi\times\theta_j\times t_w\times(d_j+d_w)}{180}+(R_j-t_w)\times d_j$$

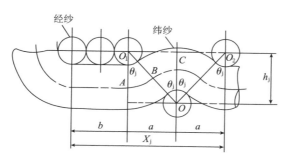

图 11-7　紧密织物的纬向剖面图（$d_j \neq d_w$）

代入缩率定义式得到：

$$C_w = 1 - \frac{t_w \times \sqrt{(d_j + d_w)^2 - h_j^2} + (R_j - t_w) \times d_j}{\pi \times \theta_j \times (d_j + d_w) \times t_w + 180 \times (R_j - t_w) \times d_j} \times 180 \qquad (11\text{-}9)$$

同理可得经纱织缩率：

$$C_j = 1 - \frac{t_j \times \sqrt{(d_j + d_w)^2 - h_w^2} + (R_w - t_j) \times d_w}{\pi \times \theta_w \times (d_j + d_w) \times t_j + 180 \times (R_w - t_j) \times d_w} \times 180 \qquad (11\text{-}10)$$

又，$h_j = \cos\theta_j \times (d_j + d_w)$，　$h_w = \cos\theta_w \times (d_j + d_w)$，　$\dfrac{d_w}{d_j} = \beta$，　$F_j = \dfrac{R_w}{t_j}$，　$F_w = \dfrac{R_j}{t_w}$。

则式（11-9）和（11-10）改写为：

$$C_j = 1 - \frac{t_j \times \sqrt{(d_j + d_w)^2 (1 - \cos^2\theta_w)} + (R_w - t_j) \times d_w}{\pi \times \theta_w \times (d_j + d_w) \times t_j + 180 \times (R_w - t_j) \times d_w} \times 180$$

$$= 1 - \frac{\sqrt{\left(1 + \dfrac{1}{\beta}\right)^2 (1 - \cos^2\theta_w)} + (F_j - 1)}{\pi \times \theta_w \times \left(1 + \dfrac{1}{\beta}\right) + 180 \times (F_j - 1)} \times 180 \qquad (11\text{-}11)$$

$$C_w = 1 - \frac{t_w \times \sqrt{(d_j + d_w)^2 (1 - \cos^2\theta_j)} + (R_j - t_w) \times d_j}{\pi \times \theta_j \times (d_j + d_w) \times t_w + 180 \times (R_j - t_w) \times d_j} \times 180$$

$$= 1 - \frac{\sqrt{(1 + \beta)^2 (1 - \cos^2\theta_j)} + (F_w - 1)}{\pi \times \theta_j \times (1 + \beta) + 180 \times (F_w - 1)} \times 180 \qquad (11\text{-}12)$$

由于 $\cos\theta_j + \cos\theta_w = 1$，当 $d_j = d_w = d$ 时，为了研究方便，若令：$h_j = \eta_j \times d$，　$h_w = \eta_w \times d$。显然，$\eta_j + \eta_w = 2$。代入式（11-11）、（11-12），化简后得到：

$$C_j = 1 - \frac{\sqrt{4 - \eta_w^2} + (F_j - 1)}{\pi \times \theta_w + 90 \times (F_j - 1)} \times 90 \qquad (11\text{-}13)$$

$$C_w = 1 - \frac{\sqrt{4 - \eta_j^2} + (F_w - 1)}{\pi \times \theta_j + 90 \times (F_w - 1)} \times 90 \qquad (11\text{-}14)$$

当已知织物组织和结构相时，运用式（11-9）、式（11-10）或式（11-11）、式（11-12）或式（11-13）、式（11-14），便可计算经纱或纬纱的织缩率。

11.3.2　紧密织物织缩率与盖覆紧度的关系

织物盖覆紧度受到纱线的线密度和织物的工艺密度的影响。织缩率是纱线在织物织造过程中经纱与纬纱交织形成屈曲产生的收缩，收缩率的大小直接和纱线屈曲波高密切相关，而织物紧度的大小决定了织物的几何结构相即织物中经纬纱的屈曲波高。因此，织物紧度与织缩率之间存在着一种函数关系,这种函数是有界范围内的连续函数。

织物织造时,经纱织缩率对织物本身和织造工艺影响很大,尤其是对纵条纹组织织物,如松经停车、条纹歪斜、布面起皱等;纬纱织缩率对织造影响较小。所以,本节重点研究经纱织缩率与紧度的关系,建立经纱织缩率与经向紧度的函数关系,即 $E_j = f(C_j)$。当然,纬纱织缩率与纬向紧度的函数关系也可参照进行。为了研究方便,选择经、纬纱直径相等,将式(11-13)转换成:

$$\sqrt{4-\eta_j^2} = \frac{90C_w(1-F_w)+\pi\times\theta_j(1-C_w)}{90} \tag{11-15}$$

由于紧密织物的盖覆紧度:

$$E_j = \frac{R_j d_j}{t_w\times\sqrt{(d_j+d_w)^2-h_j^2}+(R_j-t_w)\times d_j}\times 100\%$$

若 $d_j = d_w = d$,则 $h_j = \eta_j\times d$, $h_w = \eta_w\times d$,代入上式化简得:

$$E_j = \frac{F_w}{\sqrt{4-\eta_j^2}+(F_w-1)}\times 100\% \tag{11-16}$$

再将式(11-15)代入织物经向紧度公式(11-16),化简后得到:

$$E_j = \frac{90F_w}{\pi\times\theta_j(1-C_w)-90\times(C_w-1)\times(F_w-1)} \tag{11-17}$$

同理得:

$$E_w = \frac{90F_j}{\pi\times\theta_w(1-C_j)-90\times(C_j-1)\times(F_j-1)} \tag{11-18}$$

式(11-17)和式(11-18)反映了织物紧度与织缩率之间的函数关系,其实用意义在于:当制织由两种或两种以上的组织并列的纵条纹织物时,确定经纱织缩率后,所有组织的织缩率都相同。以这个织缩率及不同的组织结构参数代入式(11-17),就可以求出各个不同组织部分的紧度,然后以这些紧度再求出各个不同组织的经纱密度,作为纵条纹织物上机时各组织的最佳配合密度。这样设计的目的是使各组织处的经纱织缩率基本一致,避免织造时松经停车、条格歪斜等织疵的产生。图 11-8 是以 E_j 为纵坐标、C_j 为横坐标作出的常用组织的 C_j-E_j 曲线图,再以平纹的每一个结构相作 C_j 轴的垂线。

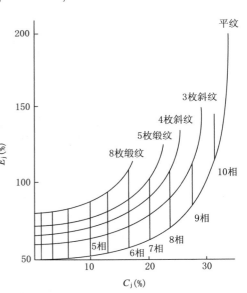

图 11-8 C_j-E_j 坐标曲线图

图 11-8 中的垂线是等织缩率线,平纹组织从第 1 到第 6 结构相的垂线与其他各组织的曲线都相交;第 7 结构相的垂线只与 3 枚斜纹、4 枚斜纹、5 枚缎纹三个组织的曲线相交;第 8 结构相的垂线只与 3 枚斜纹、4 枚斜纹两个组织的曲线相交;第 9 结构相的垂线只与 3 枚斜纹一个组织的曲线相交;第 10、第 11 结构相的垂线不与图上任何组织的曲线相交。这表明:当平纹与其他组织并列制织纵条纹组织时,要使各组织的织缩率相等,必须有条件地进行选择、配合才能获得好的效果。如平纹与 8 枚缎纹组织配合制织纵条纹织物时,只能在第 1 至第 6 结构相之间进行配合,超出这个范围就无法获得良好的效果。平纹组织各结构相与其他组织等织缩率配合时的紧度见表 11-2。

表 11-2　平纹组织各结构相与其他组织等织缩率配合的紧度

组织	平　纹　结　构　相								
	1	2	3	4	5	6	7	8	9
平纹	50.0	50.3	51	52.4	54.6	57.7	62.5	70	83.3
3 枚斜纹	60.1	60.5	61.4	63.5	66.7	71.0	77.6	91.4	118
4 枚斜枚	66.8	67.3	68.7	71.4	74.3	82.0	91.0	114.0	
5 枚缎纹	71.5	72.5	73.4	77.2	82.0	89.1	102.3		
8 枚缎纹	80.4	81	83.2	88.4	95.0	108.2			

由表 11-2 与图 11-8 可以看出,制织缎条府绸时,因为府绸的结构相较高,处于 7 结构相以上,而第 7 结构相以上的平纹组织所对应的等织缩率垂线只与 3 枚、4 枚斜纹及 5 枚缎纹相交叉。也就是说,在织造缎条府绸织物时,最佳配合的缎条组织只有 5 枚缎纹。而制织平纹等支持面(6 结构相时)纵条纹织物时,各常用组织都可以与平纹形成较佳的配合。

11.4　织物盖覆紧度与密度的设计

织物设计中,经、纬纱密度的合理设计显得非常重要,结合织物几何结构的特征,做到以较小的密度设计来获得应有的外观风格特征,对于提高生产效率、降低产品成本具有重要意义。现以棉织物为例,讲述织物盖覆紧度与密度设计的方法。表 11-3 给出了棉织物常见品种的几何结构相特征与紧度值范围。

表 11-3　棉织物常见品种的几何结构相特征与紧度值

品种名称	经向紧度(E_j)	纬向紧度(E_w)	$E_j:E_w$	结构相	结构特征
平布	35~60	35~60	1:1	6~7	双向非紧密
府绸	61~80	35~50	5:3	7~9	经向紧密
$\frac{2}{1}$斜纹	60~80	40~55	3:2	6.5~7.5	双向非紧密
哔叽,$\frac{2}{2}$↗	55~70	45~55	6:5	6.5~8	双向非紧密
华达呢,$\frac{2}{2}$↗	75~95	45~55	2:1	8.5~9.5	经向紧密
卡其,$\frac{3}{1}$↖,$\frac{2}{2}$↗	80~110	45~60	2:1	纱 8~10,线 9~11	经向紧密
直贡,5 枚经缎	65~100	45~55	3:2	9~10	经向紧密
横贡,5 枚纬缎	45~55	65~80	2:3	3~5	纬向紧密
麻纱,$\frac{2}{2}$纬重平	40~55	45~55	1:1	6	双向非紧密
绒坯布	30~50	40~70	2:3	5~6	纬向紧密
巴厘纱	22~38	20~34	1:1	6	双向非紧密
羽绒布	70~82	54~62	3:2	7~8	双向紧密

11.4.1　织物密度的覆盖度设计法

令织物的覆盖度 k 为织物经、纬向紧度的算术平均和,即:

$$k = E_j + E_w$$

(11-19)

1. 织物覆盖度的确定

以各种组织第 6 结构相的经、纬紧度之和作为相应产品的覆盖度。例如,平纹类织物的经、纬紧度之和选用平纹组织第 6 结构相的紧度之和(即 $57.7 \times 2 = 115.4$)进行设计,其他组织的织物与此相同。

2. 经、纬向紧度比的确定

从表 11-3 中找出该织物对应的经、纬向紧度比。例如府绸的结构相为 7～9,第 9 结构相对应的经、纬向紧度比为 1.667。

3. 经、纬向紧度的计算

将经、纬向紧度比与第 6 结构相紧度之和建立联立方程,即式(11-20),再解出经、纬向紧度:

$$
\begin{cases}
E_{\mathrm{j}} + E_{\mathrm{w}} = k \\
\dfrac{E_{\mathrm{j}}}{E_{\mathrm{w}}} = \alpha
\end{cases}
\tag{11-20}
$$

式中:k——第 6 结构相的紧度之和;

α——织物对应结构相的经、纬紧度比。

以府绸为例,$E_{\mathrm{j}} + E_{\mathrm{w}} = 115.4$,$\dfrac{E_{\mathrm{j}}}{E_{\mathrm{w}}} = 1.667$,解此联立方程得:$E_{\mathrm{j}} = 72.15(\%)$,$E_{\mathrm{w}} = 43.25(\%)$。用同样方法可以求出其他各类织物的最小经、纬紧度,即为能满足织物品种的外观风格特征又能降低织物成本的理想紧度值。

4. 经、纬纱密度的计算

织物的经、纬向紧度设计完成后,在已知经、纬纱原料和线密度的条件下,由式 $E_{\mathrm{j}} = P_{\mathrm{j}} \times d_{\mathrm{j}}$、$E_{\mathrm{w}} = P_{\mathrm{w}} \times d_{\mathrm{w}}$、$d_{\mathrm{j}} = Y \times \sqrt{T_{\mathrm{tj}}}$、$d_{\mathrm{w}} = Y \times \sqrt{T_{\mathrm{tw}}}$,即可计算出织物的经、纬纱密度。

11.4.2 织物经纬向紧度的变化及其对织造的影响

1. 经、纬向紧度变化的一般规律

织物的总紧度由经向紧度与纬向紧度共同构成,其关系如下:

$$
E = E_{\mathrm{j}} + E_{\mathrm{w}} - E_{\mathrm{j}} \times E_{\mathrm{w}}
\tag{11-21}
$$

对于同一织物,当覆盖度 k 值保持不变时,$\alpha = \dfrac{E_{\mathrm{j}}}{E_{\mathrm{w}}}$。

由覆盖度定义式(11-19)得:$E_{\mathrm{j}} = \dfrac{k}{(1+\alpha)}$,$E_{\mathrm{w}} = \dfrac{\alpha \times k}{(1+\alpha)}$。图 11-9 为 $k = E_{\mathrm{j}} + E_{\mathrm{w}}$ 的坐标方程图。织物总紧度便为 k 值减去图中阴影部分的面积 $E_{\mathrm{j}} \times E_{\mathrm{w}}$。由式(11-19)和式(11-21)可以得出:

$$
E = k - kE_{\mathrm{j}} + E_{\mathrm{j}}^{2}
\tag{11-22}
$$

对式(11-22)求导极值,当 $E_{\mathrm{j}} = \dfrac{k}{2}$ 时,织物有最小总

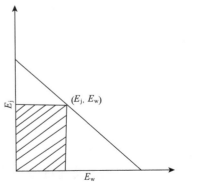

图 11-9 织物覆盖度示意

紧度 $E_{\min} = k - \dfrac{k^{2}}{4}$。这表明,对于同一组织的织物,当经、纬紧度之和不变且 $E_{\mathrm{j}} = E_{\mathrm{w}}$ 时,织物

的总紧度最小。因此,设计中以尽可能少的纱线织出尽可能紧密的织物的方法是选用 $E_j>E_w$ 的配合,这有利于织造效率的提高。当然,在提高 E_j 时,与之配置的 E_w 应能保证织物强力达到相应的要求。

2. 经、纬紧度变化对打纬阻力的影响

若织物的单位面积中经、纬纱的总交叉点数为 M,当经、纬纱的线密度相同时:

$$M=\frac{P_j\times t_w}{R_j}\times\frac{P_w\times t_j}{R_w}=\frac{E_j(k-E_j)}{Y^2\times T_t\times F_j\times F_w}$$

同样可以求出: $E_j=\dfrac{k}{2}$ 是一个极大值点。因此,当经、纬向紧度相等时,织物中经、纬纱的交叉次数最多,织造时打纬阻力大,动力消耗多。因此,生产中应尽量避免采用经、纬向紧度相同的织物设计方案。

3. 经、纬紧度变化对织物平方米质量的影响

将影响织物平方米质量 W 的次要因素纱线的缩率略去,可以表示为:

$$W=\frac{P_j\times T_{tj}\times10}{1000}+\frac{P_w\times T_{tw}\times10}{1000}$$

当经、纬纱线的原料和线密度相同时,$Y_j=Y_w=Y$,$T_{tj}=T_{tw}=T_t$,上式可化简为:

$$W=\frac{10}{1000}\times Y\times(E_j\times\sqrt{T_t}+E_w\times\sqrt{T_t})=\frac{k}{100\times Y}\times\sqrt{T_t}$$

由上式可看出,当 k 确定以后,织物的经、纬向紧度变化对织物的平方米质量无影响。

4. 经、纬紧度变化与织缩率的关系

当经、纬纱的线密度相同时,织物的织缩率与紧度关系式:

$$E_j=\frac{90F_w}{\pi\times\theta_j(1-C_w)-90\times(C_w-1)\times(F_w-1)}$$

$$E_w=\frac{90F_j}{\pi\times\theta_w(1-C_j)-90\times(C_j-1)\times(F_j-1)}$$

通过对上式的变换和求导、求极值得到:

$$E_j=\frac{k\sqrt{A}}{\sqrt{A}+\sqrt{B}}\quad(\text{其中}\ A=\frac{90F_w}{90-90F_w-\pi\theta_j},B=\frac{90F_j}{90-90F_j-\pi\theta_w})$$

即为织物织造缩率出现最大值时的紧度,且当 $F_j=F_w$ 和 $\theta_j=\theta_w$ 时,织造缩率出现最大值的紧度为: $E_j=\dfrac{k}{2}$。其意义是当经、纬向紧度相等时,所织造的织物其经、纬纱织缩率之和为最大,因而耗用经、纬纱用量最多。因此,进行织物设计时,一般不宜选用 $E_j=E_w$ 的织物结构参数,在无特殊要求时均采用 $E_j>E_w$ 的织物结构形式。

实际生产特别是经织物切片检测证实:根据织物覆盖度设计织物密度的方法,以较小密度获得织物固有的外观特征,具有实际生产意义;而且,这种设计方法适用于棉、麻、化纤、丝织物的设计;在 k 值不变的情况下,当织物的经向紧度与纬向紧度之和不变时,选用经向紧度大于纬向紧度的设计方案,能获得较大的织物总紧度,提高织物的紧密程度。

11.5 平纹织物紧密结构方程

11.5.1 平纹织物紧密结构条件式

织物中经、纬纱屈曲的相互变化，会引起织物结构相的变化。假设织物在第 11 结构相，纬纱伸直、经纱获最大屈曲，即 $h_w=0$，$h_j=d_j+d_w=D$，如图 11-10(a)所示。然后使纬纱逐渐靠近直到挤紧，使经纱交叉屈曲中的直线段消失，如图 11-10(b)所示。此

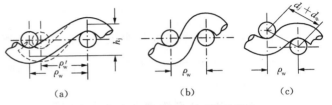

图 11-10 平纹织物的不同结构状态

时 Peirce 方程式中，$l_j-D\theta_j=0$，则 $\theta_j=\dfrac{l_j}{D}$；同理，若织物在第 1 结构相，再逐渐使经纱靠近并

达到挤紧状态，则有 $l_w-D\theta_w=0$，即 $\theta_w=\dfrac{l_w}{D}$。共同代入 Peirce 方程式（10-1）～式（10-7），得：

$$h_j=D(1-\cos\theta_j),h_w=D(1-\cos\theta_w)$$
$$\rho_j=D\sin\theta_w,\rho_w=D\sin\theta_j$$

由于 $D=d_j+d_w=h_j+h_w$，则：

$$D(1-\cos\theta_j)+D(1-\cos\theta_w)=D$$

即：

$$\cos\theta_j+\cos\theta_w=1$$

因为：

$$\cos\theta_w=\sqrt{1-\sin^2\theta_w}=\sqrt{1-\left(\frac{\rho_j}{D}\right)^2}$$

$$\cos\theta_j=\sqrt{1-\sin^2\theta_j}=\sqrt{1-\left(\frac{\rho_w}{D}\right)^2}$$

最后得到：

$$\sqrt{1-\left(\frac{\rho_j}{D}\right)^2}+\sqrt{1-\left(\frac{\rho_w}{D}\right)^2}=1 \tag{11-23}$$

式（11-23）为著名的 Peirce 平纹织物紧密结构条件式，这时织物经、纬两向均达到挤紧状态，如图 11-10(c)所示。式中，ρ_j、ρ_w 为经、纬纱几何密度，$D=d_j+d_w$ 为经、纬纱直径之和。

为了方便公式的计算与应用，令纱线直径平衡系数 $\beta=\dfrac{d_w}{d_j}$，则：

$$D=d_j+\beta d_j=(1+\beta)d_j \text{ 或 } D=\frac{d_w}{\beta}+d_w=\frac{1+\beta}{\beta}d_w$$

对于棉织物，当经、纬纱的线密度以"tex"，经纬密度以"根/cm"为单位时，棉纱线直径系数 $Y=0.003\ 57$。根据定义 $K_j=P_j\sqrt{T_{tj}}=\dfrac{1}{\rho_j}\times\dfrac{d_j}{Y}$，用 $d_j=\dfrac{D}{1+\beta}$ 和 $Y=0.003\ 57$ 代入上式，得：

$$\frac{\rho_j}{D}=\frac{28}{(1+\beta)K_j}$$

同理,得到:

$$\frac{\rho_{w}}{D}=\frac{28\beta}{(1+\beta)K_{w}}$$

再代入式(11-23),得到以 K_{j}、K_{w} 表达的棉平纹织物紧密结构方程:

$$\sqrt{1-\left[\frac{28}{(1+\beta)K_{j}}\right]^{2}}+\sqrt{1-\left[\frac{28\beta}{(1+\beta)K_{w}}\right]^{2}}=1 \qquad (11-24)$$

11.5.2 平纹织物最大可织曲线

β 取不同值时,由式(11-24)绘作的棉平纹织物的 K_{j}、K_{w} 关系曲线,如图 11-11 所示。图中曲线上各点的 K_{j} 与 K_{w} 为棉平纹织物的理论最大可织盖覆系数,曲线左下方为理论可织(造)区,而曲线右上方为理论不可织(造)区。在曲线两端趋于渐进线的平缓部分,$K_{j}\gg K_{w}$ 或 $K_{w}\gg K_{j}$,均为织物结构不合理区域。为此,这种关系曲线图又称为织物的可织性图解。任何一个棉平纹织物都可以在图中找到它对应的坐标点,由坐标所在的区域,从理论上判断该织物是否可织造及其结构是否合理。同理,若已知某织物的经密和经、纬纱的线密度,即可由图中曲线找出该织物的理论最大可织纬密,反之亦然。

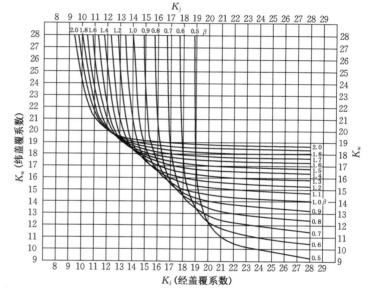

图 11-11 棉平纹织物的最大可织图解

例 2 某棉平纹织物(府绸)的经、纬纱均采用 19.5 tex 丝光棉纱,经密为 393.5 根/10 cm,利用棉平纹织物最大可织图解,估算该织物的最大纬密。

解
$$\beta=\frac{d_{w}}{d_{j}}=\frac{\sqrt{T_{tw}}}{\sqrt{T_{tj}}}=\frac{\sqrt{19.5}}{\sqrt{19.5}}=1$$

$$K_{j}=P_{j}\times\sqrt{T_{tj}}\times10^{-1}=39.35\times\sqrt{19.5}\times10^{-1}=17.37$$

查图 11-11,找出 $K_{j}=17.37$ 与 $\beta=1$ 曲线相交点的 $K_{w}\approx15.30$,则:

$$P_{w}=\frac{K_{w}}{\sqrt{T_{tw}}}\times10=\frac{15.30}{\sqrt{19.5}}\times10=34.64 \text{ 根/cm}$$

即该织物理论最大纬密为 346.4 根/10 cm。

11.6　非平纹织物紧密结构方程

11.6.1　非平纹织物的 Love 结构模型

非平纹织物的 Love 结构模型如图 11-12 所示,图中(a)、(b)、(c)所示被浮长所盖覆的纱线数分别为 2 根、3 根和 4 根。假设紧贴交叉处两侧的纱线截面仍为圆形,与 Peirce 模型相同,但浮长下的纱线均已挤溃变形,由圆形变为正方形。正方形边长为 $\frac{1}{4}$ 圆周长,即 $\frac{\pi d}{4}$。该模型中各结构参数的符号定义:

ρ——交叉处相邻两纱线的间距;

L——一个完全组织中纱线排列的宽度;

d_{ca}——挤溃后纱线的实际名义直径;

d_{oa}——挤溃前纱线的原始名义直径;

t——一个完全组织中纱线交叉数;

R——一个完全组织中纱线循环数;

M——一个完全组织的平均浮长$\left(M=\frac{R}{t}\right)$;

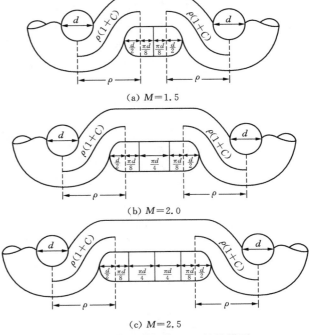

(a) $M=1.5$

(b) $M=2.0$

(c) $M=2.5$

图 11-12　非平纹织物 Love 结构模型

ρ_a——含交叉与浮长两部分的纱线名义几何密度。

上述参数均有经、纬两个方向,分别以下标 j 和 w 区分。

11.6.2　非平纹织物的 Love 最大可织方程

取一个完全组织进行分析,设暂不考虑纱线挤溃,则经纬交叉处相邻纱线的间距等于:

$$\rho=\frac{R\times\rho_a-(R-t)d_{oa}}{t}$$

以 $M=\frac{R}{t}$ 置换,则:

$$\rho=M\rho_a-(M-1)d_{oa}$$

即:
$$\rho-d_{oa}=M(\rho_a-d_{oa}) \tag{11-25}$$

　　式(11-25)的几何意义在于：$(\rho-d_{oa})$实际上是指在两系统纱线交叉处，另一系统纱线沿织物平面方向所占据的宽度；(ρ_a-d_{oa})为纱线的名义平均间距与纱线直径之差，即纱线之间的空隙；$M(\rho_a-d_{oa})$则为平均浮长下纱线间空隙之和。对于图11-12所示的紧密织物而言，纱线直径有挤溃变形，d_{oa}由d_{ca}替代，因此式(11-25)可改写为：

$$\rho=M(\rho_a-d_{ca})+d_{oa} \tag{11-26}$$

不同组织下，d_{oa}与d_{ca}的关系可分析如下：

以3枚组织为例，由图11-12(a)所示的关系，可得：

$$d_{ca}=\frac{1}{3}\times\left(2d_{oa}+2\times\frac{\pi d_{oa}}{8}\right)=\frac{1}{3}\times\left(2+\frac{\pi}{4}\right)d_{oa}=0.93d_{oa}$$

即：

$$d_{oa}=1.08d_{ca}$$

令$k=1.08$，则：

$$d_{oa}=k\times d_{ca}$$

同理，可以求出4枚、5枚、6枚、8枚组织时d_{oa}与d_{ca}的转换系数k，见表11-4。

表 11-4　不同组织时的 k 值

组织	平纹	3 枚	4 枚	5 枚	6 枚	8 枚
M	1	1.5	2	2.5	3	4
k	1	1.08	1.12	1.15	1.17	1.19

令经、纬纱直径的平衡系数$\beta=\dfrac{d_{oaw}}{d_{oaj}}$，则经、纬纱直径之和$D=d_{oaj}+d_{oaw}=kd_{caj}(1+\beta)$，或$D=kd_{caw}\times\dfrac{1+\beta}{\beta}$。

将ρ和D代入Peirce平纹织物紧密结构方程，可得：

$$\frac{\rho_j}{D}=\frac{M(\rho_{aj}-d_{caj})+d_{oaj}}{kd_{caj}(1+\beta)} \tag{11-27}$$

$$\frac{\rho_w}{D}=\frac{M(\rho_{aw}-d_{caw})+d_{oaw}}{kd_{caw}(1+\beta)}\times\beta \tag{11-28}$$

织物中纱线相互挤紧时，便出现最大的盖覆紧度$E_{max}=100\%$，则最大盖覆系数$K_{max}=\dfrac{1}{Y}\times10^{-1}$。棉纱的直径系数$Y_{棉}=0.00357$，$K_{max棉}=\dfrac{1}{0.00357}\times10^{-1}=28$，棉纱直径$d=Y\times\sqrt{T_t}$。

由于盖覆系数$K=P\sqrt{T_t}\times10^{-1}$，则$K=\dfrac{P\times d_{oa}}{Y}\times10^{-1}=\dfrac{K_{max}\times d_{oa}}{\rho_a}$，所以：

$$\rho_{aj}=\frac{K_{max}\times d_{oaj}}{K_j}=\frac{K_{max}\times kd_{caj}}{K_j}$$

$$\rho_{aw}=\frac{K_{max}\times kd_{caw}}{K_w}$$

式(11-27)可改写为：

$$\frac{\rho_j}{D}=\frac{M\left(\dfrac{K_{max}\times k\times d_{caj}}{K_j}-d_{caj}\right)+d_{oaj}}{k\times d_{caj}(1+\beta)}$$

将上式分子分母同除以 d_{caj}，且代入 $d_{oaj} = k \times d_{caj}$，则：

$$\frac{\rho_j}{D} = \frac{M\left(\dfrac{K_{max} \times k}{K_j} - 1\right) + k}{k \times (1 + \beta)} \tag{11-29}$$

同理，

$$\frac{\rho_w}{D} = \frac{M\left(\dfrac{K_{max} \times k}{K_w} - 1\right) + k}{k \times (1 + \beta)} \times \beta \tag{11-30}$$

将式(11-29)和式(11-30)代入平纹织物最大可织方程 $\sqrt{1 - \left(\dfrac{\rho_j}{D}\right)^2} + \sqrt{1 - \left(\dfrac{\rho_w}{D}\right)^2} = 1$，得：

$$\sqrt{1 - \left[\frac{M\left(\dfrac{K_{max} \times k}{K_j} - 1\right) + k}{k \times (1 + \beta)}\right]^2} + \sqrt{1 - \left\{\frac{\left[M\left(\dfrac{K_{max} \times k}{K_w} - 1\right) + k\right] \times \beta}{k \times (1 + \beta)}\right\}^2} = 1 \tag{11-31}$$

式(11-31)即为著名的 Love 非平纹织物紧密结构方程式，或称非平纹织物最大可织方程。

对于棉平纹织物，$M = 1$，$K_{max} = \dfrac{1}{Y_{棉}} \times 10^{-1} = 28$，$k = 1$，代入式(11-31)，得到：

$$\sqrt{1 - \left[\frac{28}{(1 + \beta)K_j}\right]^2} + \sqrt{1 - \left[\frac{28 \times \beta}{(1 + \beta)K_w}\right]^2} = 1 \tag{11-32}$$

与 Peirce 平纹织物紧密结构方程式(11-24)完全一样。

同理，只要已知原料的直径系数，便可写出该原料任意组织织物的最大可织方程。

例如：棉 3 枚斜纹织物，$K_{max} = 28$，$k = 1.08$，代入式(11-31)，得到：

$$\sqrt{1 - \left[\frac{M\left(\dfrac{30.2}{K_j} - 1\right) + 1.08}{1.08 \times (1 + \beta)}\right]^2} + \sqrt{1 - \left\{\frac{\left[M\left(\dfrac{30.2}{K_w} - 1\right) + 1.08\right] \times \beta}{1.08 \times (1 + \beta)}\right\}^2} = 1 \tag{11-33}$$

棉 4 枚斜纹织物，$K_{max} = 28$，$k = 1.12$，紧密结构方程式：

$$\sqrt{1 - \left[\frac{M\left(\dfrac{31.4}{K_j} - 1\right) + 1.12}{1.12 \times (1 + \beta)}\right]^2} + \sqrt{1 - \left\{\frac{\left[M\left(\dfrac{31.4}{K_w} - 1\right) + 1.12\right] \times \beta}{1.12 \times (1 + \beta)}\right\}^2} = 1 \tag{11-34}$$

棉 5 枚缎纹织物，$K_{max} = 28$，$k = 1.15$，紧密结构方程式：

$$\sqrt{1 - \left[\frac{M\left(\dfrac{32.2}{K_j} - 1\right) + 1.15}{1.15 \times (1 + \beta)}\right]^2} + \sqrt{1 - \left\{\frac{\left[M\left(\dfrac{32.2}{K_w} - 1\right) + 1.15\right] \times \beta}{1.15 \times (1 + \beta)}\right\}^2} = 1 \tag{11-35}$$

此外，若改为以盖覆紧度为变量的表达式，因 $E_{max} = 100\%$，则式(11-31)可改写成：

$$\sqrt{1 - \left[\frac{M\left(\dfrac{100k}{E_j} - 1\right) + k}{k \times (1 + \beta)}\right]^2} + \sqrt{1 - \left\{\frac{\left[M\left(\dfrac{100k}{E_w} - 1\right) + k\right] \times \beta}{k \times (1 + \beta)}\right\}^2} = 1 \tag{11-36}$$

各种原料的平纹织物 $M=1$，$k=1$，用盖覆紧度表达的最大可织方程为：

$$\sqrt{1-\left[\frac{100}{(1+\beta)E_j}\right]^2}+\sqrt{1-\left[\frac{100\beta}{(1+\beta)E_w}\right]^2}=1$$

$$(11\text{-}37)$$

由式(11-33)绘作的棉 3 枚斜纹织物的最大可织性曲线如图 11-13 所示。同理，由式(11-34)和式(11-35)也可作出棉 4 枚、5 枚织物的最大可织性曲线，形式相同。

图 11-13 中，曲线上各点的 K_j 和 K_w 为不同 β 值下棉 3 枚斜纹织物的理论最大值。对于其他纤维原料织物，只要知道纤维的直径系数，求其倒数便得到 K_{max} 值，代入式(11-31)，便可得到该纤维原料各种组织织物的最大可织曲线方程及可织曲线图。

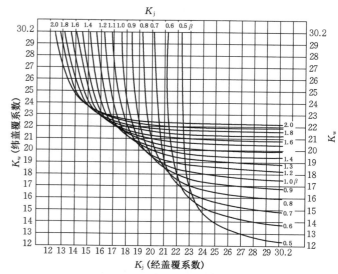

图 11-13　棉 3 枚斜纹织物最大可织图解

例如：桑蚕丝平纹织物，$M=1$，$k=1$，经、纬纱的线密度单位为"D"，经、纬纱密度单位为"根/cm"，$K_{max}=\dfrac{1}{Y_{丝}}\times 10^{-1}=\dfrac{1}{0.001\,256}\times 10^{-1}\approx 80$，其紧密结构方程：

$$\sqrt{1-\left[\frac{80}{(1+\beta)K_j}\right]^2}+\sqrt{1-\left[\frac{80\beta}{(1+\beta)K_w}\right]^2}=1 \qquad (11\text{-}38)$$

明显可见，Love 结构模型及可织性图解是对 Peirce 模型的重要发展，使紧密结构方程的应用由平纹织物拓展到非平纹织物。

思考题

11-1　何谓紧密织物？绘图说明织物挤紧态结构的特征及挤紧态织物紧密程度的比较。

11-2　计算规则组织 $d_w=2d_j=2d$ 时紧密结构织物各结构相下的盖覆紧度值。

11-3　设 $d_j=d_w$，求最简单的复合斜纹各结构相的紧度。

11-4　何谓结构相至相效应的滞后性？其对织物结构设计有何指导意义？

11-5　极端结构相紧织物的密度计算对织物设计的意义何在？

11-6　说明式(11-11)至式(11-14)及式(11-17)和式(11-18)中各参数的几何意义，并根据公式讨论紧织物织缩率的影响因素。

11-7　讨论 C_j-E_j 坐标曲线图及表 11-2 在纵条纹织物设计中的意义。

11-8　某缎条府绸织物，经、纬纱线密度为 9.5×2 tex$\times 19$ tex，平纹部分的密度为 380 根/10 cm，缎条比例为 20%。试分配条形结构，并设计该织物的规格。

11-9　何谓织物的覆盖度？简述织物密度覆盖度设计法的基本思路及实用意义。

11-10　织物设计时通常选择经向紧度大于纬向紧度，为什么？

11-11　比较 Love 紧密结构模型与 Peirce 结构模型的异同之处，解说 Peirce 平纹织物紧密结构方程和 Love 非平纹织物紧密结构方程推导中的关键步骤。

11-12　棉平纹织物和棉 3 枚斜纹织物的最大可织图分别如何构作？若将其纵、横坐标改为 E_j 和 E_w，讨论会有哪些相应的变动。

11-13　方程式(11-24)、式(11-27)与式(11-28)均为平纹织物紧密结构方程式，试比较它们的区别，并说明各在什么情况下使用。

11-14　若令 β 为织物经、纬纱线的线密度的平衡系数，即 $\beta = \dfrac{T_{tw}}{T_{tj}}$，式(11-24)、式(11-31)和式(11-36)应如何改写？

11-15　举例说明织物的紧密结构方程及最大可织图解法在织物设计中的实用意义。

实训题

11-1　到市场上收集表 11-3 所示的棉织物品种，如平布、府绸、斜纹布、哔叽、华达呢、单面卡其、双面卡其，最好涵盖纱织物、半线织物、线织物，试：

(1) 分组测试织物的相关参数，计算织物的紧度，然后与理论结构相紧度进行对比，找出差异并讨论形成这些差异的原因。

(2) 比较双向紧密织物、单向紧密织物和非紧密织物之外观与手感的区别。

11-2　到市场上收集一些棉及棉型缎条或斜纹条(或 4 枚破斜纹)府绸织物，品种尽可能多些，分析其不同部位的纱线结构、织物密度，同时测试织物不同组织部位的织缩率，分析各有什么特点。

11-3　根据式(11-31)推导 $\dfrac{1}{6}$ 涤纶丝斜纹织物(其纱线线密度以"tex"为单位)时的紧密结构方程，构作 $\beta=1$、$\beta<1$ 和 $\beta>1$ 时相应的最大可织曲线图，并讨论织物的可织性问题。

第十二章　织物的 Brierley 公式及其相对紧密度

Peirce、吴汉金等学者从一定的假设条件出发,采用建立理论模型的方法来研究织物几何结构参数间的关系,所建立的紧密结构方程可以求出织物的理论的最大密度。但由于假设条件与实际不完全吻合,况且没有考虑织造过程对于织物最大密度的影响,不可避免地存在一定的误差。因此,为了找到与实际织物密度更为接近的计算方法,不少研究者借助实验方法,提出了各自的经验公式。本章介绍 S. Brierley(勃莱里)采用以可密性为目标的实验分析方法建立的织物最大上机密度的实验公式以及织物相对紧密度的几种比较方法。

12.1　织物方形密度的 Brierley 公式

Brierley 采用 20 种平均浮长的方平、缎纹和斜纹组织,经纬纱选用 37 tex×2(27 公支/2)精梳毛纱,在选定的经密条件下,以织入尽可能大的纬密进行试验,共织造了方平织物 9 块、缎纹织物 13 块、斜纹织物 12 块。这 34 块织物可作为经、纬同特同密的方形织物(square fabric)。分析实验数据,Brierley 发现各类组织的平均浮长和可能得到的最大密度之间有明显的趋向性关系。考虑到坯织物的最大密度受到纱线线密度、组织结构、各纤维的体积质量、纤维和纱线在织物中的变形及织造工艺机械条件等因素的影响,他建立了织物结构参数和最大上机密度之间的关系,即著名的 Brierley 实验公式,实现了织物最大上机密度的设计。应用证明它特别适合于毛织物的密度设计,有较高的准确性和推广价值。

12.1.1　最大方形密度的计算

为了能从实验中找出各相关设计参数间的规律,Brierley 引入一个可作为设计媒介的格式化参数——方形密度的概念,用 $P_方$ 表示。这是指拟设计织物的经纬纱具有相同的线密度和相同的密度(即同特同密、同支同密)时所具有的密度值。在最大上机密度条件下形成的方形密度,称之为最大方形密度,用 $P_{方max}$ 表示。Brierley 的最大方形密度计算式为:

$$P_{方max} = K \times \sqrt{\frac{1000}{T_t}} \times f^m \tag{12-1}$$

式中:$P_{方max}$——方形织物的最大上机方形密度(根/cm);

K——纱线类别常数(与纤维类别、纺纱方法和纱线线密度单位有关);

T_t——方形织物经、纬纱的线密度(tex);

f——织物组织的平均浮长,$f = \dfrac{R}{t}$;

m——经验法组织常数;

f^m——经验法织造系数(weaving coefficient)。

当织物经、纬纱的线密度不等时,可计算它们的平均值 $T_{t平均}=\dfrac{T_{tj}+T_{tw}}{2}$,式(12-1)则改写为:

$$P_{方max}=K \times \sqrt{\frac{1000}{T_{t平均}}} \times f^{m}$$ (12-2)

Brierley 经验公式中的 K 值列于表 12-1 中,组织常数 m 列于表 12-2 中,织造系数 f^{m} 列于表 12-3 中。

表 12-1　Brierley 公式中的 K 值

织物类别	K	织物类别	K
棉织物	41.8	涤棉织物	41.4~40.1
粗梳毛织物	40.9	涤纶短纤维织物	43.6
精梳毛织物	42.7	黏胶丝织物	40.1
桑蚕丝生织物	40.9	锦纶丝织物	40.6
桑蚕丝熟织物	39.4	低弹涤纶丝织物	40.1
桑绢丝织物	42.7	—	—

表 12-2　各类组织 m 值的取值表

组织类别	F	m	组织类别	F	m
平纹	$F=F_j=F_w=1$	1	急斜纹	$F_j>F_w$,取 $F=F_j$	0.42
斜纹	$F=F_j=F_w>1$	0.39	急斜纹	$F_j=F_w=F$	0.51
缎纹	$F=F_j=F_w\geqslant2$	0.42	急斜纹	$F_j<F_w$,取 $F=F_w$	0.45
方平	$F=F_j=F_w\geqslant2$	0.45	缓斜纹	$F_j<F_w$,取 $F=F_w$	0.31
经重平	$F_j>F_w$,取 $F=F_j$	0.42	缓斜纹	$F_j=F_w=F$	0.51
纬重平	$F_j<F_w$,取 $F=F_w$	0.35	缓斜纹	$F_j>F_w$,取 $F=F_j$	0.42
经斜重平	$F_j>F_w$,取 $F=F_j$	0.35	变化斜纹	$\overline{F_j}>\overline{F_w}$,取 $F=\overline{F_j}$	0.39
纬斜重平	$F_j<F_w$,取 $F=F_w$	0.31	变化斜纹	$\overline{F_j}<\overline{F_w}$,取 $F=\overline{F_w}$	0.39

表 12-3　Brierley 经验公式中常用的织造系数 f^{m} 值

平均浮长 f		1	1.5	2	2.5	3	3.5	4	4.5	5	5.5	6
	斜纹 0.39	—	1.17	1.31	1.43	1.54	1.63	1.72	1.80	1.87	1.94	2.01
m	缎纹 0.42	—	—	1.34	1.47	1.59	1.69	1.79	1.88	1.97	2.04	2.12
	方平 0.45	1	—	1.37	—	1.64	—	1.87	1.97	2.06	2.25	2.24

如果纱线原料不同或原料相同,但纺纱方法变化致使纱线的密度变化,Brierley 最大方形密度计算公式改写为:

$$P_{方max}=K \times \sqrt{\frac{1000}{T_t}} \times f^{m} \times \eta$$ (12-3)

式中:η——纱线系数($\eta=\sqrt{\dfrac{\delta}{\delta'}}$);

δ——精纺毛纱线的密度($\delta=0.75\sim0.81$ g/cm³);

δ'——拟用纱线的密度(部分纱线的密度见表 12-4)。

表 12-4　部分纱线的密度

纱线种类	密度 δ(g/cm³)
棉纱	0.80～0.90
精梳毛纱	0.75～0.81
粗梳毛纱	0.65～0.72
亚麻纱	0.90～1.00
绢纺纱	0.73～0.78
黏胶纤维纱	0.80～0.90
涤棉纱(65/35)	0.80～0.95

12.1.2　实有方形密度的计算

对于同特同密织物,方形密度是一个实际参数;对于非方形织物,它是一个用作为设计媒介的虚拟参数,称为织物实有的方形密度,用 $P_{方a}$ 表示。Brierley 从同一实验数据中找出了在获得最大密度的织物中经密和纬密之间的规律性联系,如图 12-1 所示。

图 12-1 给出的是同特异密织物的经密 P_j 和纬密 P_w 之间的函数关系。5 枚经缎、$\frac{2}{2}$ 斜纹和平纹织物的三组曲线表明,它们的经纬密度间都有指数函数的关系特征,组织的不同只是表现在曲线的截距有差别。据此,Brierley 建立了另一个可以表达非方形织物经纬密度和实有方形密度间关系的实验公式:

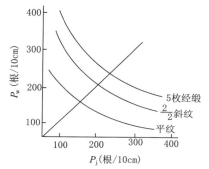

图 12-1　同特异密织物的经纬密度关系
（最大密度条件下）

同特异密织物:
$$P_w = K_方 \times P_j^{-\frac{2}{3}} \tag{12-4}$$
式中:$K_方$——方形结构系数。

两边取对数,式(12-4)即为:

$$\lg P_w = -\frac{2}{3}\lg P_j + \lg K_方$$

为解方程中的系数 $K_方$,可取 $P_w = P_j$ 为边界条件,即假设织物具有虚拟的方形结构,这样,其虚拟的实有方形密度 $P_{方a}$ 即应与经纬密度同值,即 $P_w = P_j = P_{方a}$。这样,可将上式改写成:

$$\lg K_方 = \lg P_w + \frac{2}{3}\lg P_j = (1+\frac{2}{3})\lg P_{方a}$$

则:
$$K_方 = P_{方a}^{(1+\frac{2}{3})} \tag{12-5}$$
将其代回式(12-4),得到:

$$P_w = P_{方a}^{(1+\frac{2}{3})} \times P_j^{-\frac{2}{3}} \tag{12-6}$$

这是一个很实用的方程,它给出了怎样从织物既有的经纬密度求出织物虚拟参数——实有方形密度的方法。但上述方程只适用于同特异密织物实有方形密度的求算,对于异特异密织物来说,就需要再建立一个能包含经纬纱线密度差别影响的求取实有方形密度的方法。

Brierley 分析异特异密织物经密—纬密关系曲线的形态特点,发现当把这些指数曲线转换到对数坐标系中以后,直线的斜率会随经纬纱线密度比$\dfrac{T_{tj}}{T_{tw}}$的不同而改变,这个影响可以用函数式表达为:

$$P_w = K_{方} \, P_j^{-\frac{2}{3}\sqrt{\frac{T_{tj}}{T_{tw}}}} \tag{12-7}$$

可以按上述同样的方法求出式中 $K_{方}$,即假设织物具有虚拟的方形结构,令 $P_w = P_j = P_{方a}$,这样就可以得到:

$$K_{方} = P_{方a}^{(1+\frac{2}{3}\sqrt{\frac{T_{tj}}{T_{tw}}})} \tag{12-8}$$

$$P_w = P_{方a}^{(1+\frac{2}{3}\sqrt{\frac{T_{tj}}{T_{tw}}})} \times P_j^{-\frac{2}{3}\sqrt{\frac{T_{tj}}{T_{tw}}}} \tag{12-9}$$

令织物的相对紧密度:$H(\%) = \dfrac{P_{方a}}{P_{方max}} \times 100$ \hfill (12-10)

表 12-5 归纳了上述四种织物经纬纱线密度与密度有异同时,其上机的最大方形密度和实有方形密度的计算方法。

表 12-5　织物方形密度的计算方法（以精梳毛织物为例）

织物类型	最大方形密度($P_{方max}$)	实有方形密度($P_{方a}$)
同特同密 $\begin{bmatrix} T_{tj} = T_{tw} = T_t \\ P_j = P_w = P \end{bmatrix}$	$P_{方max} = 42.7\sqrt{\dfrac{1000}{T_t}}\,f^m$	$P_{方a} = P_w = P_j$
同特异密 $\begin{bmatrix} T_{tj} = T_{tw} = T_t \\ P_j \neq P_w \end{bmatrix}$	$P_{方max} = 42.7\sqrt{\dfrac{1000}{T_t}}\,f^m$	$P_{方a}^{1+\frac{2}{3}} = \dfrac{P_w}{P_j^{-\frac{2}{3}}}$
异特同密 $\begin{bmatrix} T_{tj} \neq T_{tw} \\ P_j = P_w = P \\ T_{t平均} = \dfrac{T_{tj} + T_{tw}}{2} \end{bmatrix}$	$P_{方max} = 42.7\sqrt{\dfrac{1000}{T_{t平均}}}\,f^m$	$P_{方a} = P_w = P_j$
异特异密 $\begin{bmatrix} T_{tj} \neq T_{tw} \\ P_j \neq P_w \\ T_{t平均} = \dfrac{P_j T_{tj} + P_w T_{tw}}{P_j + P_w} \end{bmatrix}$	$P_{方max} = 42.7\sqrt{\dfrac{1000}{T_{t平均}}}\,f^m$	$P_{方a}^{(1+\frac{2}{3}\sqrt{\frac{T_{tj}}{T_{tw}}})} = \dfrac{P_w}{P_j^{(-\frac{2}{3}\sqrt{\frac{T_{tj}}{T_{tw}}})}}$

注:本表计算时设经纬纱屈曲缩率相等。

12.1.3　Brierley 公式的应用

Brierley 实验公式揭示了不同的组织、不同的纱线原料和纺纱方法、不同的线密度构成织物时,其可容纳的纱线密度是不相同的,告之我们可以通过实验手段来确定织物的致密性。Brierley 实验公式对织物密度设计的实用之处在于:

（1）可求出各类织物的上机最大方形密度。

（2）当织物的经密确定后,可求出其最大的上机纬密,对织物的可织造性进行预控。

（3）当织物的经纬密度确定后,可求出该织物假想为方形结构时实有的方形密度,从而进行相对紧密度比较。

例1 经、纬纱均采用线密度为 12.5 tex×2 精纺毛纱的平纹织物,如果经密:纬密=2:1,其上机经、纬密度为多少?

解 ① $P_{方max}=42.7\times\sqrt{\dfrac{1000}{T_t}}\times f^m=42.7\sqrt{\dfrac{1000}{12.5\times2}}\times1=270$ 根/10 cm

② 设 $P_{方a}=P_{方max}$,求得的经、纬密度为最大上机经、纬密度。由于是同特异密,则

$$K_方=P_{方max}^{(1+\frac{2}{3})}=270^{1.67}=11\,491$$

已知 $P_w=\dfrac{1}{2}P_j$,而 $P_w=K_方\times P_j^{-0.67}$,则 $\dfrac{1}{2}P_j=11\,491\times P_j^{-0.67}$

解得:上机最大经密 $P_j=409$ 根/10 cm

上机最大纬密 $P_w=\dfrac{1}{2}P_j=204.5$ 根/10 cm

例2 某精梳毛织物,为 $\dfrac{2}{2}$ 斜纹,经纱采用 18.5 tex×2 精梳毛纱,纬纱采用 37 tex×2 精梳毛纱,设计其上机经密 $P_j=260$ 根/10 cm,上机纬密 $P_w=220$ 根/10 cm。问该织物制织有何困难? 织物是否会太松?

解 ① 因是 $\dfrac{2}{2}$ 斜纹织物,查表 12-3,$f^m=1.31$,则:

$$T_{t平均}=\dfrac{T_{tj}+T_{tw}}{2}=\dfrac{18.5\times2+37\times2}{2}=55.5\ \text{tex}$$

$$P_{方max}=42.7\times\sqrt{\dfrac{1\,000}{T_{t平均}}}\times f^m=42.7\times\sqrt{\dfrac{1\,000}{55.5}}\times1.31=236\ \text{根/10 cm}$$

因此

$$K_方=P_{方max}^{\left(1+\frac{2}{3}\sqrt{\frac{T_{tj}}{T_{tw}}}\right)}=236^{\left(1+\frac{2}{3}\sqrt{\frac{18.5\times2}{37\times2}}\right)}=3101$$

当上机经密为 260 根/10 cm 时,最大上机纬密:

$$P_w=K_方\times P_j^{-\frac{2}{3}\sqrt{\frac{T_{tj}}{T_{tw}}}}=3\,101\times260^{-\frac{2}{3}\sqrt{\frac{18.5\times2}{37\times2}}}=225.5\ \text{根/10 cm}$$

现上机纬密选用 220 根/10 cm,可以认为织造无困难。

② 当上机经密 $P_j=260$ 根/10 cm,$P_w=220$ 根/10 cm,此时,实有方形系数:

$$K'_方=P_w\times P_j^{\frac{2}{3}\sqrt{\frac{T_{tj}}{T_{tw}}}}=220\times260^{\frac{2}{3}\sqrt{\frac{18.5\times2}{37\times2}}}=3026$$

则该织物假想为方形织物时,其对应的实有方形密度:

$$P_{方a}=K'^{\frac{1}{1+\frac{2}{3}\sqrt{\frac{T_{tj}}{T_{tw}}}}}_方=3\,026^{\frac{1}{1+0.4714}}=232\ \text{根/10 cm}$$

$$H=\dfrac{P_{方a}}{P_{方max}}\times100\%=\dfrac{232}{236}\times100\%=98\%$$

该织物相对紧密度为 98%,可见织物很紧密。

例3 A、B 两块斜纹毛织物,A 织物为 3 枚斜纹,B 织物为 4 枚斜纹,它们的经、纬毛纱的线密度相同,均为 28.2 tex,A 织物的经密 $P_{jA}=337$ 根/10 cm,纬密 $P_{wA}=212.5$ 根/10 cm;B 织物的经密 $P_{jB}=339.5$ 根/10 cm,纬密 $P_{wB}=236$ 根/10 cm。试比较它们的相对紧密度。

解 两块织物均是同特异密织物，由式(12-6)$P_w = P_{方a}^{(1+\frac{2}{3})} \times P_j^{-\frac{2}{3}}$，当 P_j 和 P_w 以织物的实际密度代入时，可以求出实有方形密度 $P_{方a}$。

查表 12-1 和表 12-3，A 织物平均浮长 $f=1.5$，$m=0.39$；B 织物 $f=2.0$，$m=0.39$。

① A 织物，由 $212.5 = P_{方a}^{(1+\frac{2}{3})} \times 337^{-\frac{2}{3}}$，得：

$$P_{方a} = 251 \text{ 根}/10 \text{ cm}$$

$$P_{方\max} = 42.7 \times \sqrt{\frac{1000}{28.2}} \times 1.5^{0.39} = 298 \text{ 根}/10 \text{ cm}$$

$$H_A = \frac{251}{298} \times 100\% = 84.2\%$$

② B 织物，由 $236 = P_{方a}^{(1+\frac{2}{3})} \times 339^{-\frac{2}{3}}$，得：

$$P_{方a} = 275.5 \text{ 根}/10 \text{ cm}$$

$$P_{方\max} = 42.7 \times \sqrt{\frac{1000}{28.2}} \times 2.0^{0.39} = 333.3 \text{ 根}/10 \text{ cm}$$

$$H_B = \frac{275.5}{333.3} \times 100\% = 82.7\%$$

$H_A > H_B$，A 织物比 B 织物稍加紧密。由此例可见，借助 Brierley 最大方形密度和相对紧密度的概念可比较不同组织织物的紧密程度。

12.2 织物的相对紧密度

前节 Brierley 定义织物实有方形密度与最大方形密度之比值 H 为织物的相对紧密度，用于比较不同织物的紧密程度。H 值相同的织物，可认为它们的某些机械力学性能将相同或十分接近。织物织造时，钢箍打纬受到的阻力和织物的弹性两个指标与 H 值之间有一定的函数关系。H 值越大，织造阻力越大，织物的弹性越小。织物相对紧密程度的表征和比较有一定的实用价值。

表征织物的相对紧密度（或织紧度）(fabric tightness)有多种方式，在 Peirce 和 Love 建立的织物紧密结构方程的基础上，J. B. Hamilton 和 A. Newton 提出了下述图解算法。

12.2.1 相对织紧度的 Hamilton 算法

织物盖覆紧度(%)$E_f = E_j + E_w - \dfrac{E_j E_w}{100}$，由于 $\dfrac{E_j E_w}{100}$ 使 E_f 的计算很不方便，况且，$(E_j + E_w)$ 的值与 E_f 值呈高度相关，致使 E_f 值可以直接用 $(E_j + E_w)$ 表示。1964 年，J. B. Hamilton 定义织物相对织紧度 $T(\%)$ 为织物实际的经、纬向紧度之和 $(E_{ja} + E_{wa})$ 与其相似织物的最大经、纬向紧度之和 $(E_{j\max} + E_{w\max})$ 的百分比。这里的相似织物是指具有相同 α（织物平衡系数）和 β（纱线平衡系数）值的织物。因此，相对织紧度可以表达为：

$$T(\%) = \frac{E_{ja} + E_{wa}}{E_{j\max} + E_{w\max}} \times 100 \tag{12-11}$$

$$\alpha = \frac{E_{ja}}{E_{wa}} = \frac{E_{j\max}}{E_{w\max}} \tag{12-12}$$

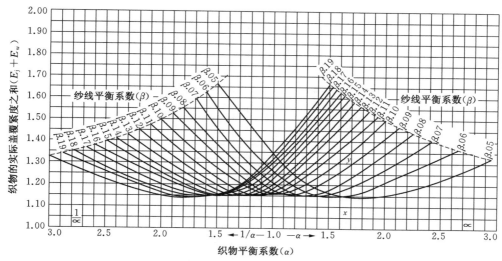

图 12-2 织物相对织紧度的 Hamilton 图解

Hamilton 给出了以$(E_j + E_w)$为纵坐标,以 α 和 $\frac{1}{\alpha}$ 为横坐标,如图 12-2 所示的织物相对织紧度的图解法。图中曲线为平纹织物不同 β 和 $\alpha\left(\text{或}\frac{1}{\alpha}\right)$ 值与最大经、纬向紧度之和 $(E_{jmax} + E_{wmax})$ 的关系曲线。若已知某一织物实际的$(E_j + E_w)$和 α,可在图 12-2 中找到其位置,例如 x 点,可方便地找出与 x 具有相同 α 和 β 的位于曲线上的对应点 y,读出 y 点的纵坐标值,即为与织物 x 相似对应的$(E_{jmax} + E_{wmax})$值。由式(12-11)可求出该织物的相对织紧度 $T(\%)$。同时,x 与 y 的距离也直观地表明了织物 x 的相对织紧度,此距离越小,表明织物越趋向紧密。Hamilton 的这种求算方法适用于各种组织的织物。

12.2.2 相对织紧度的最大可织曲线图解法

由图 12-2 可见,Hamilton 的织紧度图解法,仅适用于图中 $\alpha\left(\text{或}\frac{1}{\alpha}\right)$ 值和$(E_j + E_w)$值的交点位于屈曲下方的织物。而有些 E_j 与 E_w 值比较悬殊的织物,不在对应曲线的下方,就很难得出结果。例如,某棉平纹织物,经、纬纱均为 25 tex,$P_j = 38.6$ 根/cm,$P_w = 16.5$ 根/cm,因此其 $\beta = 1$,$E_j = 0.724$,$E_w = 0.309$,$E_j + E_w = 1.03$,$\alpha = \dfrac{E_j}{E_w} = 2.34$,在 Hamilton 图解法中找不到对应于该织物的 $E_{jmax} + E_{wmax}$,织物的织紧度无法从图中求出。鉴此,1991 年 A. Newton 提出了直接利用紧密织物最大可织曲线图比较织物织紧度的方法。

图 12-3 所示是以 E_j 和 E_w 为坐标的不同 β 值下的棉平纹紧密织物最大可织曲线。图中点 x 代表一个具有确定 E_j 和 E_w 值的织物,点 y 是织物 x 到与之对应的最大可织曲线上距离为最短的点。Newton 提出用直线段 xy 的长度来表征织物的相对织紧度。长度越小,织物的织紧度越大。显然,所有位于最大可织曲线左下方的任意一个实际存在的织物点 x 都可以找出与它对应的最大可织曲线上距离最近的点 y。量取线段 xy 值便可进行比较。它比 Hamilton 图解方法具有更宽的适应面。同理,若已知某织物距最大可织曲线的 xy 线段值、β 值和 E_j 或 E_w 或 $\dfrac{E_j}{E_w}$,便可以在图 12-3 上找到该织物点 x 的具体位置。

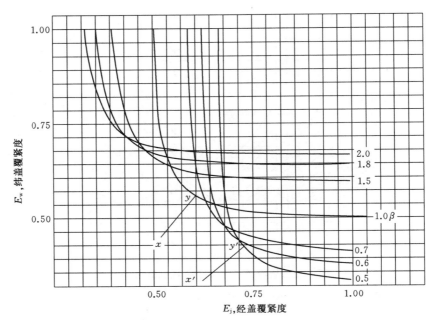

图 12-3　织物相对织紧度比较图解

12.3　织物相对紧密度的比较

12.3.1　基于最大可织曲线的相对紧密度比较

现举例说明利用最大可织曲线比较织物相对紧密度的方法。

例 4　已知 A、B 两织物的主要规格如下表所列，试比较它们的相对紧密程度。

序号	品号品名	经组合	纬组合	经密(根/10 cm)	纬密(根/10 cm)	织物组织
A	11205 电力纺	3/22.2/24.4 dtex 桑蚕丝	4/22.2/24.4 dtex 桑蚕丝	647	419	平纹
B	51804 光缎羽纱	1/133.2 dtex 黏胶人丝	1/133.2 dtex 黏胶人丝	469	299	5 枚缎纹

解　(1)计算织物实际的盖覆紧度

经、纬纱线密度单位采用分特"dtex"，查表 10-7，得桑蚕丝的直径系数 $Y=1.20\times10^{-3}$，黏胶人丝的直径系数 $Y=1.14\times10^{-3}$。

① 11205 电力纺：

$$E_j=YP_j\sqrt{T_{dtj}}=1.20\times10^{-3}\times64.7\times\sqrt{69.9}=64.91\%$$

$$E_w=YP_w\sqrt{T_{dtw}}=1.20\times10^{-3}\times41.9\times\sqrt{93.2}=48.54\%$$

② 51804 光缎羽纱：

$$E_j=1.14\times10^{-3}\times46.9\times\sqrt{133.2}=61.71\%$$

$$E_w=1.14\times10^{-3}\times29.9\times\sqrt{133.2}=39.34\%$$

（2）利用织物紧密结构方程式求出每块织物对应的最大可织曲线方程

① 11205 电力纺：

$M=1$，$k=1$，$\beta=\sqrt{\dfrac{4\times23.3}{3\times23.3}}\approx1.155$，代入式(12-24)，得其最大可织方程：

$$\sqrt{1-\left(\dfrac{46.4}{E_{\mathrm{j}}}\right)^2}+\sqrt{1-\left(\dfrac{53.6}{E_{\mathrm{w}}}\right)^2}=1$$

② 51804 光缎羽纱：

$M=2.5$，$k=1.15$，$\beta=1$，代入式(12-23)，得其最大可织方程：

$$\sqrt{1-\left(\dfrac{125}{E_{\mathrm{j}}}-0.587\right)^2}+\sqrt{1-\left(\dfrac{125}{E_{\mathrm{w}}}-0.587\right)^2}=1$$

（3）比较两块织物的织紧度

根据两块织物的最大可织曲线方程，在 E_{j} 和 E_{w} 坐标图中分别绘作它们的最大可织曲线；按两织物各自的 E_{j} 和 E_{w} 值，在坐标图中点绘出两织物的位置，标为 A、B，再作各点与其对应的最大可织曲线的最短距离线，以 AA'、BB' 表示；量取并比较两线段的长度，长度越短，表明该织物相对织紧度越大。

图 12-4 所示为本例的结果。显然，线段 BB' 长，AA' 短，表明 11205 电力纺比 51804 光缎羽纱的相对紧密度高很多。

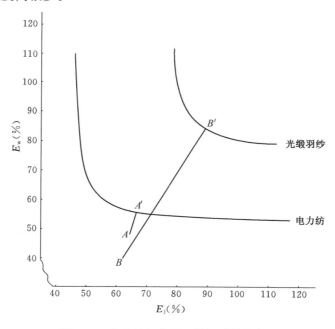

图 12-4 电力纺与光缎羽纱相对紧密度的比较

12.3.2 基于紧密织物盖覆紧度计算的相对紧密率比较

按第十一章中式(11-5)和式(11-6)可以求出任何组织任意结构相下紧密织物的盖覆紧度。实际织物一般达不到紧密织物的紧密程度。现将实际织物的盖覆紧度对与该织物同组织、同结构相时的紧密织物的盖覆紧度之比值，称为该织物的相对紧密率，即：

$$\gamma = \frac{E}{E'} \times 100\%$$

式中:γ——织物的相对紧密率(%);

    E——织物的实际盖覆紧度(%);

    E'——与该织物同组织、同结构相时紧密织物的盖覆紧度(%)。

因盖覆紧度有 E_j、E_w 及 E_f 之分,于是织物相对紧密率亦有 γ_j、γ_w 及 γ_f 之别,即:

$$\gamma_j = \frac{E_j}{E'_j} \times 100\% , \gamma_w = \frac{E_w}{E'_w} \times 100\% , \gamma_f = \frac{E_f}{E'_f} \times 100\%$$

例 5 已知 11153 电力纺(平纹)、19005 斜纹绸($\frac{2}{2}$ 斜纹)和 12103 双绉(平纹)的经纬组合、成品经纬密度及结构相序并列于下表中,试比较它们的紧密程度。

品名品号	经组合	纬组合	经密 P_j/纬密 P_w (根/cm)	结构相序 φ
11153 电力纺	22.2/24.4 dtex×2 桑蚕丝	25.5/27.7 dtex×3 桑蚕丝	65/43	8.3
19005 斜纹绸	22.2/24.4 dtex×2 桑蚕丝	22.2/24.4 dtex×2 桑蚕丝	76/45	6.1
12103 双绉	22.2/24.4 dtex×3 桑蚕丝	22.2/24.4 dtex×4 桑蚕丝	59/38	9.4

解 求解步骤:

    ① 求出各织物的盖覆紧度 E;

    ② 求出各织物对应紧密织物的盖覆紧度 E';

    ③ 求出各织物的相对紧密率 γ。

11153 电力纺的相对紧密率:

查表 10-7,取精练桑蚕丝的直径系数 $Y = 3.79 \times 10^{-3}$,则电力纺的实际盖覆紧度:

$$E_j = YP_j\sqrt{T_{tj}} = 3.79 \times 10^{-3} \times 65 \times \sqrt{2 \times (22.2 + 24.2)/(2 \times 10)} \times 100\% = 53.18\%$$

$$E_w = YP_w\sqrt{T_{tw}} = 3.79 \times 10^{-3} \times 43 \times \sqrt{3 \times (25.5 + 27.7)/(2 \times 10)} \times 100\% = 46.04\%$$

$$E_f = E_j + E_w - E_jE_w = 53.18\% + 46.04\% - 53.18\% \times 46.04\% = 74.74\%$$

由于电力纺的结构相序为 8.3,代入式(11-5)、(11-6),求出与之对应结构相下紧密织物的盖覆紧度:

$$E'_j = \frac{R_j}{(R_j - t_w) + \frac{1}{10} \times (1 + \frac{d_w}{d_j}) \times t_w\sqrt{(11 - \varphi)(9 + \varphi)}} \times 100\%$$

$$= \frac{2}{(2 - 2) + 0.1 \times \left[1 + \frac{\sqrt{7.98}}{\sqrt{4.66}}\right] \times 2\sqrt{(11 - 8.3)(9 + 8.3)}} \times 100\% = 63.01\%$$

$$E'_w = \frac{R_w}{(R_w - t_j) + \frac{1}{10} \times (1 + \frac{d_w}{d_j}) \times t_j\sqrt{(21 - \varphi)(\varphi - 1)}} \times 100\%$$

$$= \frac{2}{(2-2)+0.1 \times \left[1+\dfrac{\sqrt{4.66}}{\sqrt{7.98}}\right] \times 2\sqrt{(21-8.3)(8.3-1)}} \times 100\% = 57.77\%$$

$$E'_f = E'_j + E'_w - E'_j E'_w = 63.01\% + 57.77\% - 63.01\% \times 57.77\% = 84.38\%$$

$$\gamma_j = \frac{E_j}{E'_j} \times 100\% = \frac{0.5318}{0.6301} \times 100\% = 84.40\%$$

$$\gamma_w = \frac{E_w}{E'_w} \times 100\% = \frac{0.4604}{0.5777} \times 100\% = 79.70\%$$

$$\gamma_f = \frac{E_f}{E'_f} \times 100\% = \frac{0.7474}{0.8438} \times 100\% = 88.58\%$$

同样,可以求出 19005 斜纹绸的相对紧密率:

$$E_j = 61.91\%, \quad E_w = 36.66\%, \quad E_f = 75.87\%$$
$$E'_j = 73.60\%, \quad E'_w = 72.82\%, \quad E'_f = 92.82\%$$
$$\gamma_j = 84.12\%, \quad \gamma_w = 50.34\%, \quad \gamma_f = 81.74\%$$

12103 双绉的相对紧密率:

$$E_j = 58.87\%, \quad E_w = 43.79\%, \quad E_f = 76.88\%$$
$$E'_j = 84.93\%, \quad E'_w = 54.31\%, \quad E'_f = 93.11\%$$
$$\gamma_j = 69.32\%, \quad \gamma_w = 80.63\%, \quad \gamma_f = 82.57\%$$

由三个织物相对紧密率的计算可得:11153 电力纺织物最紧密,12103 双绉次之,19005 斜纹绸最小。

思考题

12-1　何谓方形织物与方形密度? 简述 Brierley 的织造实验方案及经验公式中最大方形密度的求算方法,讨论其在织物设计中的作用。

12-2　已知任意一非方形织物(同特异密或异特异密织物)实际的经纬密度,如何运用 Brierley 公式求算其虚拟的实有方形密度?

12-3　表 12-4 列举的是部分纱线的体积质量,对照表 10-5,试比较棉、毛、麻纤维和棉、毛、麻纱线的体积质量的差异,说明为什么不同?

12-4　Brierley 公式比较适用于毛织物的密度设计,为什么? 讨论将 Brierley 公式运用于其他原料织物设计时,误差来源于哪些方面? 如何修正?

12-5　简述比较不同品种织物相对织紧度的四种方法和各种方法的解题步骤。

实训题

12-1　表 12-5 归纳了织物最大方形密度和实有方形密度的计算方法,寻找各个公式之间的相互联系与区别。

12-2 模拟 Brierley 公式应用举例 3,自行列举两个不同原料、不同组织的品种,分别运用:

① Brierley 定义的相对紧密度;

② Hamilton 定义的相对织紧度;

③ A. Newton 提出的最大可织曲线图解法;

④ 基于任意结构相下紧密织物盖覆紧度计算法。

进行织物相对紧密度的比较。如果四种方法的结果相同,讨论各种方法的优缺点;如果结果不同,讨论其产生原因。

第十三章　织物设计

13.1　概述

13.1.1　织物设计在纺织企业中的地位和作用

织物设计(fabric design)隶属于产品设计范畴。从广义上说,产品设计问题归根到底是一个解决生产什么和如何生产的问题。任何一项具体设计的确定都是设计者在有限的可供选择范围内,根据市场要求和生产实施的限定条件所做出的一种决策。生产企业的每一个产品,都要经历由设计—生产—销售构成的一条龙过程,设计则处在龙头位置。

织物设计是以织物为终端产品的纺织品设计,它是联结纺织企业科研、生产与市场三方面的中间枢纽。设计者根据市场需要和用户的要求,利用科研部门的最新科研成果,在现有的生产条件下,设计出适销对路、风格新颖的织物,以提高企业的经济效益和社会效益。实行设计、生产、贸易三结合的机制,建立设计、科研和生产三结合的科研开发体系,无一不是由设计与企业其他活动间的相互关系所决定的。因此,织物设计工作是纺织企业组织生产的重要环节,关系到产品的生命和企业的前途。

织物设计在纺织企业中所起的作用概括起来有如下几点:

(1)不断调节和适应新纤维、新材料的变化和设备的更换,增强企业生产的适应性。

(2)促进品种的更新换代,适时地投放市场所需要的产品,提高企业的竞争能力。

(3)促进产品的深加工、精加工、高质量、高品位,促进企业工艺技术水平的全面提高。

(4)通过新品种的开发,增加销售利税与出口创汇,提高企业的经济效益。

(5)根据用户的要求,定向设计,满足广大消费者日益增长的物质生活需要,满足工业、农业、国防、医药及其他产业的需要,以提高企业的社会效益。

13.1.2　织物设计的指导思想

织物设计工作是技术性与艺术性相结合的创作性劳动。正确的设计思想来源于对纺织品发展动态、趋势所作的科学分析和认识。纺织品的发展总趋势:由初加工品种转向深加工具有高附加值的品种;今后若干年,纺织品开发趋向面料的功能化、保健化和艺术化,追求使用的舒适性、风格的时尚性和需求的功能性;产品生产要求多品种、小批量、快交货。

织物设计应遵循"适用、美观、经济"三结合的指导思想。首先,适用是指使产品适合消费者用途的要求,具有使用价值。设计应根据市场销售的需要,尽最大可能地符合消费心理,做到产品的适销对路,切忌以个人的爱好代替消费者的希望;其次,除产业用织物以达到功能要求为主要目的外,对于衣着用和装饰用的织物,美观是很重要的,有时甚至是第一位的;同时,设计应考虑产品的生产成本与销售价格,既能为消费者所接受,又能使企业获得较高的利润,这在任何时期都是重要的。在产品适销对路的情况下,提高性能价格比是产品具有竞争力的决定因素。

设计新产品还应考虑原材料的来源和工厂批量生产的条件和可能性,遵循设计、生产、供销三结合的原则,摸清需要与可能两个方面的产、供、销信息,深入生产实际解决问题。

织物设计应建立"古为今用,洋为中用""百花齐放,推陈出新"的理念。充分利用各种纺织原料资源和国内外生产技术及科研成果,进行开拓性思维,不断开发新产品,改进老产品。在继承和发扬中外优秀遗产的前提下,创造具有时代精神和独特风格的产品。

织物设计应把最终成品效果作为出发点和落脚点,从原料选用、经纬组合、组织结构、生产工艺、色彩、图案、服装款式、装饰产业用品配套和包装装潢等各个环节综合考虑,紧密协作配合,争取物美价廉的最佳效果和经济社会效益。

13.1.3 织物设计的全过程

一个新品种从设计直至问世、成熟,其全过程包括设计构思、规格设计、样品试织、报样鉴定、成交投产、试销检验和扩大生产等环节。对于织物设计者来说,除了主要完成产品的构思与设计外,还需主动配合生产技术人员搞好产品的试样、报样、鉴定和投产等工作,在新品种成活后,也还需注意听取试销后用户的意见和大量投产后生产部门的反映,不断使产品臻于完善。

1. 设计构思

构思亦称之为打腹稿,是进行具体规格设计前的一项重要工作。构思成熟与否决定着产品的成败,而构思的深刻与否决定着产品的水平档次。设计前的构思是设计者思维活动最激烈、艰苦的阶段。设计者常常体会到构思结束等于完成了设计工作的一大半,而设计构思尚未趋于成熟之前,切莫急于具体的规格设计,否则欲速则不达,有前功尽弃的危险。

构思是在调查研究、收集和整理设计技术资料的基础上进行的。设计者必须了解的技术资料包括:(1)尽可能熟悉古今中外各类典型品种的风格特征,做到心中有数,避免不必要的重复设计;(2)了解国内外品种花色的市场流行情况和新纤维、新工艺、新技术、新设备的发展应用情况,立足于创新,跟上潮流;(3)明确所设计织物的用途及使用对象,分析不同用途、不同对象对设计的具体要求,使设计品种满足需要;(4)调研设计品种欲销售的国家、地区、民族的消费者由于自然环境、文化氛围和风俗习惯形成的对纺织品的独特喜爱和消费心理,使所设计品种适销对路;(5)掌握本企业、本地区的客观生产条件、技术水平,例如工厂机械设备、机台情况、织机筘幅、梭箱数、生产品种、原料种类与来源、厂房空调设备、练染后整理条件等,使设计品种的生产有可实施性。

设计者在获取必要的设计技术资料后,再根据自己的实践经验及生活中所吸取的艺术素材,进行综合的分析研究和设计构思,下一番改造制作的功夫。在构思好欲设计品种的外观形态、风格、性能、用途、销售地区及对象后,便进入具体规格的周密思考。例如选用什么原料、纱线、组织、密度,配什么样的纹样、色彩,采用什么样的生产工艺(包括练染后整理工艺),来达到设计构思的新风格。搞好规格构思环节的关键在于设计人员的基本功,例如:设计者是否熟悉各种常用原料的光泽、手感、强度、伸长、初始弹性模量、上浆性能、染色性能、耐光耐热、抗静电等物理化学性能;是否掌握各种织物组织的结构特征、光亮度、松紧度、外观效应以及合理的经、纬密度配置范围;是否具有准备、织造及练染后整理等工艺知识,了解工艺变化对品种外观和内在质量的影响;能否灵活运用改变织物外观与性能的各种变化方法,如纤维原料变化、线密度变化、线型变化、组织变化、密度变化、穿筘变化、捻度捻向变化、织造张力变化、花样色彩变化、练染后整理变化等,使设计构思的新品种、新风格变成现实。

2. 规格设计

规格设计的任务集中反映在拟定产品说明书,即"织物设计规格单",规格单的内容格式见数字内容 6 中的附录 1。规格单的填写步骤从成品规格到织造规格。素织物需附上机图,提花织物需附纹制工艺相关图表。

3. 样品试织

新品种规格设计能否达到预定的要求,生产是否可行、必须通过试织样品来检验。试样分为品种试样和工艺试样。

品种试样又称试小样,其主要目的是检验规格设计是否合理,是否达到设计构思的预期效果。设计者及其用户、同行专家通过对试织出的样品进行手感目测,对织物外观效果、质地、手感、密度、厚薄、功能等有一个直觉感官评判。达到设计预期的效果,则该品种的设计属于成功;基本达到设计效果,但需要改进和完善,则设计属于基本成功;试样织物与设计要求不符,则设计归于失败,需查找原因,修改或重新设计。

工艺试样又称试大样,在品种小样由用户及专家确定选用后,必须进行工艺试样,以检验该品种能否经得起实际生产(包括练、染、后整理)的考验。工艺试样的目的包括:(1)通过工艺试样,测定工艺技术数据,确定比较合理的生产工艺流程和生产技术条件,以指导成交后的批量生产;(2)暴露新产品在今后投产时可能出现的质量问题、生产问题,便于及早地在工艺试样过程中予以解决,免得成交后影响生产任务的按期完成;(3)进一步核定和修改品种规格,如成品门幅、密度、质量等,确定新品种投产规格。

试小样与试大样由于各有侧重,故试样长度要求也不一样。小样仅是提供织物实样进行评判,为了尽量减少原料与劳动力的消耗,可以少些,一般为一匹(即 25~30 m)。而试大样因新品已经过挑选,为了能充分暴露其大生产中可能出现的问题,摸索合理工艺,试样长度一般为 20 匹(即 500~600 m),或按合同要求进行。

4. 产品鉴定

新产品鉴定的目的在于请专家们对产品技术资料进行审查,对生产工艺是否可行、产品质量是否符合标准、是否具备批量生产条件做出结论性意见。鉴定依据是新产品设计任务书和产品的标准。鉴定的内容涵盖:审查该产品质量水平执行的标准和测试报告;审查该产品提供鉴定的技术文件;审查企业生产条件。产品鉴定应提供的技术文件有鉴定大纲(含产品设计任务书或合同)、产品研制的工作报告和技术报告、产品实样及工艺设计书(含产品原料计算及产品出厂价格计算表)、产品的生产条件分析报告、产品经济效益分析报告(含市场调查及产品经济技术合同完成情况表)、产品检验标准(没有现成标准可依,应拟定企业标准及标准编写说明)、产品质量测试报告、产品用户意见、产品生产的环保审查报告(附三废治理证明)等。

5. 试销检验

一个新产品最后的成功与失败,还要经过市场销售的检验。外销报样是否成交有订货,内销是否受到消费者的欢迎,这是新品种能否生存、巩固和发展的必要条件。当然,纺织品常受价格变动、市场流行等方面的影响,一时能否有订货,尚不能作为鉴别品种优劣的唯一标准。

常有一些新品暂时不成交,过若干年后,又适销起来;也有一些新品尽管一时没有订货,但体现了很高的设计与工艺水平,也是应该鼓励的。

新品种投放市场后,设计者应注意虚心征求和搜集市场对该品种的反映意见。总结成功的经验,分析潜在的问题,洞察市场的变化趋向。因为人们的消费心理总是喜新厌旧,随着时间的推移,热销的产品也会逐渐地变得滞销起来,而且产品的市场寿命有逐渐缩短的趋势,需要不断地开发,促进新陈代谢。实践说明,谁能对市场的动向认真研究,对时代流行的特色进行探索、考证,谁就能不失时机地设计投放人们所希望的新产品,成为产品开发工作中的佼佼者。

13.1.4 织物设计方法

随着新纤维、新技术、新工艺、新设备的不断发展,纺织品包含的范围越来越广泛,各类纺织品的设计要求亦各不相同。为此,对纺织品设计进行分类,认识和研究各类纺织品设计的特性,以提高设计水平是十分必要的。

按产品的用途分类,有衣着用织物设计、装饰用织物设计和产业用织物设计三类;按原料及工艺加工分类,有棉与棉型织物设计、毛与毛型织物设计、丝与丝型织物设计和麻与麻型织物设计。

上述分类是按照设计的对象进行分类的,但是无论哪一类设计,就设计者采用的设计方法和设计产品的效果来看,都有仿制设计、改进设计和创新设计三种。

1. 仿制设计

根据需方(即用户,含贸易公司、厂商和消费者等)提出的要求,对织物来样进行仔细的分析和认真的研究,然后根据织物分析所获得的上机资料拟定织物设计规格,制定合理的工艺,生产出与来样的外观特征和内在质量基本相同的织物。

仿制设计(copy design)的根本目的是"仿",即要求设计生产出的织物与来样尽可能相同,形神兼备,直到需方认可为止。因此,仿制设计的重点在于对织物来样的准确分析和仿制生产工艺的正确判断。值得提醒的是,在仿制设计中也应注意体现仿制中有改进提高的精神,这是仿制不同于出土文物复制工作的一个重要方面。但这种改进应结合本企业、本地区的生产条件,并征得需方的同意与支持。

2. 改进设计

根据市场反馈回来的信息(用户与厂商的意见与要求),针对某一现有产品或传统产品存在的不足之处进行改进,使其适销对路,重放异彩;或根据产品系列配套的要求,在某一现有产品的基础上进行系列化设计,以丰富产品的类型,扩大适用性;或根据市场流行预测,有意识地对某一现有产品进行一个或几个织物要素的变化设计,以改善产品的外观或功能。改进设计面广量大,是促进产品外观与质量持续更新、臻于完善的主要方法。

改进设计(improvement design)的内容主要涵盖:(1) 调整纤维类别、经纬纱的线密度、并合根数、捻度与捻向、织物组织、经纬密度等结构要素,目的是改善织物外观效果与内在质量,简化生产工艺,降低生产成本,提高产品的性能价格比;(2) 进行织物系列化开发,实现质量、幅宽和原料等的配套设计;(3) 修改花纹图案的构图、花幅、表现手法及配色等,改善和增进产品的美感和艺术性。

3. 创新设计

设计者根据市场的需要及用途的要求,经过深刻构思,率先采用新原料、新工艺、新技术、新设备这四新中的一新或几新,设计制作出风格新、功能新的产品。广义地说,创新设计的品种,除了指前所未有的品种外,还应包括对现有品种作较大变化,使其风格迥异,具有新颖视觉、触觉效果或功能的品种。

创新设计(creative design)的构思通常来源于设计者在工作与生活实践中的某种启迪,这种启迪的基础是设计者广博知识与丰富阅历的积累,或是灵感一现,或是厚积薄发。归结起来,纺织品设计启迪主要来源有:(1) 从自然界万物的"宏观"或"微观"的形态及其变化中取得灵感,例如:天空的风云变幻、江河湖海的波涛水纹、田野山川的秀丽景色、花草树木的生长姿态、鱼虫禽兽的生机纹理等等;(2) 从美术、音乐、雕刻、刺绣、剪纸等姐妹艺术中产生灵感;(3) 从棉、毛、丝、麻、化纤织品之间的相互借鉴以及针织、编织、印染、刺绣、服装花边、抽纱等制品的风格中产生启迪,及时地移植,丰富设计思路;(4) 从对传统优秀品种的深入分析研究中,采集精华,进行再创作。

13.1.5 织物分析

如今企业的生产要按照市场的需求自主地设计开发新产品,更要不断地接受各方客户的来样以调整产品结构。因此,织物分析是绝不可忽视的工作。

织物分析(fabric analysis)是对现有织物样品的经、纬纱原料及线密度、并合根数、捻度捻向、色纱排列、组织结构、经纬密度、织物质量、生织与熟织等诸多内容进行的分析与判别、计算与推测,是设计者进行仿制设计必须掌握的基本技能,也是设计者走访市场、收集新品、积累设计素材的必备技能。

织物分析前,应首先计划好分析的项目和它们的先后顺序。分析过程中要求考虑周到,观察、测量细致,在满足分析的条件下尽量节省布样用料。

织物分析的一般项目和顺序如下:

取样→成品样与坯布样辨认→织物正、反面判别→织物经、纬向判别→织物经、纬纱密度测定→织物组织与色纱排列的分析→织物经、纬纱缩率测定→织物经、纬纱捻度、捻向、捻缩测定→织物经、纬纱的纤维原料认定→织物经、纬纱的线密度测算→织物质量测算→织物其他指标测定、织物技术计算与工艺推测。

织物分析的主要内容与一般步骤,详见数字内容 6 中的附录 2。

13.1.6 织物规格设计

进行织物设计时,根据织物用途、销售地区的风俗习惯、季节气候、流行趋势、使用对象等特点,先确定织物的品种大类及风格,然后再进行织物色彩和织物规格设计。织物规格设计包含成品规格设计和织造规格设计两部分内容。成品规格设计的主要内容为:原料选用、纱线设计、经纬密度设计、组织设计、织造与染整后处理工艺路线设计等。织造规格设计的主要内容为:钢筘设计、穿综设计、经轴安排、梭箱(选纬针)与投纬顺序设计、纹制工艺与装造设计、布边设计、织物上机图绘作及上机计算等。将上述内容用表格形式表示,即为织物规格表,由于棉、毛、丝、麻织物设计的要求不尽相同,规格表形式也有些区别,具体参见本章 13.2 至 13.5 节中各设计实例。

1. 原料选用

纺织原料种类众多,分为天然纤维和化学纤维两大类。天然纤维中的棉、毛、丝、麻被广泛地应用于织物的设计与生产之中；化学纤维中的黏胶、醋酸和铜氨等人造纤维以及涤纶、锦纶、腈纶、氨纶、丙纶等合成纤维，也被广泛地应用于织物的设计与生产之中；随着技术水平的不断提高，Modal、Tencel、Tactel 等新纤维悄然兴起，各种变形与功能性纤维如异形、中空、细旦、超细、复合、高收缩、三异、阻燃、抗起球、抗静电、抗菌消臭、表面微细坑穴（细孔凹凸）、易染、高吸湿等纤维的相继开发，为纺织新产品开发打下了良好的基础。原料选用时，在全面掌握各类纤维特点的基础上，根据纺织产品的用途要求、外观与功能特点、价格及使用对象，抓住关键因素，突出产品主要风格，合理地选择纺织原料，针对各种纤维特点采用纯织、混纺或交织方式，相互取长补短，力求优化组合。

2. 纱线设计

原料选定以后，根据织物外观、手感及质地的不同要求，进行纱线设计，其设计内容如下。

（1）纱线的类别与结构。纺织纱线分为短纤纱、长丝纱和特殊纱线。短纤纱可分为单纱、股线和绳索。长丝纱可分为单丝、复丝和加捻线，其中加捻线又可分为并捻线、股线、抱合线。若将加捻线进行合并加捻，可得到结构复杂的复合捻线。特殊纱线包含包芯纱、花式线、纸线等。包芯纱是以一种纤维为芯纱、另一种纤维为外包包缠而形成的纱线。如以氨纶为芯纱、外包棉纤维的棉氨包芯纱，既具有棉的穿着舒适，又有氨纶弹力和回弹性好的优点。又如以氨纶为芯纱、细旦锦纶长丝为外包纤维，其织物具有丝绒般的手感与光泽。花式线种类有雪尼尔线、金银线、竹节线、结子线、圈圈线、辫子线、蜈蚣线、拉毛线、彩点线、彩虹线、波形线、螺旋线等。合理使用花式线，能制织装饰效果很强的织物。

（2）纱线的线密度。纱线线密度的确定是织物规格设计的主要内容之一。纱线线密度的大小直接影响织物的物理机械性能、外观与手感。在织物规格设计中，经纬纱线密度的配置有三种形式：经纱线密度小于、等于或大于纬纱线密度，一般采用前面两种配置形式，且经纬纱线密度的差异不宜过大，否则会影响织物的结构及耐磨等服用性能。

（3）纱线的捻度、捻向。纱线加捻的目的：在一定范围内增强纱线的强度、耐磨度；增加织物经、纬纱的摩擦力，避免织物纰裂的发生；利用强捻纱线所产生的回缩力，使织物表面产生绉缩效果，或配合组织使强捻纱线沉在织物背后，表层纱线就会凸起，形成高花效应；使光泽变暗，与无捻纱线或不同捻向纱线结合可设计隐条隐格织物；手感爽硬，可设计仿麻织物。

纱线的捻向分 Z 捻和 S 捻。织物中经、纬纱捻向的不同配合，对织物的手感、光泽、表面纹路、厚度等都有一定的影响。

纱线的捻度、捻向与织物的强度、手感、外观密切相关，应根据织物要求合理设计纱线的捻度与捻向。

3. 织物结构参数设计

在原料选定、经纬纱线组合确定后，应进行织物结构设计，包含织物组织设计和织物经、纬密度设计。

（1）织物组织设计。织物组织设计是织物设计中的重要组成部分，恰当与否直接影响织物的外观、手感及性能。进行组织设计时，应综合考虑纤维原料、纱线线密度、经纬密度及纱线排列等因素，以取得最佳的综合效果；应考虑生产条件，如织机类型、综片数、纹针数、选纬针数（梭箱数）等；利用各类组织设计的基本规律与形式变化法则，设计出体现织物风格特征的新颖组织。

（2）织物经、纬密度设计。经纬密度与织物用途、所用原料、经纬纱线密度、捻度、组织结构等因素密切相关,织物经、纬密度的确定主要有下列三种方法,但不论使用哪种方法,都应通过生产试织来修定经、纬密度。

①理论计算法。根据外观及质地要求,先确定织物紧度,再按紧度计算公式求出织物的经、纬密度。

②经验公式法。毛织物可采用 Brierley 公式来计算织物的上机经、纬密度。

③等紧度设计法。若新设计织物的组织和紧度与某被仿织物相同,则可利用等紧度设计法求出新设计织物的经、纬密度,计算公式如下:

$$E_j = P_j d_j, \ E_{j1} = P_{j1} d_{j1}$$

设 $E_j = E_{j1}$,则 $P_j d_j = P_{j1} d_{j1}$

又

$$d_j = Y_j \sqrt{T_{tj}}, \ d_{j1} = Y_{j1} \sqrt{T_{tj1}}$$

得

$$P_{j1} = \frac{P_j Y_j \sqrt{T_{tj}}}{Y_{j1} \sqrt{T_{tj1}}}$$

同理得

$$P_{w1} = \frac{P_w Y_w \sqrt{T_{tw}}}{Y_{w1} \sqrt{T_{tw1}}}$$

式中:E_j、E_{j1}——被仿制织物、新设计织物的经向紧度(%);

E_w、E_{w1}——被仿制织物、新设计织物的纬向紧度(%);

P_j、P_{j1}——被仿织物、新设计织物的经纱密度(根/10 cm);

P_w、P_{w1}——被仿织物、新设计织物的纬纱密度(根/10 cm);

T_{tj}、T_{tj1}——被仿织物、新设计织物的经纱线密度(tex);

T_{tw}、T_{tw1}——被仿织物、新设计织物的纬纱线密度(tex);

Y_j、Y_{j1}——被仿织物、新设计织物的经纱直径系数;

Y_w、Y_{w1}——被仿织物、新设计织物的纬纱直径系数。

④相似织物设计方法。两块织物的原料和组织相同,但织物平方米质量要求不同,为使新织物的手感、质地、风格与原已知织物相仿,可采用相似织物设计法。它们的平方米质量、密度与纱线的线密度关系如下:

$$\frac{G}{G_1} = \frac{P_{j1}}{P_j} = \frac{\sqrt{T_{tj}}}{\sqrt{T_{tj1}}}, \text{则} \ P_{j1} = \frac{G P_j}{G_1} = \frac{\sqrt{T_{tj}}}{\sqrt{T_{tj1}}} P_j$$

$$\frac{G}{G_1} = \frac{P_{w1}}{P_w} = \frac{\sqrt{T_{tw}}}{\sqrt{T_{tw1}}}, \text{则} \ P_{w1} = \frac{G P_w}{G_1} = \frac{\sqrt{T_{tw}}}{\sqrt{T_{tw1}}} P_w$$

如果相似织物的纱线原料不同或纺纱方法不同,其纱线直径系数分别为 Y_d 和 Y_{d1},则计算式如下:

$$\frac{G}{G_1} = \frac{P_{j1}}{P_j} = \frac{Y_d \sqrt{T_{tj}}}{Y_{d1} \sqrt{T_{tj1}}}, \frac{G}{G_1} = \frac{P_{w1}}{P_w} = \frac{Y_d \sqrt{T_{tw}}}{Y_{d1} \sqrt{T_{tw1}}}$$

式中:G、G_1——被仿织物、新设计织物的平方米质量(g/m²);

P_j、P_{j1}、P_w、P_{w1}、T_{tj}、T_{tj1}、T_{tw}、T_{tw1} 的含义同前。

4. 织造规格设计与计算(参见数字内容 6 中的附录 3)

5. 布边设计

布边由小边与大边两部分组成,小边在织物的最外侧,大边在小边与正身之间。

（1）布边的作用与要求。布边应坚牢,外观平整,缩率与正身一致,利于织造和印染后整理加工的进行。

（2）布边经纱选择。由于布边在织造、后整理中所承受的机械摩擦力比布身要大得多,故布边经纱应选用布身中强度高、耐磨性好的一组经纱为原料,并注意保持布边与布身的收缩性一致。

（3）布边的宽度与密度。在保证布边作用的前提下,布边宽度以窄为宜。布边的宽度一般为正身幅宽的 0.5%～1.5%,在 0.5～2 cm。

为使布边平挺,布边经密应略大于正身经密或与正身经密相同。对于高经密高紧度的织物,布边经密与正身经密相同;对于低经密低紧度的织物,布边经密比正身经密可提高 30%～50%,甚至 100%;对于一般织物,布边经密与正身经密相同或提高 10%～20%。

（4）布边组织。小边组织采用绞边纱罗组织(无梭织机)或平纹、经重平(有梭织机)。大边组织根据经纬纱的线密度、经纬密度、织物组织等因素不同,分别采用平纹和 $\frac{2}{2}$ 或 $\frac{3}{3}$ 等经重平、纬重平、方平等组织。

（5）边组织的上机。当布边经纱的运动规律与布身经纱相同时,可采用布身的综框来制织布边;当布边经纱的运动规律与布身经纱不同时,采用 2～4 片综框来制织布边。一般情况下,布边筘号与布身筘号相同,此时由于布边经密一般等于或大于布身经密,故边纱筘穿入数等于或稍大于布身筘穿入数;当布身织物经密较大时,为使边筘齿在边经的压力下不易变形,边筘齿片应比布身厚实,故边筘号一般控制在 16 齿/cm 以内,此时可增加边纱筘穿入数来保证布边经密。

6. 纺织与染整后处理加工技术

（1）纺纱与织造加工技术。纺织加工主要有纱线加工和织造加工两部分。纺纱加工是根据织物的风格要求,设计纱线的线密度、捻度及捻向,通过合理的加工方法、加工设备,将纤维加工成所需的纱线。如棉纺中的精梳纱线和普梳纱线,毛纺中的精梳纱线、粗梳纱线和半精梳纱线,此外,还有气流纺、静电纺、自捻纺、包缠纺、摩擦纺等新型纺纱线。织造加工是形成织物的主要加工工序,不同的产品需要不同的织造设备及不同的工艺参数。如提花织物需用提花机,起绒织物(如漳绒)要用起绒杆,毛巾织物需要特殊的打纬机构,采用带有升降的扇形筘就可织出经向有波浪形花纹的织物。还有精细的丝织机、狭小的织带机、宽大的地毯织机等,均可形成不同品种的织物。

（2）后整理工艺。织物的后整理加工技术可分为机械后整理加工与化学后整理加工,经过不同后整理加工的织物,其外观、手感等会有很大的不同。不同纤维、不同用途的织物其后整理加工要求也各不相同。织物常用的机械后整理加工有:割绒、拉绒、缩呢、剪花、剪毛、热压拷花(轧花)、烧毛、磨毛、拉幅等。织物的化学后整理加工有常规后整理与特种后整理,常规后整理有:练漂、染色、印花等;特种后整理有:丝光、热定形、喷花、烂花、涂层、增重、硬挺、柔软、砂洗、水洗、防缩、防皱、抗静电、抗微波辐射、抗紫外线、防水、防污、防蛀、阻燃、抗菌等。

13.2　棉色织物设计

纱线先经染色等方法处理再进行织造而成的织物为色织物(yarn dyed fabric)。色织物又分为纯色织物和多色织物两大类。这里所说的色织物主要是指后者。

棉织物中色织物的品种繁多,花纹及规格变化也很复杂。不仅织物组织、结构对织物有重要影响,色彩也是影响织物外观风格的重要因素。所谓"远看颜色近看花",织物只有配以适当的色彩,才能更充分地体现其风格,才能被人们乐于接受。由于色织物的经、纬纱线可能是由数种不同颜色或结构的纱线构成,色织物的设计与一般白坯或单色织物有很大区别。色织物的色彩配合主要表现为各种色纱所形成的色彩对比与变化。下面将着重讨论棉型色织物的产品特点及其设计方法。

13.2.1 色织物设计概述

织物的色彩应随其用途、性质及流行趋势的变化而不同,织物的色彩设计是织物设计的一个重要内容。

1. 织物配色的原则

(1)产品的用途及当前的流行色。色织物的适用面广,可以是衣用或装饰用,可以仿丝绸或仿呢绒。配色应根据织物使用对象所在的民族、地区、城乡、习惯、性别、年龄、季节等不同要求而有所不同,还要注意当前的流行色及服装款式的变化趋势。

(2)颜色的主次。一款配色中要有一个主调,它是该织物的主色。一般来说,主色的面积大,选用色相的纯度不宜太高;陪衬色起衬托作用,不能喧宾夺主;点缀色用量很少,常选用明度、纯度都很高的颜色。

(3)颜色的层次变化。层次使织物富有立体感,使人们感到和谐、有条理,否则会产生杂乱无章的感觉。

2. 织物配色的方法

(1)同种色。使用同种色(姐妹色)的织物产品颜色比较协调。但使用时应注意各色之间要有较大的明度或纯度差,否则会含混不清。

(2)同类色。因各色含有相同的色相成分,配色时容易调和。使用时也应注意明度与纯度的差异,以使颜色清晰。

(3)对比色。色轮上相差120°的颜色。使用对比色的织物配色鲜明。但配色时应注意调和,可降低一种色的纯度,以避免对比过强。

(4)互补色。色轮上相差180°的颜色。互补色对比强烈,配色时,若能保持相互间的明度或纯度差或者面积差,也会达到调和效果。

(5)无彩色。无彩色指彩度很小,接近于0的颜色,又称调和色,常见的有金、银、黑、白、灰。在色彩搭配中加入无彩色,比较容易达到调和效果。尤其是对于对比色或互补色,其色彩对比比较强烈,视觉冲击力强,加入无彩色可以使色彩之间界限更加分明,配色更加协调、统一。

3. 劈花

确定经纱配色循环的起点位置称为劈花。劈花的目的在于合理安排各花在整个布幅上的位置。劈花位置的选择对织物的整体外观、使用时的拼花、织造及后整理都有很大的影响。劈花时应遵循以下原则:

(1)花纹完整型要求较高的品种,如床单布、女线呢等,劈花应尽量做到使全幅花数为整数,以便于拼花。

(2)花纹较大的产品,应选择色泽较浅、宽度较宽的位置劈花,并尽可能使两边的花纹及色经排列对称,使织物美观,便于拼幅和拼花。

(3)劈花应选择在组织较紧密的条纹处,缎条、提花、起泡及网目等松结构组织不能作为花纹的起点,应距离布边1.5～2 cm,以免织造时边部经纱开口不清或在织造和后整理时出现破边。

(4)劈花时应避开花式线、弹力纱等。

(5)劈花时注意各部分对穿筘的要求,以整筘齿为单元。

在劈花过程中,为了使总经根数和筘幅控制在一定的范围内,并使劈花合理,尽量减少整经时加头或减头。为此,常常需要对经纱排列做出调整。调整后,每花经纱数、每花筘齿数,甚至总经根数、边纱根数等,均可能有所变动。

4. 色纱排列

色织物设计要确定花纹配色循环和全幅花数。根据产品的花型与配色要求,做出色经、色纬的排列顺序。色纱的排列在满足花型和配色的前提下,要注意实际生产的可操作性,以减少生产的难度,保证产品质量。

色经排列要方便整经排花、穿筘。各色纱线的根数最好与所织的织物组织成简单的倍数关系,并注意劈花的要求。

在确定色纱排列时,还要注意花式纱、金银丝等不能大量使用或集中在一起,以免给织造带来麻烦。

5. 花筘

经纱按不同的组织形成条状花纹,在色织物中占有很大的比例。此时,因各种组织的经纱排列密度不同,各部位必须采用不同的穿筘入数。这种在同一筘幅中每筘齿采用不同穿入数的穿筘方式被称为花筘穿法。

经纱采用花筘穿法时,每花筘齿数等于各部分筘齿数之和,各部分筘齿数要分别计算。

花筘穿法时筘号的计算与一般织物不同,常用的方法有两种。

(1)第一种方法。仍采用一般计算筘号的公式,即:

$$筘号(齿/10\ cm)=坯布经纱密度(1-纬纱织缩率\%)/每筘穿入数$$

此时,每筘穿入数=每筘平均穿入数

$$=\frac{甲经穿筘数\times甲经穿筘次数+乙经穿筘数\times乙经穿筘次数}{每花筘齿数}$$

(2)第二种方法。$筘号(齿/10\ cm)=每花筘齿数\times100/每花筘幅(mm)$

$$每花筘幅(mm)=\frac{成布每花宽度(mm)}{(1-纬纱织缩率\%)\times(1-染整幅缩率\%)}$$

13.2.2 色织棉缎条提花府绸织物的设计

1. 产品规格

本产品为纯棉色织缎条提花府绸,主要用作衬衫面料。府绸是高经密平纹类织物,其经向紧度E_j大,为61%～80%;纬向紧度E_w较小,为35%～50%;经纬向紧度之比约5:3。本产品经纱为14 tex×2股线,纬纱为21 tex单纱,初定$E_j=70\%$,$E_w=45\%$,棉纱直径系数$Y=0.037$,则

$$E_j=YP_j\sqrt{T_t},得\ P_j=70/(0.037\times\sqrt{14\times2})=357.6\ 根/10\ cm$$

$$E_w=YP_w\sqrt{T_t},得\ P_w=45/(0.037\times\sqrt{21})=265.5(根/10\ cm)$$

考虑到纵条花纹的宽度及纱线根数的确定,取 $P_j = 355.5$ 根/10 cm,$P_w = 265.5$ 根/10 cm,此时 $E_j = 69.58\%$,$E_w = 44.99\%$。其主要产品规格及有关参数见表 13-1。

表 13-1 色织棉缎条提花府绸设计规格

项目	设计值	项目	设计值
成品幅宽	122 cm	染整幅缩率	6.24%
经 纱	棉 14×2 tex(色)	经纱织缩率	10.36%
纬 纱	棉 21 tex(色)	纬纱织缩率	4.6%
经 密	355.5 根/10 cm	总经根数	4326,其中边经 32
纬 密	265.5 根/10 cm	全幅花数	22 花余 70 根

2. 模纹图

该产品的配色、各条的宽度、经纱根数等如图 13-1 所示。本产品为纯棉织物,经纱为股线,纬纱是单纱。织物组织采用平纹、平纹地经起花、4 枚经面变则缎纹和透孔组织等,每花宽度为 54 mm,每花经纱根数为 192。

白	白1 褐1	白	红	白	红	白	白1 褐1	白	白
14 mm	4 mm	5.25 mm	2 mm	3.5 mm	2 mm	5.25 mm	4 mm	7 mm	7 mm
48 根	各 8 根 共 16 根	18 根	8 根	12 根	8 根	18 根	各 8 根 共 16 根	24 根	24 根
平纹	平纹地 经起花	平纹	缎条	平纹	缎条	平纹	平纹地 经起花	平纹	透孔

劈花位置

图 13-1 色织棉缎条提花府绸模纹图

因各条的经密不同,需分别进行计算:

每花平均经密=每花经纱数/每花宽度=192×100/54=355.5 根/10 cm

平纹地经密=最宽平纹条经纱数/最宽平纹条宽度=48×100/14=342 根/10 cm

起花条经密=经起花条经纱数/起花条宽度=16×100/4=400 根/10 cm

缎条经密=缎条经纱数/缎条宽度=8×100/2=400 根/10 cm

透孔经密=透孔经纱数/透孔宽度=24×100/7=342 根/10 cm

3. 核算地部紧度

因本产品属平纹地经起花组织,地部的经密小于织物的平均经密。为保证地部仍具有府绸的织物风格,需核算地部的经向紧度。

$$E_{j地} = YP_{j地}\sqrt{T_t} = 0.037 \times 342 \times \sqrt{14 \times 2} = 66.94\%(大于 61\%,符合要求)$$

4. 确定每筘穿入数、每花筘齿数

因本织物各条的密度不一,穿筘需采用花筘穿法。在全幅用同一筘号的前提下,各条的经密和各条的穿入数应成正比,所以:

甲条经密/乙条经密=甲条每筘穿入数/乙条每筘穿入数

即:

平纹地经密/经起花处的经密=342/400=3/4

平纹地经密/缎条的经密=342/400=3/4

平纹地经密/透孔的经密=342/342=3/3

故平纹采用每筘 3 穿入,经起花条、缎条每筘 4 穿入,透孔条每筘 3 穿入。

每花筘齿数及每条筘齿数:

$$每条筘齿数＝每条经纱数/每条筘穿入数$$

经计算,模纹图中各条的筘齿数分别为 16、4、6、2、4、2、6、4、8、8,每花筘齿数为 60。

5. 缩率的确定

根据同类产品,初定经纱织缩率为 10.36%,纬纱织缩率为 4.6%,织造下机缩率为 3%,染整幅缩率为 6.24%,后整理伸长率为 1%。

6. 计算筘号

$$筘号＝每花筘齿数×100/每花筘幅$$

$$每花筘幅＝成布每花宽度/[(1－纬纱织缩率\%)×(1－染整幅缩率\%)]$$
$$＝54/[(1－4.6\%)×(1－6.24\%)]＝60.37 \ mm$$
$$筘号＝60×100/60.37＝99.38,取 99 齿/10 \ cm$$

7. 坯布幅宽

$$坯布幅宽＝成品幅宽/(1－染整幅缩率\%)＝122/(1－6.24\%)＝130.1 \ cm$$

8. 筘幅

$$筘幅＝坯布幅宽/(1－纬纱织缩率\%)＝130.1/(1－4.6\%)＝136.37 \ cm$$

9. 全幅筘齿数

$$全幅筘齿数＝筘幅×筘号/10＝136.37×99 /10＝1 350.1 齿$$

考虑到筘齿数必须是整数及平纹地组织,取 1350 齿。

10. 确定边经根数及边经筘齿数

布边采用 $\frac{2}{2}$ 纬重平组织,边纱根数取 32 根,每边 16 根,4 穿入,边筘齿为 8 个筘齿。

11. 全幅花数

$$全幅花数＝(全幅筘齿数－边纱筘齿数)/每花筘齿数＝(1350－8)/60＝22 花余 22 齿$$

12. 劈花

根据劈花的原则及本产品的具体情况,劈花的位置选择在白色平纹最宽的条子中,多余的 22 筘齿排在最后,劈花位置:

白	白1褐1	白	红	白	红	白	白1褐1	白	白	白	白	白1褐1	白
36	共16根	18	8	12	8	18	共16根	24	24	12	36	共16根	18
平纹	经起花	平纹	缎条	平纹	缎条	平纹	经起花	平纹	透孔	平纹	平纹	经起花	平纹
12齿	4	6	2	4	2	6	4	8	8	4	12	4	6

22花

零花70根,22筘齿

13. 总经根数

$$总经根数＝每花经纱数×全幅花数＋零花经纱数＋边纱数＝192×22＋70＋32＝4326$$

14. 纹板图

纹板图见表 13-2,共 14 片综,每花纬纱数为 36 根。

15. 穿综穿筘

穿综穿筘见表 13-2,表中的数字表示经纱穿入的综框数,这些数字的下划线表示穿入这些综框的经纱穿入同一筘齿。

16. 填织物设计规格表

见表 13-2。

表 13-2 织物设计规格表

产品名称:色织棉缎条提花府绸　设计编号:　　　　　　　　　　　　　年　月　日

				纹　板　图
成品规格	线密度	经　纱(tex)	棉 14×2(色)	
		纬　纱(tex)	棉 21(色)	
	密度	经密(根/10 cm)	355.5	
		纬密(根/10 cm)	265.5	
	紧度	经向紧度(%)	69.58	
		纬向紧度(%)	44.99	
	幅　　宽(cm)		122	
	匹　　长(m)		40	
	织 物 组 织		平纹地经起花	
织造规格	筘号(齿/10 cm)		99	
	筘　幅(cm)		136.37	
	筘　穿　数		3/4	
	总 经 根 数		4326	
	经纱缩率(%)		10.36	用综 14 片
	纬纱缩率(%)		4.6	

经纱排列及穿综、穿筘			
名　　称	色经排列	织物组织	穿综 、穿筘方式
左　边	白 16	$\frac{2}{2}$ 纬重平	1 1 2 2　3 3 4 4　1 1 2 2　3 3 4 4

名　称	色经排列	织物组织	穿综、穿筘方式
布身全幅 22 整花,每 花 192 根	白 36	平纹	1 2 3　4 1 2　3 4 1　2 3 4　3 次
	白 1,褐 1,共 8 次	平纹地经起花	1 11 2 12　3 13 4 14　1 14 2 13　3 12 4 11
	白 18	平纹	1 2 3　4 1 2　3 4 1　2 3 4　1 2 3　4 1 2
	红 8	4 枚变则缎纹	7 9 8 10　7 9 8 10
	白 12	平纹	3 4 1　2 3 4　1 2 3　4 1 2
	红 8	4 枚变则缎纹	7 9 8 10　7 9 8 10
	白 18	平纹	3 4 1　2 3 4　1 2 3　4 1 2　3 4 1　2 3 4
	白 1,褐 1,共 8 次	平纹地经起花	1 11 2 12　3 13 4 14　1 14 2 13　3 12 4 11
	白 24	平纹	1 2 3　4 1 2　3 4 1　2 3 4　1 2 3　4 1 2　3 4 1　2 3 4
	白 24	透孔	1 6 1　2 5 2　1 6 1　2 5 2　1 6 1　2 5 2
	白 12	平纹	1 2 3　4 1 2　3 4 1　2 3 4

零　花	白 36 白 1、褐 1，共 8 次 白 18	平纹 平纹地经起花 平纹	<u>1 2 3</u>　<u>4 1 2</u>　<u>3 4 1</u>　<u>2 3 4</u>　3 次 <u>1 11 2 12</u>　<u>3 13 4 14</u>　<u>1 14 2 13</u>　<u>3 12 4 11</u> <u>1 2 3</u>　<u>4 1 2</u>　<u>3 4 1</u>　<u>2 3 4</u>　<u>1 2 3</u>　<u>4 1 2</u>
右　边	白 16	$\frac{2}{2}$纬重平	<u>1 1 2 2</u>　<u>3 3 4 4</u>　<u>1 1 2 2</u>　<u>3 3 4 4</u>
纬 纱 排 列			
花	白 36		

设计者　＿＿＿＿＿＿

13.3　毛织物设计

13.3.1　毛织物设计概述

　　毛织物(wool fabric)是用羊毛为主要原料成分并经过纺织染整等工序加工所制成的纺织品，习惯上又称呢绒。毛织物通常可以分为纯纺、混纺和化纤仿毛三类。纯毛织物是指利用绵羊毛织成的各种毛织物，有时还可以包括混入一定成分的兔毛、山羊绒、马海毛、驼毛、牦牛毛等动物毛，为了便于纺织或改进织物性能，混入少量棉花或合成纤维的毛织物，都属于纯毛织物。混纺毛织物是指利用绵羊毛和一种或几种化学纤维按不同比例进行混纺后织成的毛织物。纯化纤仿毛织物是指利用一种或几种毛型化学纤维在毛染整设备上加工制成的具有仿毛织物风格的织物。毛织物按生产工艺流程不同可以分为精纺毛织物和粗纺毛织物。精纺毛织物(worsted goods)是用精梳毛纱织制的，所用原料纤维较长而细，梳理平直，纤维在纱线中排列整齐，纱线结构紧密。精纺毛纱线密度较低，通常选用 33.3 tex×2～12.5 tex×2 股线，最粗可用 50 tex×2 毛纱，最细用至 8.3 tex×2 毛纱。精纺毛织物表面光洁，织纹清晰，多数品种需经过烧毛、电压等处理，以改进织物的外观质量，主要有哔叽、华达呢、花呢、凡立丁、啥味呢、贡呢、驼丝锦、凉爽呢等品种。粗纺毛织物(woolen goods)是由粗梳毛纱织制的。因纤维经梳毛机后直接纺纱，纱线中纤维排列不甚整齐，结构膨松，外观多绒毛。粗梳毛纱所用原料长度较短，毛纱较粗，一般在 50 tex 以下，多采用单纱织造。粗纺毛织物较厚重，大多数品种需经缩绒、起毛处理，使织物表面被一层绒毛覆盖，主要有麦尔登、大衣呢、海军呢、海力斯、女式呢、法兰绒、粗花呢等品种。

　　毛织物的风格涵盖织物的呢面、光泽、花型、品种、手感等多种效应。织物的呢面是织物花型、织纹、颜色、绒毛等表面状态的总称，可分为纹面、呢面、绒面三种。纹面织物表面织纹清晰，均匀洁净，无绒毛；呢面织物表面被毡状短绒所覆盖，绒毛较紧密，织纹模糊；绒面织物表面被绒毛所覆盖，绒毛较长，有的顺一个方向倒伏，掩盖织纹。毛织物要求色光油亮，不暗淡，光泽自然柔和，不刺眼，忌黄光。毛织物手感以柔韧丰满、身骨结实、滑糯活络、弹性足为好，要求不粗糙板硬,不黏滞涩手,更不松烂无骨。

　　毛织物的设计主要包括两个方面,即决定织物内在性能的结构设计与决定织物上机装造的工艺设计及其有关的计算。这两者之间既有密切的关系,又有一定的区别。

　　毛织物的结构设计主要有两种方法:经验密度设计法和紧度系数设计法。前者主要用于粗纺产品的设计及仿样设计等,后者主要用于精纺产品的设计,也可用于粗纺产品的设计。粗纺产品的设计习惯于从上机密度推算到成品规格,即先计算出呢坯上机最大经、纬密度,然后根据不同产品的具体风格要求选择充实率,确定上机密度;确定上机密度之后再选择缩率,进行有关规格计算,最后获得成品规格。而精纺产品的设计是以成品规格为基础,然后根据染整缩率和织造缩率逐步推算到上机密度。

　　下机的毛织物坯布没有直接的实用价值,必须通过一系列整理工艺,才能使其成为光洁平整、织纹清晰、光泽自然、手感丰满且滑、挺、爽的精纺毛织物,或成为紧密厚实、富有弹性、手感柔顺滑糯、表面绒毛整齐、光泽好的粗纺毛织物。因此,毛织物设计应着重注意染整缩率、染整重耗、呢坯密度充实率、整理工艺等的选择。

　　1. 染整缩率

　　由于毛织物在后加工中经洗、缩、蒸、煮、烘等工序处理,使构成织物的纤维内部承受的应力、外部的摩擦力和其他外力发生变化,因而引起织物尺寸的变化。染整缩率和织物的原料成分、经纬密度及染整工艺等因素有关。一般情况下,全毛产品染缩较大,毛粘产品次之,毛涤产品较小;匹染产品染缩大,条染产品染缩小;粗纺产品的染缩比精纺产品大,如精纺全毛派力司,染整幅缩率为 2%,染整长缩率为 7.2%,而粗纺重缩绒产品麦尔登,染整幅缩大,长缩高达 25%～30%。

　　2. 染整重耗

　　由于染整过程中经烧毛、洗呢、缩呢、剪毛等工序处理,使织物中纤维有所损失,而且织物的含油、回潮也发生变化,因而染整后质量减轻。一般精纺产品染整重耗较小,约为 1.5%～5%;而粗纺产品的染整重耗较大,如麦尔登的染整重耗为 5%～10%;缩绒后重起毛产品拷花大衣呢的染整重耗最大,达 17%～23%。染整缩率、重耗的选择可参考同类产品。

　　3. 呢坯密度充实率

　　粗纺毛织物的充实率是指实际上机密度与最大理论密度之比,用百分率表示。它在毛织物中一般只用于衡量呢坯的上机紧密程度,称为上机充实率。

　　用 Brierley 经验公式计算出来的工艺密度是理论的上机最大密度。一般情况下,实际的上机密度必须小于理论的上机最大密度,以保证织造的顺利进行和成品的质量。实际上机经、纬密度越小,充实率越小,说明该织物的结构越松;反之,充实率越大,说明该织物的结构越紧密。充实率超过 100%,将给织造带来困难。根据粗纺产品织物密度相差很大的特点以及缩绒与不缩绒的差别,呢坯上机密度可分为特密、紧密、适中(偏紧、偏松)、较松以及特松等六种,现结合产品要求分别列出充实率选用范围,见表 13-3。

　　选择充实率时应注意:

　　(1)大部分粗纺缩绒产品的呢坯上机密度,都在"适中"的范围内。但对具体品种而言,海军呢、大众呢、学生呢、大衣呢,可取"适中偏紧";法兰绒及粗花呢,深色的宜"偏紧",中浅色宜"偏松";海力斯、女式呢可"偏松"掌握。

　　(2)一般缩呢产品,经充实率比纬充实率大 1%～15%,以大 5%～10% 较普遍。但轻缩绒急斜纹露纹织物,经充实率大于纬充实率20%左右。若单层起毛产品,则纬充实率比经充实率大5%以上为宜。选择经、纬向充实率时,可先选出经、纬平均充实率,再分别定出经、纬向充实率。如海军呢,选定经、纬平均充实率82%,然后定出经充实率85%,纬充实率79%,经、纬相差6%。

表 13-3　呢坯上机密度充实率

织物紧密程度		充实率	品　　　　　种
特　　密		95.0%以上	平纹合股花呢,精经粗纬与棉经毛纬产品
紧　　密		85.1%～95.0%	麦尔登、紧密的海军呢、大众呢与大衣呢、细支平素女式呢、平纹法兰绒与细支花呢
适中	偏紧	80.1%～85.0%	制服呢、学生呢、海军呢、大众呢、大衣呢、法兰绒、海力斯、粗花呢、女式呢
	偏松	75.1%～80.0%	
较　　松		65.1%～75.0%	花式女式呢、花式大衣呢、较松粗花呢、粗支花呢
特　　松		65.0%	松结构女式呢、空松织物

4. 整理工艺

整理工艺与产品特征、风格和品质有密切关系,在产品设计时必须同时考虑整理工艺。毛织物品种很多,各种织物在组织结构、呢面状态、风格特征、用途以及原料等方面存在差异,因此,整理加工的工艺和要求也不一样。精纺毛织物的整理主要有烧毛、煮呢、洗呢、剪毛、蒸呢以及电压等。粗纺毛织物的整理主要有缩呢、洗呢、剪毛及蒸呢等。织物品种不同,整理的侧重点也不同,如纹面织物,不经过缩绒和拉毛工序,重点放在洗呢、烫呢及蒸呢工序上;呢面织物必须经过缩绒或重缩绒,然后烫蒸定形;绒面织物要经过缩绒与起毛,并需反复拉毛、剪毛多次,使成品具有立绒绒面(织物表面绒毛细密直立)或顺毛绒面(织物表面绒毛密而顺伏)的风格。

13.3.2　粗纺毛织物——维罗呢的设计

1. 维罗呢的基本特征

一般用细支羊毛织成,经过强缩绒、起毛和剪毛整理。维罗呢具有呢面丰满、绒毛密立、毛感强、手感柔软、舒适且有弹性、色泽鲜艳、光泽柔和等特点,产品富有高档感。

2. 原料选择和原料配比

(1)维罗呢系列产品属中档产品,成品要求轻软,但手感不烂,织物紧度偏大,纱线线密度偏低,因此在原料的选择上,要考虑纤维的细度、长度及它们的离散情况,以适应纺纱的需要。但是选用过于细软的羊毛,起毛后绒毛不易密立,会影响成品的外观。

(2)原料配比的选择,既要考虑产品的外观风格和纺纱的需要,又要考虑品种的色泽及经济效益。混入一定量的短毛,可以使呢面绒毛更加丰满、密集。根据色泽的要求,凡是可用国毛代替外毛的就用国毛,以降低成本。

3. 毛纱的线密度设计

维罗呢要求其呢面丰满、细洁,手感不烂,进行产品规格设计时,以采用低线密度的纱线为宜。维罗呢常用毛纱的线密度为71.4～125 tex,经纱83.3～143 tex,纬纱67～91 tex。在设计毛纱规格时,应控制在原料可纺性能许可条件下,当毛纱断头率不高时,尽可能纺较细的纱线。

例1 混纺维罗呢的原料选用一级改良毛35%、15.6 tex 国毛36%、0.56 tex 黏胶纤维29%,求其可纺线密度。

一级改良毛的可纺线密度为71.4 tex,15.6 tex 国毛的可纺线密度为58.8 tex,0.56 tex 黏胶纤维的可纺线密度为50 tex,其混合原料的可纺线密度:

$$71.4×35\% +58.8×36\%+50×29\%≈60.6 \text{ tex}$$

产品设计时,对毛纱线密度的确定不宜低于以上计算所得的混合原料的可纺线密度,以免条干不匀、强力下降、断头增加,必须适当留有余地,一般毛纱线密度的设计值为计算值的1.1~1.4倍,故上述毛纱的线密度可选择72.2 tex。

4. 织物组织的确定

维罗呢产品重点在后整理上,后整理的重点在拉毛上,所以组织的确定要有利于拉毛,但又要考虑到织物的身骨。织物的起毛主要是纬纱起毛,所以在组织中纬浮较长的起毛效果好。常用的织物组织有 $\frac{5}{2}$ 纬面缎纹、6枚不规则缎纹、$\frac{2}{2}$ 破斜纹、$\frac{2}{2}$ 斜纹、$\frac{1}{3}$ 破斜纹等。

5. 经纬密度的确定

维罗呢的上机经、纬纱密度不能太稀,因为密度较稀的织坯,缩绒虽快,但绒面不及经纬密度较大的织坯好,因此,经纬密度可掌握稍大些。根据织物不同的风格特征,维罗呢的上机密度充实率可在70%~90%范围内选择。

例2 混纺维罗呢,83.3tex混纺毛纱,$\frac{2}{2}$ 破斜纹,求呢坯上机密度。

因维罗呢为单层毛织品,紧密程度要求适中偏松,故选定经充实率为76%,纬充实率为81%,而83.3 tex 毛纱、破斜纹的最大密度为185根/10 cm,因此,呢坯上机经密为185×76%=140根/10 cm,上机纬密为185×81%=150根/10 cm。

6. 染整工艺

由于维罗呢的原料组分、织物规格以及成品的质量要求各有不同,其染整工艺也是多种多样的。即使采用同样的染整工艺流程,其具体操作方法以及洗缩等工艺条件如有不同,也会使成品质量发生较大的差异。因此维罗呢的染整工艺,必须根据质量要求和呢坯的具体情况决定,才能取得良好的效果。

维罗呢的染整工艺流程:生修→复验→缝袋→缩呢→湿检→洗呢→脱水→(染色)→烘干→烫边→熟修→起毛→刷毛→剪毛→起毛→剪毛→蒸刷→成品检验→入库。

后整理的重点工序为缩呢、起毛和剪毛。维罗呢的缩呢是一个重要工序,缩呢的程度影响产品风格,过度的缩呢,使纤维交叉纠缠过紧,妨碍起毛的进行,绒毛不易拉出,增加了起毛的难度,呢面手感板硬;但缩呢不足,使结构偏松,底绒减少,不易拉成短密的绒毛,特别在毛纱捻度较小的情况下,造成织物强力下降,一般选择中等偏松的缩呢程度。起毛是利用针尖,将织物表面的纤维拉出,使织物丰厚,柔软,保暖性增加。根据维罗呢的特点,需起出直立的短毛,采用多次重复起剪,起出的毛绒经剪毛后,再起再剪,形成密立短齐的绒毛。剪毛要求将表面的长短不齐的绒毛分次剪齐,使绒面平整、美观。要使剪毛平齐,除了刀口锋利外,还可采取以下措施:(1) 将剪毛机上的刷毛辊改用钢丝板刷,以充分刷顺绒毛,通过剪毛后剪得更齐;(2)调节好吸风装置,使剪刀口处有一个较大的负压,促使绒毛竖起;(3)增加静电消除器,减少由于静电作用引起的绒毛吸附在呢面上的现象。

7. 四种维罗呢产品的主要规格

见表 13-4。

表 13-4　四种维罗呢产品的主要规格

项目		混纺维罗呢 1	混纺维罗呢 2	混纺维罗呢 3	混纺维罗呢 4
原料组成(%)		毛 90 锦纶 10	毛 80 锦纶 20	毛 55 粘纤 45	毛 60 粘纤 30 涤纶 10
经纬纱线密度(tex)		100×100	111.1×111.1	105.3×105.3	83.3×83.2×2
经纬密度 (根/10 cm)	上机	140×137	148×130	132×124	150×130
	织坯	149×146	157×138	141×132	160×139
	成品	169×149	170×146	165×139	182×145
幅宽(cm)	筘幅	181	172	188	180
	坯幅	170	162	176	169
	成品	150	150	150	150
每米质量(g/m)	织坯	533	564	538	655
	成品	500	540	510	630
净长率(%)	织造	94.0	94.0	94.0	94.0
	染整	98.0	94.0	95.0	96.0
	总净长率	92.1	88.4	89.3	90.2
净宽率(%)	织造	94.0	94.0	94.0	94.0
	染整	88.0	93.0	85.0	90.0
	总净宽率	82.7	87.2	79.9	84.6
染整净重率(%)		92	90	90	92
织物组织		$\frac{2}{2}$ ↗	$\frac{2}{2}$破斜纹	$\frac{2}{1}$ ↗	6 枚不规则缎纹

13.3.3　产品评价

毛织物是织物中的佼佼者,一向被人们看作高档产品。毛织物具有弹性、挺爽、丰满、透气透湿、抗皱、抗静电等优良性能,因而深受人们的喜爱。随着国际国内纺织品市场的需求、人们生活水平的提高以及审美观念的转变,毛织物已从传统的厚重保暖型迅速向轻薄舒适型转变和发展。目前国外有不少生产厂商精纺粗做,即精纺厂生产粗纺呢绒的产品风格,而粗纺厂采用粗纺精做,使产品规格轻薄化、高档化。近年来,毛纺面料的发展呈现"原料多样化、结构轻薄化、风格潮流化、使用功能化"的趋势。依靠技术创新调整产品结构与原料结构,革新产品功能,进行产品升级换代,是我国毛纺织行业的发展趋势。

13.4　丝织物设计

13.4.1　丝织物设计概述

我国丝织物历史悠久,品种繁多,风格独特,具有光滑柔软的手感,外观细洁,轻盈飘逸,光泽悦目,给人以高贵华丽之感。

丝织物按原料可分为桑蚕丝织物(含双宫丝)、合纤丝织物、天然丝短纤维混纺织物、柞蚕丝织物、人造丝(黏胶、铜铵和醋酸丝)织物、交织丝织物。其中,纯桑蚕丝织物具有典型的丝织物风格特征;柞蚕丝织物色泽发黄,光泽暗,外观较为粗糙;绸丝、双宫丝织物外观具有疙瘩效果。

丝织物按染整加工可分为:① 全练织物(生织物):经纬纱均未经练染而织成的丝织物,织成后再经练染等后整理加工才为成品;② 先练织物(熟织物):织造前经、纬纱先经过练染,织成后即为成品;③ 半练织物(半熟织物):织造前部分经、纬纱先经过练染,织成后再经练染等后整理加工,使织物呈现更多色彩或特殊效应。

丝织物按《丝织品分类标准》,根据其组织结构、加工方法、质地、外观等因素可分为绡、纺、绉、绸、缎、锦、绢、绫、罗、纱、葛、绨、绒、呢等 14 大类。

丝织物的织造工艺流程受织物生织或熟织、纱线有捻或无捻、织造条件等因素的影响。现以绉经、绉纬(指加强捻的经、纬纱线)熟织物为例说明其织造工艺流程:

经纱:原料检验→络丝→捻丝→定形→并丝→捻丝→定形→成绞→练染→色丝挑剔→络丝→整经→穿结经→织造。

纬纱:原料检验→络丝→捻丝→定形→并丝→捻丝→定形→成绞→练染→色丝挑剔→络丝(卷纬)→织造。

织造完成后,再经检验、织补、包装,最后入库。

不同品种的丝织物其染整工艺流程也有所不同,生织物染整工艺流程:精练→漂白→染色→印花→整理;熟织物织造后稍加整理即为成品。

13.4.2　丝织物——10169 碧透绡的设计

1. 产品用途、风格特点

该产品轻薄、透明,质地平整、挺括。在绡类织物特点的基础上,纬纱织入了粗细不匀的花色双宫丝与金银丝,使产品显得高贵、绚丽多姿,适宜制作女装、围巾、窗纱等。

2. 设计思路

在绡类织物薄、轻、透特点的基础上,采用金银丝纬纱来体现织物高贵的感觉,再将 3 根异色双宫丝并合加捻为 1 根纱线作纬纱,以体现织物绚丽多彩的风格。

3. 原料选用与纱线设计

经纱采用 30.0/32.2 dtex(27/29 D)桑蚕丝(生、色),纬纱采用三组,其中一组常织纬纱为(1/22.2/24.4 dtex 桑蚕丝 8 T/S×2)6 T/Z(生、色)。为体现织物挺括、平整的特点,经纱与常织纬纱采用生丝染色,织后不再精练。另外两组纬纱作抛道处理间隔交替织入,分别为 1/166.7 dtex 金银丝和[2/111.1/133.3 dtex 双宫丝 1.5 T/Z(熟、色)×3]1.5 T/S,其中双宫丝为花色纱,先将 2 根 111.1/133.3 dtex 双宫丝并合加捻(1.5 T/Z),精练、染色,再将 3 根不同颜色的双宫丝线并合并反向加捻(1.5 T/S)成股线,利用金银丝、花色双宫丝股线来体现织物华丽高贵、绚丽多彩的风格。

4. 组织设计

由于此织物纱线细,密度稀,所以桑蚕丝纬、金银丝纬与经交织成平纹组织,而双宫丝纬较粗,同时为了体现花色双宫丝线不匀、多彩的特色,双宫丝纬与经交织成 4 枚纬浮组织,织物组

织的 $R_j=4$，$R_w=112$，如图 13-2 所示。

5. 密度设计

为体现桑蚕丝绡类织物薄、轻、透的特点，经、纬紧度控制在 15%～35%。由此，根据紧度计算公式，可算出桑蚕丝的经丝密度应控制在 226～527 根/10 cm，桑蚕丝的纬丝密度应控制在 184～430 根/10 cm。碧透绡织物经丝密度取 524 根/10 cm，纬丝密度取 430 根/10 cm。

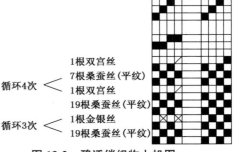

循环4次 ＜ 1根双宫丝／7根桑蚕丝(平纹)／1根双宫丝／19根桑蚕丝(平纹)
循环3次 ＜ 1根金银丝／19根桑蚕丝(平纹)

图 13-2 碧透绡织物上机图

6. 织造规格计算

初定内经纱根数＝内幅×经密＝140×52.4＝7336 根

筘经密＝内经纱根数/筘内幅＝7336/141＝52.03 根/cm＝筘号×筘穿入数

故筘号取 26 号，筘穿入数为 2，内经纱根数确定：

筘内幅×筘号×筘穿入数＝141×26×2＝7332 根

大边经纱根数＝边筘内幅×筘号×筘穿入数×2＝0.5×26×2×2＝52 根

7. 织物上机图

如图 13-2 所示。

8. 织造与染整后处理工艺

该织物下机后不再练染，经检验、织补、定幅整理、包装，最后入库。经、纬纱织造工艺流程见表 13-5。

9. 织物规格表

见表 13-5。

10. 产品评价

试样后碧透绡织物轻薄、透明，质地平整、挺括，由于纬向织入了金银丝与三色混色双宫熟丝股线，产品显得高贵、华丽，有明显的横条效应，达到设计要求。

表 13-5 碧透绡织物规格表

品　号	10169				品　名		碧透绡		
设计意图	销售地区:内销			服用对象:妇女			织物用途:女装、围巾		
成品规格	外　幅	141 cm	原料含量	桑蚕丝(含双宫丝)	95.8%	平方米质量	45 g/m²	基本组织	平纹
	内　幅	140 cm		金银丝	4.2%				
	经　密	524 根/10 cm			%	每米质量	10.5 m/m	边组织	平纹
	纬　密	430 根/10 cm			%				
织造规格	筘幅	外幅　142 cm		内幅　141 cm		边幅　0.5 cm×2	筘号 26	边筘号 26	
	筘穿	筘穿入:2 根/筘	边穿入:2 根/筘	大边:1 根/综　2 综/齿			小边:1 根/综　2 综/齿		
	纹针	针	花　数	花	装　造				
	素综	4片	储纬器	3个	梭　箱		经轴	1个	

续　表

经纱数	甲	7332 根	纬纱密度	甲	399根/10 cm	纬排方法	甲	(甲 19＋丙 1)×3＋甲 19＋(乙 1＋甲 7)×4＋乙 1
	乙	根		乙	19根/10 cm		乙	
	丙	根		丙	12根/10 cm		丙	
	边	26 根×2		丁	根/10 cm		丁	

经纱织缩率	%	经纱染整缩率	%	纬纱织缩率	0.7%	纬纱染整缩率	%

经组合	甲	1/30.0/32.2 dtex 桑蚕丝(生、色)
	乙	
纬组合	甲	[1/22.2/24.4 dtex 桑蚕丝 8 T/S×2]6 T/Z(生、色)
	乙	[2/111.1/133.3 dtex 双宫丝 1.5 T/Z(熟、色)×3]1.5 T/S
	丙	1/166.7 dtex 金银丝

工艺流程:
　　经:桑蚕丝检验→生丝染色→色丝挑剔→络丝→整经→穿结经→织造
　　甲纬:桑蚕丝检验→络丝→捻丝→定形→并丝→捻丝→定形→成绞→生丝染色→色丝挑剔→络丝
　　　　(→卷纬)→织造
　　乙纬:双宫丝检验→络丝→并丝→捻丝→定形→成绞→练染→色丝挑剔→络丝→并丝→捻丝→定
　　　　形(→卷纬)→织造
　　丙纬:金银丝检验(→卷纬)→织造

后整理工艺	定幅整理	上机图	见图 13-2	备注	剑杆机织造

13.5　麻织物设计

13.5.1　麻织物设计概述

　　麻织物(linen fabric)具有粗犷、挺括、透气性好等独特的优点,历来是人们追求的一种风格,在国内外市场上享有盛名,也是近年来纺织产品开发的重要方面。麻与其他纤维混纺织物的开发,有丝/麻、毛/麻、涤/麻、麻/棉、涤/麻/棉混纺等,也可采用交织的方法。在设计产品时,一般应根据织物的用途及风格特征,在混纺比及织物结构设计方面各有所体现。对于外销的麻混纺织物,麻的混纺比要超过55%,用于内销的麻混纺织物,麻的混纺比一般小于50%,且以与合纤混纺的居多。要能体现产品的独特风格,手感无需太糯,要有滑爽的感觉,要求布面平整、丰满、立体感强,无明显疵点,穿着时无刺痒感,柔软及悬垂性好。

13.5.2 麻织物设计要点

麻织物种类很多,这里选择具有代表性的涤/麻混纺、低线密度单纱织物为例讲述麻织物设计要点。

1. 原纱要求

涤/麻混纺低线密度单纱织物具有轻、薄、滑、挺、爽的风格,又集涤纶、苎麻的特性于一体,具有凉爽、挺括、易洗、快干、穿着舒适的特性,一般作为夏季服装面料和装饰用织物。

由于主要用于夏季服装面料,要求织物具有轻薄、透气和吸汗的特点,所以应选择线密度低的纱线;如无特殊要求,可选择相同线密度的经、纬纱,但线密度不宜过低,否则会增加织造难度。纱线线密度一般在 12.5~18.5 tex。

通常由于销售途径的不同,选择不同混纺比的纱线,而纱线的混纺比决定着产品的风格。为能体现滑爽的苎麻风格,苎麻的混用比例应不低于 20%,但随着苎麻混纺比的提高,生产难度相应增大。并且过大的混纺比使布面粗硬易皱,保形性差。考虑到涤/麻混纺低线密度单纱织物一般以内销为主,织物应该挺括,不易起皱,布面细洁,所以涤纶的混纺比应高于苎麻。通常,涤纶的混纺比为 55%~70%,苎麻的混纺比在 30%~45%。但对于出口产品,应根据订货要求确定,苎麻的混纺比一般超过 50%。

为了减少纱线毛羽,提高成纱光洁度,增加纤维之间的抱合力,纱线的捻度应适当提高,一般超过临界捻系数 10% 左右,这样也可提高织物的挺括度。

2. 织物组织与规格设计

(1)织物组织设计。由于纱线线密度低,织物密度也低,所以宜选择经、纬纱交织次数多的平纹组织。有时为了使布面形成粗细节的麻织物外观,可选择平纹变化组织,如纬重平组织。当然,绉组织、蜂巢组织等组织日益见多。这些组织可获得更加良好的外观效果,并且这些组织的交织次数大大少于平纹组织,织造时经纱之间的摩擦减少,织造断头降低,利于提高织物的设计密度。绉组织中不同长度的经、纬浮线在纵横方向错综排列,结构较松的长浮点分布于结构较紧的短浮点之间,微微凸起的长浮点形成细小颗粒状,对光线形成漫反射,布面光泽柔和;另外,绉组织比平纹组织手感柔软,弹性更好,部分纱疵在长短不一的组织浮长中可得到一定程度的遮盖,改善了布面的外观效果。

(2)盖覆紧度设计。为了得到轻薄、透气的服用效果,避免织物有粗糙感,织物的盖覆紧度应低于同类纯棉或涤/棉混纺织物。对于平纹织物,经、纬向盖覆紧度一般均在 40%~50%。

(3)经、纬密度设计。由于纱线线密度一般在 12.5~18.5 tex,同时根据织物紧度范围,可计算出织物经、纬密度的范围。常见涤/麻混纺织物的坯布规格见表 13-6。

纯苎麻纱的直径 $d(\text{mm}) = 0.039\,53\sqrt{T_t}$,因此 18.52 tex、16.67 tex、15.38 tex 和 12.50 tex 的纯苎麻纱的直径分别为 0.170 1 mm、0.161 4 mm、0.155 0 mm、0.139 8 mm。

$$混纺纱的直径 = 纯纺纱直径 \times 比例系数$$

$$比例系数 = \sqrt{\frac{\rho_1}{\rho_2}}$$

式中:ρ_1、ρ_2——纯纺纱和混纺纱的密度。

由于纯苎麻、纯涤纶的密度分别为 1.52 g/cm³、1.38 g/cm³,所以:

涤/麻(65/35)混纺纱的密度＝1.38×65％＋1.52×35％＝1.429 g/cm³

涤/麻(55/45)混纺纱的密度＝1.38×55％＋1.52×45％＝1.443 g/cm³

涤/麻(70/30)混纺纱的密度＝1.38×70％＋1.52×30％＝1.422 g/cm³

三种混纺比的比例系数,分别为1.031 4、1.026 3、1.033 9。再根据混纺纱直径公式,计算各混纺纱的直径,见表13-6。

3. 生产工艺

(1) 织造工艺流程及分析。

① 织造工艺流程。

经纱:原料检验→络筒→整经→浆纱→穿综、穿筘→织造→验、修、补→坯布入库。

纬纱:原料检验→络筒→织造→验、修、补→坯布入库。

表 13-6　常见涤麻混纺织物坯布规格

品　种	涤/麻混纺比	经纱细度		纬纱细度		直径(mm)	经/纬密度(根/10 cm)	经/纬向紧度(％)	织物组织
		tex	公支	tex	公支				
细　布	65/35	16.7	60	16.7	60	0.166 5	310/315	52/53	平纹
麻　纱	55/45	16.7	60	16.7	60	0.165 7	305/328	51/54	$\frac{1}{2}$纬重平
细　布	65/35	12.5	80	12.5	80	0.144 2	322/325	46/47	平纹
巴厘纱	65/35	16.7	60	16.7	60	0.166 5	222/204	37/34	平纹
蜂巢布	70/30	15.6	65	15.6	65	0.160 3	332/294	53/47	蜂巢
细　布	65/35	18.5	54	18.5	54	0.175 4	303/286	53/50	平纹

② 工艺条件分析。

a. 络筒。考虑到络筒速度严重影响纱线的毛羽,所以涤/麻混纺纱一般取稍低的络筒速度,有利于减少毛羽。

b. 整经。由于纱线强度低,强度不匀率高,弹性差,条干不匀,因此,整经时断头率较高,尤其在国产摩擦传动的整经机上,情况更严重。建议在直接传动的整经机上生产,要求片纱张力均匀,可采用集体换筒的整经方式以减少筒子间的张力差异;并要求经纱在经轴上卷绕平整,即要求整经机上的伸缩筘能作空间运动,使纱线在经轴上形成交叉卷绕。

c. 浆纱。目前国内尚无麻类织物的专用浆料,只能根据纱线的特点和浆料的特性来确定。尽管混纺纱中涤纶纤维比例较高,但成纱后,纱线毛羽仍以苎麻纤维为主,苎麻纤维粗且刚性大,纤维长度差异明显,形成的毛羽对织造过程影响极大。目前,选择浆料仍以PVA为主,变性淀粉为辅,渗透和被覆兼顾。当然,PVA的用量不能过多,因PVA的浆膜强度太高,在干分绞时会产生毛羽。浆料中也可加入部分丙烯类浆料和柔软剂,使浆纱滑爽。对浆纱工艺,要求浆纱机上各分段张力易于控制,张力越小越好,以减少伸长;采用高压上浆以贴伏毛羽;浆纱温度控制在85 ℃左右;烘筒上应有良好的防黏层,以减少毛羽的产生。

d. 织造。由于麻/涤混纺纱的毛羽较多,易造成经纱之间的相互纠缠,影响梭口的清晰度,因此重点考虑:适当增加上机张力,减少张力差异,形成清晰梭口,并使布面匀整丰满;后梁位置比一般的平纹织物稍低,可减少上下层经纱之间的张力差异;其他参数如开口时间及引纬参数,要随机型的不同及生产过程中出现的问题作合理的调整。另外,考虑到麻纤维湿强高,因此车间回潮率应偏高掌握,温度为 25~27 ℃时,相对湿度为 72%~77%。

(2) 染整工艺流程及工艺条件分析。

① 染整工艺流程。坯布翻缝→烧毛→退、煮、漂→烘干预定形→碱减量→染色(印花)→烘干→水洗→酶洗→烘干→防缩、抗皱、柔软处理→烘干→定形→成品。

② 主要工艺条件分析。

a. 烧毛。N52 气体烧毛机;速度:95~110 m/min;火焰高度:1.2~1.5 cm;道数:一正一反;对深色品种,为减少烧毛条影,宜采用先染色后烧毛。

b. 退浆、煮练、漂白。涤/麻织物的退浆和煮练这两道工序可并为一道,因为涤纶纤维比较洁净,而麻纤维在成纤过程中经过充分的脱胶漂白,杂质较少。一般要求处理后的涤/麻织物的毛效达 10 cm 以上。其工艺为:

NaOH:15~20 g/L;稳定剂 Na_2SiO_3:5~10 g/L;27% 双氧水:20~25 g/L;渗透剂 JFC:1 g/L;时间:60~90 min;机型:M144 高温高压卷染机。

c. 碱减量。NaOH:25~30 g/L;稳定剂 Na_2SiO_3:1 g/L;温度:115~125 ℃;时间:40 min;机型:M144 高温高压卷染机。

d. 染色、印花。浅色织物可选用印地素染料染色,中深色可选用分散/还原或分散/活性染料染色;印花工艺一般采用涂料或分散/活性染料一浴法。

e. 酶处理。酶处理的目的是为了减少穿着时的刺痒感。为了保证酶的正常活化条件,严格控制 pH 值和温度是关键措施。一般在 pH=4~5、温度为 50~55 ℃的条件下,酶的活性较高,处理效果较好。

f. 其他。一般应对涤/麻混纺织物进行防缩抗皱柔软整理。试验表明:织物经整理和焙烘后,吸湿透气性得到明显改善,手感柔软、滑爽、丰满、富有弹性。如选择恰当的助剂,产品还具有抗静电、防污等性能,并且织物的悬垂性改善。

13.5.3　产品评价

涤/麻混纺织物采用优质苎麻原料及中长涤纶纤维,其织物轻薄透气,手感柔软,悬垂性好,穿着无刺痒感,并且产品的生产成本不高,是一种较好的夏季服用面料。当然,为了进一步提高产品的档次和附加值,对原料选择、织物规格设计和生产工艺进行优化设计,如根据织物的具体要求,合理选择纱线线密度和织物规格参数。对这类织物尤其要注意后处理工艺,如采用碱减量、酶处理及防缩抗皱柔软整理等措施,使产品的服用性能得到进一步提高。

由于天然纤维产量受到限制,化纤工业发展迅速,化纤原料的应用日益广泛,尤其是细旦、超细旦、差别化纤维及各种功能纤维的开发和应用更引人注目。在设计工作中,重要的是如何充分运用新原料的特性开发出新颖产品。本书数字内容 6 中的附录 4,以氨纶弹力织物和化纤洁净布设计为例,介绍了氨纶纤维和超细纤维织物的设计方法。

思考题

13-1　概述织物设计的全过程、各道环节的工作任务及相互关系。

13-2　分析说明织物经纬纱缩率测定的精确性受到哪些客观因素的影响?

13-3 织物规格设计内容有哪些?

13-4 织物设计时应如何合理地选用原料与进行纱线设计?

13-5 织物密度设计方法有哪些? 各自如何进行?

13-6 参考数字内容6中的附录3,试述织造规格计算包含哪几方面的内容? 具体计算公式如何?

13-7 简述劈花的意义及各类织物劈花时应注意的问题。

13-8 当织物由两种或两种以上经纬纱构成时,说明在进行产品设计及织物生产中应注意的问题。

13-9 举例说明经纱密度不均匀时,工艺计算应如何进行。

13-10 简述毛织物的风格特征。粗纺毛织物的呢坯上机密度是怎样确定的?

13-11 毛织物的后整理内容主要有哪些? 各道加工的目的与作用?

13-12 简述丝织物的特征、分类及常规的织造、染整工艺路线。

13-13 由丝织物碧透绡的设计,说明应如何合理进行原料选用与纱线设计? 如何确定其经、纬纱密度?

13-14 麻型织物的风格特点如何? 在原料、织造和染整工艺选择时如何更好地体现其风格并减少其缺陷?

13-15 参考数字内容6中的附录4,论述纤维原料在织物开发中的重要地位。

实训题

13-1 收集市场上某一样品,进行织物分析,制定一张仿制设计规格单;并结合所学知识,提出改进意见,制定一张改进设计规格单。

13-2 结合当前织物的流行趋势,谈谈你对服装用及装饰用织物中色彩应用方面的看法。

13-3 试根据当地市场流行状况,设计一全棉或涤/麻混纺夏季衬衫面料,并制定产品设计工艺单。

13-4 根据实验室现有纱线原料情况,自行设计一块色织物,并通过小样试织评价织物的风格特征和用途。

参 考 文 献

1. Wingate Isabel B，Mohler J F. Textile Fabrics and Their Selection（Eighth Edition）. New Jersey：Prentice-Hall，Inc.，1984.

2. 钱小萍. 丝绸实用小百科. 北京：中国纺织出版社，2001.

3. 于新安. 纺织工艺学概论. 北京：中国纺织出版社，1998.

4. 浙江丝绸工学院，苏州丝绸工学院. 织物组织与纹织学. 2版. 北京：中国纺织出版社，1997.

5. 荆妙蕾. 织物结构与设计. 4版. 北京：中国纺织出版社，2008.

6. 陈秋水. 织物结构与设计. 上海：中国纺织大学出版社，1998.

7. 上海毛麻纺织工业公司. 毛织物组织. 北京：纺织工业出版社，1982.

8. 上海市丝绸工业公司. 丝织手册（上、下册）. 北京：纺织工业出版社，1982.

9. Robinson A T C，Marks R. Woven Cloth Construction. Manchester：Butterworth & Co. （Publishers）Ltd. and The Textile Institute，1967.

10. Grosicki Z. Watson's Textile Design and Colour. London：Lewnes-Butterworths，1975.

11. 上海第一织布工业公司. 色织物设计与生产. 北京：纺织工业出版社，1984.

12. Watson W. Advanced Textile Design. London：Longmans，Green and Co. 1995.

13. G. H. 奥依尔斯诺. 织物组织手册. 董健，译. 北京：纺织工业出版社，1984.

14. 王善元，张汝光. 纤维增强复合材料. 上海：中国纺织大学出版社，1998.

15. 马崇喜. 三维机织物的织造方法探讨. 天津纺织工学院学报，1999，18(4)：62-66.

16. 上海纺织工业公司. 棉型织物设计与生产. 北京：纺织工业出版社，1979.

17. 常培荣. 棉、毛纹织物设计与工艺. 北京：中国纺织出版社，1996.

18. 中国大百科全书总编辑委员会《纺织》编辑委员会. 中国大百科全书（纺织）. 北京-上海：中国大百科全书出版社上海分社，1984.

19. 钱宝钧. 纺织词典. 上海：上海辞书出版社，1991.

20. 安瑞凤. 现代纺织词典. 北京：中国纺织出版社，1993.

21. Hearle J W S et al. Structure Mechanics of Fibers，Yarns and Fabrics. New York：John Wiley & Sons，Inc. ，1969.

22. 吴汉金，郑佩芳. 机织物结构设计原理. 上海：同济大学出版社，1990.

23. Peirce F T，Womersley J R. The Geometry of Cloth Structure. J. Text. Inst. ，1937，28：45-60.

24. Painter E V. Mechanics of Elastic Performance of Textile Materials. Ⅷ：Graphical Analysis of Fabric Geometry. Textile Research Journal，1952，22：153.

25. Love L. Graphical Relationship in Cloth Geometry for Plain Twill and Sateen Weaves. Textile Research Journal，1954，24：1073-1076.

26. Hamilton J B. A General System of Woven-Fabric Geometry. J. Text. Inst.，1964，55：66-82.

27. 李栋高. 纺织品设计——原理与方法. 上海：东华大学出版社，2005.

28. 《纺织材料学》编写组. 纺织材料学. 北京：中国纺织出版社，1980.

29. 《毛纺织染整工艺简明手册》编写组. 毛纺织染整工艺简明手册. 北京：中国纺织出版社，1997.

30. 上海市棉纺织工业公司《棉纺手册》编写组. 棉纺手册. 2 版. 北京：中国纺织出版社，1995.

31. 沈兰萍. 新型纺织产品设计与生产. 北京：中国纺织出版社，2001.

32. 王善元. 变形纱. 上海：上海科学技术出版社，1992.

33. 郑秀芝，刘培民. 机织物结构与设计. 北京：中国纺织出版社，2003.

34. 翁越飞. 提花织物的设计与工艺. 北京：中国纺织出版社，2003.

35. 盛明善. 织物样品分析与设计. 北京：中国纺织出版社，2003.

36. 范雪荣. 纺织品染整工艺学. 北京：中国纺织出版社，1999.

37. 《织物词典》编委会. 织物词典. 北京：中国纺织出版社，1996.

38. 陈运能. 新型纺织原料. 北京：中国纺织出版社，1998.

39. 任青年. 手帕织物生产技术. 北京：纺织工业出版社，1990.

40. 李志哉. 色织物设计计算. 北京：纺织工业出版社，1987.

41. 上海市毛麻纺织工业公司. 毛纺织染整手册，上册（第二分册）. 北京：纺织工业出版社，1983.

42. 瞿炳晋. 粗纺呢绒生产工艺与设计. 北京：纺织工业出版社，1987.

43. 徐岳定. 毛织物设计. 北京：纺织工业出版社，1993.

44. 王进岑. 丝织手册. 北京：中国纺织出版社，2000.

45. 范雪荣. 纺织品染整工艺学. 北京：中国纺织出版社，1999.

46. 沈干. 丝绸产品设计. 北京：纺织工业出版社，1991.

47. 金壮，张弘. 纺织新产品设计与工艺. 北京：纺织工业出版社，1991.

48. 林其棱. 微细纤维发展概况与趋势. 合成纤维工业，1993(3)：3-8.

49. 陈日藻等. 复合纤维. 北京：中国石油出版社，1995.

50. 李嘉禄，阎建华，萧丽华. 纺织复合材料预制件的几种织造技术. 纺织学报，1994，15(11)：34-38.

51. 陆晓华. 三维纺织技术概述. 玻璃纤维，1997(1)：18-20，26.

52. 王元昌，萧荣，薛卫. 几种三维机织物的上机设计. 棉纺织技术，2001，29(4)：37-40.

53. 王静，王瑞. 三维机织物预型件织物设计及其织造的探讨. 产业用纺织品，2005(2)：9-12.

54. 顾平. 多重纬角连锁三维机织物结构设计. 上海纺织科技，2002，30(4)：24-26.

55. 杨彩云，李嘉禄. 复合材料用 3D 角联锁结构预制件的结构设计及新型织造技术. 东华大学学报(自然科学版)，2005，31(5)：53-58.

56. 卢士艳，聂建斌. 角度联锁三维机织物的设计与生产. 棉纺织技术，2007，33(2)：72-75.

57. 祝成炎,谭冬宜. 三维正交整体夹芯机织物的结构设计及织造. 纺织学报，2006，27(12)：9-13.

58. 顾平. 普通织机织三维机织物的试验研究. 纺织学报，2002，23(5)：24-26.

59. 刘海文,郭锦坤,刘丹凤. 田字形立体机织物的研究及织造. 棉纺织技术，2005，33(2)：15-17.

60. Chen X,Knox R T,Mckenna D F,et al. Automatic Generation of Weves for the CAM of 2D and 3D Woven Textile Structures. J. Text. Inst. ,1996,87(2)：356-370.